Le Siècle.

UNE ANNÉE A FLORENCE

PAR

ALEXANDRE DUMAS.

PARIS.

AU BUREAU DU SIÈCLE, 16, RUE DU CROISSANT,

ANCIEN HOTEL COLBERT.

1851.

UNE ANNÉE A FLORENCE.

LE LAC DE CUGES ET LA FONTAINE DE ROUGIEZ.

J'étais à Marseille depuis huit jours, et j'y attendais avec d'autant plus de patience le moment de mon départ, que j'avais l'hôtel d'Orient pour caravensérail et Méry pour cicerone.

Un matin Méry entra plus tôt que d'habitude.

— Mon cher, me dit-il, félicitez-nous, nous avons un lac.

— Comment, lui demandai-je en me frottant les yeux, vous avez un lac?

— La Provence avait des montagnes, la Provence avait des fleuves, la Provence avait des ports de mer, des arcs de triomphe anciens et modernes, la bouillabesse, les clovis et l'ayoli ; mais que voulez-vous, elle n'avait pas de lac : Dieu a voulu que la Provence fût complète, il lui a envoyé un lac.

— Et comment cela ?

— Il lui est tombé du ciel.

— Y a-t-il longtemps ?

— Avec les dernières pluies ; j'en ai appris la nouvelle ce matin.

— Mais, nouvelle officielle ?

— Tout ce qu'il y a de plus officiel.

— Et où est-il, ce lac ?

— A Cuges, vous le verrez en allant à Toulon ; c'est sur votre route.

— Et les Cugeois sont-ils contens ?

— Je crois bien qu'ils sont contens, pardieu ! ils seraient bien difficiles.

— Alors Cuges désirait un lac ?

— Cuges ? Cuges aurait fait des bassesses pour avoir une citerne ; Cuges était comme Rougiez ; c'est de Cuges et de Rougiez que nous viennent tous les chiens enragés. Vous connaissez Rougiez ?

— Non, ma foi !

— Ah ! vous ne connaissez pas Rougiez. Rougiez, mon cher, c'est un village qui, depuis la création, cherche de l'eau. Au déluge il s'est désaltéré ; depuis ce jour-là bonsoir. En soixante ans, il a changé trois fois de place ; il cherche une source. Jamais Rougiez n'élit un maire sans lui faire jurer qu'il en trouvera une. J'en ai connu trois qui sont morts à la peine, et deux qui ont donné leur démission.

— Mais pourquoi Rougiez ne fait-il pas creuser un puits artésien ?

— Rougiez est sur granit de première formation ; Rougiez frappe le rocher pour avoir de l'eau, il en sort du feu. Ah ! vous croyez que cela se fait ainsi. Je voudrais vous y voir, vous qui parlez. En 1810, oui, c'était en 1810, Rougiez prit l'énergique résolution de se donner une fontaine. Un nouveau maire venait d'être nommé, son serment était tout frais, il voulait absolument le tenir. Il assembla les notables, les notables firent venir un architecte :

— Monsieur l'architecte, dirent les notables, nous voulons une fontaine.

— Une fontaine, dit l'architecte, rien de plus facile !

— Vraiment ? dit le maire.

— Vous allez avoir cela dans une demi-heure.

L'architecte prit un compas, une règle, un crayon et du papier, puis il demanda de l'eau pour délayer de l'encre de la Chine dans un petit godet de porcelaine.

— De l'eau ? dit le maire.

— Eh bien ! oui, de l'eau.

— Nous n'en avons pas d'eau, répondit le maire ; si nous avions de l'eau, nous ne vous demanderions pas une fontaine.

— C'est juste, dit l'architecte. Et il cracha dans son godet et délaya l'encre de la Chine avec un peu de salive.

Puis il se mit à tracer sur le papier une fontaine superbe, surmontée d'une urne percée de quatre trous à mascarons, avec quatre gerbes d'une eau magnifique.

— Ah ! ah ! dirent le maire et les notables en tirant la langue, ah ! voilà bien ce qu'il nous faudrait.

— Vous l'aurez, dit l'architecte.

— Combien cela nous coûtera-t-il ?

L'architecte prit son crayon, mit une foule de chiffres les uns sous les autres, puis il additionna.

— Cela vous coûtera vingt-cinq mille francs, dit l'architecte.

— Et nous aurons une fontaine comme celle-là ?

— Plus belle.

— Avec quatre gerbes d'eau semblables ?

— Plus grosses.

— Vous en répondez ?

— Tiens, pardieu ! Vous savez, mon cher, continua Méry, les architectes répondent toujours de tout.

— Eh bien ! dirent les notables, commencez la besogne.

En attendant, on afficha le plan de l'architecte à la mairie ; tout le village alla le voir, et n'en revint que plus altéré.

On se mit à tailler les pierres du bassin, et dix ans après, c'est-à-dire le 1er mai 1820, Rougiez eut la satisfaction de voir ce travail terminé : il avait coûté 15,000 francs. La confection de l'urne hydraulique fut poussée plus vivement, cinq petites années suffirent pour la sculpter et la mettre en place. On était alors en 1825. On promit à l'architecte une gratification de mille écus s'il parvenait, la même année, à mettre la fontaine en transpiration. L'eau en vint à la bouche de l'architecte, et il commença à faire creuser, car il avait eu la même idée que vous, un puits artésien. A cinq pieds sous le sol, il trouva le granit. Comme un architecte ne peut pas avoir tort, il dit qu'un forçat évadé avait jeté son boulet dans le conduit, et qu'il allait aviser à un autre moyen.

En attendant, pour faire prendre patience aux notables, l'architecte planta autour du bassin une belle promenade de platanes, arbres friands d'humidité, et qui la boivent avec délices par les racines. Les platanes se laissèrent planter, mais ils poussèrent bien de ne pas pousser une feuille tant qu'on ne leur donnerait pas d'eau ; le maire, sa femme et ses trois filles, allèrent tous les soirs, pour les encourager, se promener à l'ombre de leurs jeunes troncs.

Cependant, Rougiez, après avoir fait ses quatre repas, était obligé d'aller boire à une source abondante qui coulait à trois lieues au midi ; c'est dur quand on a payé vingt-cinq mille francs pour avoir de l'eau.

L'architecte redemanda cinq mille francs, mais la bourse de la commune était à sec comme son bassin.

La révolution de juillet arriva ; les habitants de Rougiez reprirent espoir, mais rien ne vint. Alors le maire, qui était un homme lettré, se rappela le procédé des Romains, qui allaient chercher l'eau où elle était et qui l'amenaient où ils voulaient qu'elle fût : témoin le pont du Gard. Il s'agissait donc tout bonnement de trouver une source un peu moins éloignée que celle où Rougiez allait se désaltérer ; on se mit en quête.

Au bout d'un an de recherches on trouva une source qui n'était qu'à une lieue et demie de Rougiez, c'était déjà moitié chemin d'épargné.

Alors on délibéra pour savoir s'il ne vaudrait pas mieux aller chercher le village, sa fontaine et ses platanes, et les amener à la source, que de conduire la source au village. Malheureusement le maire avait une belle vue de ses fenêtres, et il craignait de la perdre ; il tint en conséquence à ce que ce fût la source qui vint le trouver.

On eut de nouveau recours à l'architecte, avec lequel on était en froid. Il demanda vingt mille francs pour creuser un canal.

Rougiez n'avait pas le premier mille des vingt mille francs. Réduit à cette extrémité, Rougiez se souvint qu'il existait une chambre. Le maire, qui avait fait un voyage à Paris, assura même que chaque fois qu'un orateur montait à la tribune, on lui apportait un verre d'eau sucrée. Il pensa donc que des gens qui vivaient dans une telle abondance ne laisseraient pas leurs compatriotes mourir de la pépie. Les no-

tables adressèrent une pétition à la Chambre. Malheureusement la pétition tomba au milieu des émeutes du mois de juin ; il fallut bien attendre que la tranquillité fût rétablie.

Cependant le mal avait un peu diminué. Comme nous l'avons dit, l'eau s'était rapprochée d'une lieue et demie : c'était bien quelque chose ; aussi Rougiez aurait-il pris sa soif en patience, sans les épigrammes de Nans.

— Mais, interrompit Méry, usant du même artifice que l'Arioste, cela nous éloigne beaucoup de Cuges.

— Mon cher, lui répondis-je, je voyage pour m'instruire, les excursions sont donc de mon domaine. Nous reviendrons à Cuges par Nans. Qu'est-ce que Nans ?

— Nans, mon ami, c'est un village qui est fier de ses eaux et de ses arbres. A Nans, les fontaines coulent de source, et les platanes poussent tout seuls. Nans s'abreuve aux cascades de Giniès, qui coulent sous des trembles, des sycomores, et des chênes blancs et verts. Nans, fraternise avec cette longue chaîne de montagnes qui porte comme un aqueduc naturel les eaux de Saint-Cassien aux vallées thessaliennes de Gémenos. Dieu a versé l'eau et l'ombre sur Nans, en secouant la poussière sur Rougiez. Respectons les secrets de la Providence.

Or, chaque fois qu'un charretier de Nans passait avec son mulet devant le bassin de Rougiez, il défaisait le licou et la bride de son animal, et le conduisait à la vasque de pierre, l'invitait à boire l'eau absente et attendue depuis 1810. Le mulet allongeait la tête, ouvrait la narine, humait la chaleur de la pierre, — il fait un soleil d'Afrique à Rougiez, — et jetait à son maître un oblique regard, comme pour lui reprocher sa mystification. Or, ce regard, qui faisait rire à gorge déployée le Nansais, faisait grincer des dents aux Rougiessains. On résolut donc de trouver de l'argent à tout prix, dût-on vendre les vignes de Rougiez pour boire de l'eau ; d'ailleurs les Rougiessains avaient remarqué que rien n'altère comme le vin.

Le maire de Rougiez, qui a cent écus de rente, donna l'exemple du dévoûment ; ses trois gendres l'imitèrent. Il avait marié ses trois filles dans l'intervalle, quant à sa pauvre femme, elle était morte sans avoir eu la consolation de voir couler la fontaine. Tous les administrés, entraînés par un élan national, contribuèrent au prorata de leurs moyens ; on atteignit un chiffre assez élevé pour oser dire à l'architecte : Commencez le canal.

Enfin, mon cher, continua Méry, après vingt-six ans d'espérances conçues et détruites, les travaux ont été terminés la semaine dernière ; l'architecte répondit du résultat. L'inauguration de la fontaine fut fixée au dimanche suivant, et le maire de Rougiez invita, par des affiches et des circulaires, les populations des communes voisines à assister à la grande fête de l'eau sur la place de Rougiez.

Le programme était court, ce qui ne l'aurait pas rendu que meilleur, s'il eût été tenu.

Le voici :

« Art. 1er et unique. M. le maire ouvrira le bal sur la place de la Fontaine, et aux premiers sons du tambourin, la fontaine coulera. »

Vous comprenez, mon cher, ce qu'une pareille annonce attira de curieux. Il y eut d'énormes paris de faits, les uns parièrent que la fontaine coulerait, les autres parièrent que la fontaine ne coulerait pas.

On vint à la fête de tous les villages circonvoisins, de Trelz, qui s'enorgueillit de ses redoutes romaines ; du Plan-d'Aups, illustré par l'abbé Garnier ; de Pépin, fier de ses mines de houilles ; de Saint-Maximin, qui conserve la tête de sainte Madelaine, grâce à laquelle le village obtient de la pluie à volonté ; de Tourves, qui a vu les amours de Valbelle et de mademoiselle Clairon ; de Besse, qui donna naissance au fameux Gaspard, le plus galant des voleurs (1), et enfin du vallon de Ligmore qui s'étend aux limites de l'anti-

_____

(1) Gaspard de Besse, voyant un de ses hommes qui voulait couper le doigt d'une femme parce qu'il n'en pouvait pas tirer une bague précieuse, mit un genou en terre devant elle, et tira la bague avec ses dents.

que Gargarias; vous-même, mon cher, si vous étiez venu deux jours plus tôt, vous auriez pu y aller.

Nans arriva enfin avec tous ses mulets sans licous et sans bride, déclarant qu'elle ne croirait à l'eau que quand ses mulets auraient bu.

C'était à cinq heures que devait s'ouvrir le bal. On avait attendu que la grande chaleur fût passée, de peur que les danseurs ne desséchassent la fontaine. Cinq heures sonnèrent.

Il y eut un moment de silence solennel.

Le maire alla inviter sa danseuse et vint se mettre en place avec elle, le visage tourné vers la fontaine. Les personnes indiquées pour compléter le quadrille suivirent son exemple. Aussitôt les mulets de Nans s'approchent du bassin. Les violons donnent le la. Les flageolets préludent en notes claires et sonores comme le chant de l'alouette.

Le signal est donné, la ritournelle commence. Monsieur le maire est à la gauche de sa danseuse, le pied droit en avant; tous les yeux sont fixés sur le respectable magistrat qui, comprenant l'importance de sa situation, redouble de dignité. L'architecte, la baguette à la main, se tient prêt, comme Moïse, à frapper.

— En avant deux! crie l'orchestre. En avant deux pour la frénis.

Le maire et sa danseuse s'élancent vers la fontaine pour saluer l'eau naissante; toutes les bouches s'entr'ouvrent pour aspirer ces premières gouttes attendues depuis 1810; les mulets hennissent d'espérance, l'architecte lève sa baguette. Nans est abattue, Rougiez triomphe.

Tout à coup les violons s'arrêtent, les flageolets font un canard, les baguettes restent suspendues.

L'architecte a frappé la fontaine de sa verge, mais la fontaine n'a pas coulé. Le maire pâlit, jette sur l'architecte un regard foudroyant. L'architecte frappe la fontaine d'un second coup. L'eau ne paraît pas.

Nans rit, Tretz s'indigne, Pépin bondit, Besse jure, Saint-Maximin s'irrite; tous les villages invités à la fête menacent Rougiez d'une sédition. Le maire tire son écharpe de sa poche, la roule autour de son abdomen, et déclare que force restera à la loi.

— Croyez ça et buvez de l'eau, répond Nans.

— Monsieur l'architecte! cria le maire, monsieur l'architecte, vous m'avez répondu de la fontaine; d'où vient que la fontaine ne coule pas?

L'architecte prit son crayon, tira des lignes, superposa des chiffres, et après un quart d'heure de calculs, déclara que les deux carrés construits sur les petites lignes de l'hypothénuse étant égaux au troisième, la fontaine était obligée de couler.

— Et pourtant, dit Nans en lisant Rougiez, elle ne coule pas : — c'est la même chose que le Pero giva de Galilée, excepté que c'était tout le contraire.

Saint-Zacharie s'interposa et prêcha la modération. C'était bien facile à Saint-Zacharie. Saint-Zacharie donne naissance à cette belle rivière de l'Huveaume, qui roule tant de poussière dans son lit.

En même temps, une vieille femme s'avança avec les centuries de Nostradamus, réclama le silence, et lut la centurie suivante :

> Sous bois bénict de saincte pénitente,
> Avec pépie et gehenne du gésier,
> Rougiez bevra bonne eau en l'an quarante,
> En grand soulas et liesse en février.

— Cette prophétie est claire comme de l'eau de roche, dit le maire.

— Et elle sera accomplie, dit l'architecte, c'est moi qui me suis trompé.

— Ah! s'écria Rougiez triomphant, ce n'est point la faute de la fontaine.

— C'est la mienne, dit l'architecte; le canal devait être creusé en ligne convexe, il a été creusé en ligne concave. C'est une affaire de quatre ou cinq ans encore, et d'une dizaine de mille francs au plus, puis la fontaine coulera.

C'était juste ce que prédisait Nostradamus.

Rougiez, séance tenante et dans le premier mouvement d'enthousiasme, s'imposa une nouvelle contribution.

Puis tous les villages, violons en tête et mulets en queue, se rendirent aux fontaines de Saint-Geniès, où le bal recommença, et où les danseurs se livrèrent à une orgie hydraulique digne de l'âge d'or.

En attendant, Rougiez, tranquillisé par la prophétie de Nostradamus, compte sur l'an 40. Maintenant vous comprenez, mon cher, combien Rougiez doit être furieux du bonheur qui arrive à Cuges.

— Peste! je le crois bien! Mais est-ce bien vrai que Cuges ait un lac?

— Parbleu!

— Mais un vrai lac?

— Un vrai lac! pas si grand que le lac Ontario, ni que le lac Léman, pardieu! mais un lac comme le lac d'Enghien.

— Mais comment cela s'est-il fait?

— Voilà. Cuges est situé dans un entonnoir. Il est tombé beaucoup de neige cet hiver; et beaucoup d'eau cet été. La neige et l'eau réunies ont fait un lac. Ce lac, à ce qu'il paraît, s'est mis en communication avec des sources qui ont promis de l'alimenter. Des canards sauvages qui passaient l'ont pris au sérieux, et se sont abattus dessus. Du moment où il y a eu des canards sur le lac, on a construit des bateaux pour leur donner la chasse. De sorte qu'on chasse déjà sur le lac de Cuges, mon cher. On n'y pêche pas encore, c'est vrai; mais la pêche est déjà louée pour l'année prochaine. Quand vous y passerez, faites-y attention; soir et matin, il a une vapeur. C'est un vrai lac!

— Vous entendez, dis-je à Jadin qui entrait, il nous faut un dessin de Cuges et de son lac.

— On vous le fera, répondit Jadin; mais le déjeuner?

— C'est vrai, dis-je à Méry; et le déjeuner?

— C'est juste, reprit Méry, ce maudit lac de Cuges m'avait fait perdre la tête. Le déjeuner vous attend au château d'If.

— Et comment allons-nous au château d'If?

— Je ne vous l'ai pas dit?

— Mais non.

— Diable de lac de Cuges! c'est encore sa faute : c'est que c'est un lac, mon cher; parole d'honneur, un vrai lac. Eh bien! mais vous allez au château d'If dans un charmant bateau qu'un de nos amis vous prête; un bateau ponté avec lequel on irait aux Indes.

— Et où est-il le bateau?

— Il vous attend sur le pont.

— Eh bien! allons.

— Non pas; allez.

— Comment, vous ne venez pas avec nous?

— Moi, aller en mer, dit Méry, je n'irais pas sur le lac de Cuges.

— Méry, l'hospitalité exige que vous nous accompagniez.

— Je sais bien que je suis dans mon tort; mais que voulez-vous?

— Je veux un dédommagement.

— Lequel?

— Cent vers sur Marseille pendant que nous irons au château d'If.

— Deux cents si vous voulez.

— C'est convenu.

— Arrêté.

— Songez-y, nous serons de retour dans deux heures.

— Dans deux heures vos cent vers seront faits.

Cette convention conclue, nous nous rendîmes sur le port. A chaque personne que Méry rencontrait :

— Vous savez, disait-il, que Cuges a un lac.

— Parbleu! répondaient les passans, un lac superbe; on ne peut pas en trouver le fond.

— Voyez-vous? répétait Méry.

Sur le quai d'Orléans nous trouvâmes un charmant bateau qui nous attendait.

— Voilà votre embarcation, nous dit Méry.

— Et j'aurai mes vers?

— Ils seront faits.

Nous descendîmes dans le bateau, les bateliers appuyèrent leurs rames contre le quai, et nous quittâmes le bord.

— Bon voyage ! nous cria Méry.

Et il s'en alla en disant :

— Ce diable de Cuges qui a un lac !...

IMPROVISATION.

Le premier monument qu'on aperçoit à sa droite, quand on va du quai d'Orléans à la mer, c'est la Consigne.

La Consigne est un monument de fraîche et moderne tournure, avec de nombreuses fenêtres garnies de triples grilles, donnant sur le bassin du port.

Au dessous de ces fenêtres sont force gens qui échangent des paroles avec les habitans de cette charmante maison.

On croirait être à Madrid, et on prendrait volontiers tous ces gens pour des amans qui se cachent d'un tuteur.

Point ; ce sont des cousins, des frères et des sœurs qui ont peur de la peste.

La Consigne est le parloir de la quarantaine.

Un peu plus loin, en face du fort Saint-Nicolas, bâti par Louis XIV, est la tour Saint-Jean, bâtie par le roi René ; c'est par la fenêtre carrée, située au second étage, qu'essaya de se sauver en 93 ce pauvre duc de Montpensier, qui a laissé de si charmans mémoires sur sa captivité avec le prince de Conti.

On sait que la corde grâce à laquelle il espérait gagner la terre étant trop courte, le pauvre prisonnier se laissa tomber au hasard et se brisa la cuisse en tombant ; au point du jour, des pêcheurs le trouvèrent évanoui et le portèrent chez un perruquier où il obtint de rester jusqu'à son entière guérison.

Le perruquier avait une fille, une de ces jolies grisettes de Marseille qui ont des bas jaunes et un pied d'Andalouse. Je ne serai pas plus indiscret que le prince, mais cela me coûte. Il y a une jolie histoire à raconter sur cette jeune fille et le pauvre blessé.

Nous laissâmes à notre droite le rocher de l'Esteou : nous étions juste sur la Marseille de César que la mer a recouverte. Quand il fait beau temps, dit-on, quand la mer est calme, on voit encore des ruines au fond de l'eau. J'ai bien peur qu'il n'en soit de la Marseille de César comme du passage des pigeons.

Au pied d'un rocher, près du Château-Vert, nous aperçûmes Méry ; il nous montra qu'il avait à la main un papier et un crayon. Je commençai à croire qu'il avait aussi bien fait de ne pas venir ; nous avions vent debout, un diable de mistral qui ne voulait pas nous laisser sortir du port, mais qui promettait de bien nous secouer une fois que nous en serions sortis.

En face de la sortie du port, l'horizon semble fermé par les îles de Ratonneau et de Pommègues. Ces deux îles, réunies par une jetée, forment le port de Frioul, — Fretum Julii, — détroit de César. Pardon, l'étymologie n'est pas de moi : cette jetée est un ouvrage moderne ; quant au Frioul, c'est le port du typhus, du choléra, de la peste et de la fièvre jaune, la douane des fléaux, le lazaret enfin.

Aussi y a-t-il toujours dans le port du Frioul bon nombre de vaisseaux qui ont un air ennuyé des plus pénibles à voir.

Malheureusement, ou heureusement plutôt, Marseille n'a point encore oublié la fameuse peste de 1720, que lui avait apportée le capitaine Chataud.

La troisième île des environs de Marseille, la plus célèbre des trois, est l'île d'If ; cependant l'île d'If n'est qu'un écueil ; mais sur cet écueil est une forteresse, et dans cette forteresse est le cachot de Mirabeau.

Il en résulte que l'île d'If est devenue une espèce de pèlerinage politique, comme la Sainte-Beaume est un pèlerinage religieux.

Le château d'If était la prison où l'on enfermait autrefois les fils de famille mauvais sujets ; c'était une chose héréditairement convenue : le fils pouvait demander la chambre du père.

Mirabeau y fut envoyé à ce titre.

Il avait un père fou et surtout ridicule ; il l'exaspéra par les déréglemens inouïs d'une jeunesse où débordait la sève des passions ; tous ses pas jusqu'alors avaient été marqués par des scandales qui avaient soulevé l'opinion publique. Mirabeau, resté libre, était perdu de réputation. Mirabeau prisonnier fut sauvé par la pitié qui s'attacha à lui.

Puis cette réclusion cruelle était peut-être une des voies dont se servait la Providence pour forcer le jeune homme à étudier sur lui-même la tyrannie dans tous ses détails ; il en résulta que, lorsque la révolution s'approcha, Mirabeau put mettre au service de cette grande catastrophe sociale, ses passions arrêtées dans leur course et ses colères amassées pendant une longue prison.

La société ancienne l'avait condamné à mort : il lui renvoya sa condamnation, et le 21 janvier 1793 l'arrêt fut exécuté.

La chambre qu'habita Mirabeau, la première et souvent la seule qu'on demande à voir, tant le colosse républicain a empli cette vieille forteresse de son nom, est la dernière à droite dans la cour, à l'angle sud-ouest du château ; c'est un cachot qui ne se distingue des autres que parce qu'il est plus sombre peut-être. Une espèce d'alcôve taillée dans le roc indique la place où était son lit ; deux crampons qui soutenaient une planche aujourd'hui absente, la place où il mettait ses livres ; enfin quelques restes de peintures à bandes longitudinales bleues et jaunes, font foi des améliorations que la philanthropie de l'ami des hommes avait permis au prisonnier d'introduire dans sa prison.

Je ne suis pas de l'avis de ceux qui prétendent que Mirabeau captif pressentait son avenir ; il aurait fallu pour cela qu'il devînt la révolution. Est-ce que le matelot, quand le ciel est pur, quand la mer est belle, devine la tempête qui le jettera sur quelque île sauvage, dont sa supériorité le fera le roi ?

En sortant de la chambre de Mirabeau, l'invalide qui sert de cicerone au voyageur lui fait voir quelques vieilles planches qui pourrissent sous un hangard :

C'est le cercueil qui ramena le corps de Kléber en France.

A notre retour nous trouvâmes Méry qui nous attendait en fumant son cigare sur le quai d'Orléans.

— Et mes vers ? lui criai-je du plus loin que je l'aperçus.

— Vos vers ?

— Eh bien ! oui, mes vers ?

— Ils sont faits, vos vers, il y a une heure.

Je sautai sur le quai.

— Où sont-ils ? demandai-je en prenant Méry au collet.

— Pardieu, les voilà, j'ai eu le temps de les recopier ; êtes-vous content ?

— C'est miraculeux ! mon cher.

En effet, en moins d'une heure, Méry avait fait cent vingt-huit vers : l'un dans l'autre, c'était plus de deux vers par minute.

Je les cite, non point parce qu'ils me sont adressés, mais à cause du tour de force.

Les voici :

MARSEILLE.

A Alexandre Dumas.

Tantôt j'étais assis près de la rive aimée,
La mer aux pieds, couvert de l'humide fumée
Qui s'élève des rocs lorsque les flots mouvans
S'abandonnent lascifs aux caresses des vents.

L'air était froid : décembre étendait sur ma tête
Son crêpe nébuleux, drapeau de la tempête ;
Les alcyons au vol gagnaient l'abri du port ;
Le Midi s'effaçait sous les teintes du Nord.
La Méditerranée, orageuse et grondante,
Comme un lac échappé du sombre enfer de Dante,
N'avait plus son parfum, plus son riant sommeil,
Plus ses paillettes d'or qu'elle emprunte au soleil.
Il le fallait ainsi : la mer intelligente
Qui roule de Marseille au golfe d'Agrigente,
Notre classique mer, avait su revêtir
Le plaid d'Ecosse au lieu de la pourpre de Tyr:
C'est ainsi, voyageur, qu'elle te faisait fête,
A toi, l'enfant du Nord, dramatique poëte,
Le jour où, couronné d'un cortége d'amis,
La voile au vent, debout sur le canot promis,
Loin du port, où la vague expire, où le vent gronde,
Loin de la citadelle, où surgit la tour ronde,
Vers l'archipel voisin tu voguais si joyeux,
Et pour tout voir n'ayant pas assez de tes yeux.

Moi, l'amant de la mer, et que la mer tourmente,
Moi, qui redoute un peu mon orageuse amante,
Sur la brume des eaux je te suivais de l'œil ;
Je conjurais de loin la tempête et l'écueil,
En répétant tout bas à ta chaloupe agile
Les vers qu'Horace chante au vaisseau de Virgile ;
Et puis, en te perdant sur les flots écumeux,
Mes souvenirs venaient, noirs et tristes comme eux !...

Combien de fois, depuis mes courses enfantines,
J'ai contemplé la mer et ses voiles latines ;
L'île de Mirabeau, rocailleuse prison ;
Les Monts-Bleus dont le cap s'effile à l'horizon ;
Et les golfes secrets, où le flot de Provence
Chante de volupté sous le pin qui s'avance.
Alors, à cet aspect, je ne songeais à rien,
C'était un tableau calme, un rêve aérien,
Un paysage d'or. La vague, douce et lente,
Endormait dans l'oubli ma pensée indolente.
Aujourd'hui, toi voguant au voisin archipel,
La brise obéissant à ton joyeux appel,
Je ne sais trop pourquoi de tristes rêveries
Fanent aux mêmes bords mes visions fleuries.
Je ne songe qu'aux jours où le deuil en passant,
A coloré ces flots d'une teinte de sang,
Où la peste, vingt fois de l'Orient venue,
A frappé cette ville agonisante et nue ;
Où les temples sacrés du rivage voisin,
Meurtris du fer de Rome ou du fer sarrasin,
Se sont évanouis comme la vapeur grise
Que ma bouche aspirante abandonne à la brise.

Pèlerin, sur la mer, en détournant les yeux,
Ici, tu ne peux voir ce qu'ont vu mes aïeux :
Cette île de maisons, près de la tour placée,
Oh ! non, non, ce n'est point la fille de Phocée ;
Elle est bien morte, et l'algue a tissé son linceul.
Son cadavre est visible aux regards de Dieu seul.
Peut-être sous les flots elle dort tout entière,
Et ce golfe riant lui sert de cimetière.
Hélas! sur nos remparts trois mille ans ont pesé,
Le roc des Phocéens lui-même s'est usé ;
Et chaque jour encor la vague déracine
Cette église qui fut le temple de Lucine,
Cette haute esplanade où tant de travaux lents
Avaient amoncelé les péristyles blancs,
Divine architecture, en naissant expirée,
Comme sa sœur qui dort dans les flots du Pyrée,
Et qui du moins en Grèce, aux murs du Parthénon,
En s'éteignant laissa les lettres de son nom !...

Il ne nous reste rien, à nous ; rien ne surnage
De notre vie antique, et rien du moyen-âge.

Une tour, qu'épargnait notre peuple rongeur,
Aurait pu t'arrêter un instant, voyageur !
Moi je l'ai vue enfant : noble tour ! elle seule
A chaque Marseillais rappelait son aïeule.
Un jour d'assaut, un jour d'héroïque vertu,
Nos mères, à son ombre, avaient bien combattu !
Elle avait des créneaux où la conque marine
Sifflait l'air belliqueux, lorsque la couleuvrine,
S'allongeant, envoyait, d'un homicide vol,
Le boulet de Marseille au dévot Espagnol.
Sur cette haute tour, la tour de Sainte-Paule,
Flottait notre drapeau ! Là, le coq de la Gaule !
Et sur l'écu d'argent, si redouté des rois,
L'azur de notre ciel dessinant une croix !...
Elle s'est éboulée ! ô voyageur, approche,
Il te faut aujourd'hui visiter une roche ;
C'est un fort monument qui résiste à la mer,
Se rit du feu grégeois et méprise le fer.

Nous n'avons ni palais, ni temples, ni portiques,
Les seuls monts d'alentour sont nos trésors antiques,
Et même, tant Marseille a subi de malheurs,
Ils n'ont plus ni leurs bois, ni leurs vallons de fleurs.
Tourne ta proue, oh ! viens, la ville grecque est morte,
Oui, mais Marseille vit ; elle t'ouvre sa porte !
La splendide cité, reine de ces climats,
Cache l'eau de son port sous l'ombre de ses mâts.
Elle est riche : elle peut, à défaut de ruines,
Couvrir de monumens sa plaine et ses collines.
Son nom, que sur le globe elle fait retentir,
Est plus grand que les noms de Sidon et de Tyr.
Elle envoie aujourd'hui les enfans de son môle
Aux feux de la Torride, aux glacières du pôle :
Partout, son pavillon, à l'heure où je l'écris,
L'univers commerçant le salue à grands cris.
Les trésors échangés de sa rive féconde
Illustrent les bazars de Delhy, de Golconde,
De Lahore, d'Alep, de Bagdad, d'Ispahan,
Que la terre couronne et que ceint l'Océan.
Notre voisine sœur, l'Orientale Asie,
Couvre ce port heureux de tant de poésie ;
Les longs quais de ce port, congrès de l'univers,
Sont broyés nuit et jour par tant d'hommes divers,
Qu'un voyageur mêlé dans la foule mouvante,
Marbre aux mille couleurs, mosaïque vivante,
Croit vivre en Orient, ou, dans les jours premiers,
Sous Didon de Carthage, au pays des palmiers.
Ainsi donc le commerce est chez nous poétique.
Poëte, viens t'asseoir sous quelque frais portique ;
Si je ne puis offrir à ton brûlant regard
Ni les temples nîmois, ni l'aqueduc du Gard ;
Ni la vieille Phocée à sa gloire ravie ;
A défaut de la mort, viens contempler la vie ;
Le cœur se réjouit à cet éclat si beau,
L'opulente maison vaut mieux que le tombeau.

— Maintenant, me dit Méry après que j'eus lu ses vers, ce n'est pas le tout. Pendant le temps que j'ai perdu à vous attendre, je vous ai retrouvé une chronique qui vous ma que pour compléter votre tableau de Marseille.
— Laquelle ?
— C'est Marseille en 93.
— Vite la chronique.
— Allons d'abord place du Petit-Mazeau ; mon frère nous y attend avec ses manuscrits.
Nous nous rendîmes à la rue désignée ; Louis Méry me montra une petite maison, basse et de chétive apparence, et que cependant on avait récrépie et mise à neuf autant que la chose était possible.
— Regardez bien cette maison, me dit Louis Méry.
— C'est fait. Eh bien ! qu'est-ce que c'est que cette maison ?
— Rentrez à votre hôtel, lisez ce manuscrit et vous le saurez.

J'obéis ponctuellement ; je lus le manuscrit de la première à la dernière ligne.

Voici ce que c'était que cette maison.

———

MARSEILLE EN 93.

COQUELIN (1).

Vers le mois de mars 1793, un homme arriva de Paris à Marseille, se rendit immédiatement au palais, mit sur sa tête un chapeau orné de plumes tricolores, et déploya un papier signé par les membres du comité de salut public, lequel papier l'instituait président du tribunal révolutionnaire. On le laissa faire sans s'opposer en rien à son installation ; seulement on lui demanda comment il s'appelait : il répondit qu'il s'appelait le citoyen Brutus. C'était un nom fort à la mode à cette époque ; aussi personne ne s'étonna du choix qu'on avait fait à Paris du citoyen président du tribunal révolutionnaire de Marseille.

Pendant toute l'année 92 et tout le commencement de l'année 93, la guillotine avait un peu langui à Marseille, on en avait porté plainte au comité de salut public, et le comité de salut public avait envoyé, comme nous l'avons dit, le citoyen Brutus pour rendre un peu d'activité à la machine patriotique. A la première vue on put s'apercevoir que le choix était bon : le citoyen Brutus s'entendait à merveille à déverser sur les planches de la guillotine le trop-plein des prisons.

On lui remettait chaque matin des listes de suspects. Pour ne pas perdre de temps, Brutus emportait ces listes au tribunal révolutionnaire, condamnait à mort sans que la moindre émotion de plaisir ou de peine apparût sur sa longue et sèche figure. Puis, pendant que le greffier lisait l'arrêt, il indiquait, sur les listes des suspects qu'on lui avait remises le matin, le nom de ceux qui devaient remplir dans la prison les vides qu'il y faisait le soir.

Cette besogne achevée, il rentrait dans son obscur troisième étage, qui, par une de ces traverses comme on en trouve fréquemment dans les vieilles villes, mettait en communication la Grande-Rue et la rue de la Coutellerie. Là, il restait seul et invisible, même pour les Saron et les Mouraille, qui étaient les Carrier et les Fouquier Tainville de cet autre Robespierre.

Quant parfois Brutus sortait pour se promener par la ville, il se coiffait d'une casquette en peau de renard et attachait à son cou un grand sabre qui traînait en faisant jaillir des étincelles des pavés. Le reste de son accoutrement se composait d'une carmagnole et d'une paire de pantalons de couleur sombre. Quand on le rencontrait ainsi, faisant sa tournée, chacun s'empressait de lui ôter son chapeau, de peur qu'il ne lui ôtât la tête.

Grâce à son beau soleil, à ses joyeuses maisons peintes de vives couleurs, et à cette mer d'azur qui rit à ses pieds, Marseille, quoique profondément atteinte par cette fièvre révolutionnaire qui lui tirait le plus pur de son sang, avait conservé pendant quelque temps encore cet aspect de bonheur et de gaîté qui fait le caractère principal de sa physionomie. Cependant, peu à peu, un voile de deuil s'était étendu sur elle, ses rues bruyantes étaient devenues silencieuses, ses fenêtres, qui, pareilles au tournesol, s'ouvrent tour à tour pour aspirer les premiers rayons du soleil et les pre-

mières brises du soir, demeuraient fermées ; enfin, dernier symptôme de douleur, encore plus terrible dans une ville commerciale que dans toute autre, les boutiques s'étaient closes, à l'exception d'une seule.

Sans doute c'était à cause de l'innocent commerce de celui qui l'habitait, car au-dessus de la porte de cette boutique il y avait une enseigne qui disait :

Coquelin, faiseur de joujoux en carton.

Du reste, probablement pour appeler la protection de la république sur son établissement, le propriétaire avait fait peindre un bonnet rouge au dessus de cette enseigne, dont l'inscription se trouvait en outre encadrée entre une hache et un croissant.

La boutique de Coquelin s'ouvrait sur la place du Petit-Mazeau. C'était une espèce de voûte, petite et obscure. Celui qui en passant y jetait un coup d'œil apercevait, à peu de distance du seuil de la porte, une table et une chaise, et devant cette table, et sur cette chaise, un homme à l'œil éteint, aux joues pendantes, occupé à promener les deux branches de ses ciseaux à travers une feuille de carton, à achever une boîte, une brouette, une maison, un puits, un arbre, ou bien encore à faire rouler un carrosse attelé de ses chevaux, à faire danser un pantin en le tirant par le fil qui pendait entre ses jambes, ou à habiller et déshabiller une poupée. Au reste, quelle que fût la chose dont il s'occupât, ses mouvemens étaient doux et modérés ; il dirigeait lentement sa main vers le compas ou le pot à colle, prenait, en remuant méthodiquement la tête, le pinceau ou le canif, et sa figure restait constamment animée d'une bienveillante somnolence parfaitement d'accord avec ses juvéniles occupations.

De temps en temps il se levait, entrait dans son arrière-boutique, et là disparaissait aux regards des passans. On entendait alors le bruit d'une roue, des sons clairs et rapides pareils à ceux dont le remouleur modère ou augmente l'activité, selon qu'en se courbant sur sa pierre, il presse ou ralentit le mouvement de son pied. Quelquefois un éclair brillait dans la nuit permanente de cette arrière-boutique. Cet éclair la traversait pour s'éteindre dans une obscurité soudainement interrompue. On aurait cru voir le jet de ce rayon, qu'un enfant, à l'aide d'un verre, dirige sur le nez de son professeur. — Puis l'homme à la figure bonace rouvrait et refermait la porte de son arrière-boutique, revenait s'asseoir sur la chaise, et continuait le cheval de carton interrompu.

Cet homme, c'était Coquelin.

Depuis quelques semaines, une jeune femme s'arrêtait devant la boutique de Coquelin : non pas qu'elle se plût beaucoup à examiner les petits ouvrages que cet homme confectionnait ; mais par déférence pour les désirs de sa fille, jolie enfant de six ans, à la tête de chérubin, qui, chaque fois qu'elle passait devant la boutique, tirait sa mère par la main, afin qu'elle s'arrêtât, et fixait ses grands yeux bleus sur les chefs-d'œuvre du bonhomme. Quant à sa mère, qu'à son teint pâle et à ses longs cheveux blonds, on pouvait reconnaître pour une fleur étrangère à la chaude atmosphère provençale, elle trouvait son seul et heureux à la vue de la table de Coquelin, que le bonheur de sa fille était presque un adoucissement au chagrin profond qui paraissait la dominer, et qu'elle ne s'arrachait qu'après une pause, d'une demi-heure quelquefois, à la contemplation journalière des cartonnages du *faiseur de jouets d'enfans.*

Coquelin avait l'esprit et l'œil fort peu curieux, mais il avait pourtant fini par remarquer cette femme et cet enfant auxquels, malgré son manque absolu d'éducation, il faisait un signe de tête assez amical, qui rassurait la mère et enhardissait la fille.

Un jour, la jeune femme demanda à Coquelin le prix d'une jolie maisonnette en carton, dont le toit simulait parfaitement les tuiles, et qui avait des contrevens peints en vert. L'enfant sautait de joie en frappant les mains l'une contre l'autre à l'idée que sa mère allait lui acheter cette jolie maison. Coquelin examina le travail de l'objet demandé, et après avoir

(1) C'est la chronique de Louis Méry, que nous avions promise dans la note page 300 *des Impressions de voyage dans le midi de la France.*

réfléchi un instant, il prononça ces paroles : Trois francs. C'étaient les seules que la jeune femme lui avait jamais entendu dire. Elle posa le prix de l'estimation sur la table, car Coquelin n'avait point tendu la main vers elle pour recevoir l'argent, et la petite fille, toute radieuse de joie et d'orgueil, emporta le superbe joujou.

Le lendemain, soit que l'enfant, satisfaite de son acquisition de la veille, n'eût conservé aucun désir pour les autres jouets que renfermait la boutique de Coquelin, soit que la jeune femme fût retenue loin de la rue du Petit-Mazeau par cette affaire qui la rendait si triste, ni la mère ni la fille ne parurent.

Jusqu'à l'heure où elles avaient l'habitude de s'arrêter devant sa boutique, Coquelin demeura fort tranquille, se livrant assidûment à ses occupations habituel'es. Lorsque cette heure fut venue, il se retourna plusieurs fois vers la porte avec un certain air d'impatience, et comme si quelqu'un qu'il attendait ne fût pas venu au rendez-vous ; mais quand l'heure fut passée, Coquelin passa de l'impatience à l'inquiétude, quitta fréquemment sa chaise pour aller regarder aux deux extrémités de la rue, revenant, chaque fois qu'il voyait son espérance trompée, d'un air chagrin de la porte à sa chaise. Ce jour-là, il découpa mal, il ne put achever une boîte ; ses morceaux ne s'ajustaient pas ; la colle était trop brûlée ; ses ciseaux se montraient revêches ; bien plus, chose étonnante ! il n'y eut point, ce jour-là, d'éclairs vifs et rapides ni de bruits grinçans dans l'arrière-boutique.

Mais le lendemain, les joues pendantes et ridées de Coquelin passèrent du vert au rouge quand la jeune femme et son enfant s'approchèrent de sa boutique. Pourtant il ne témoigna sa joie que par le plat sourire qui effleura ses grosses lèvres et s'en alla mourir stupidement dans un coin de ses yeux éteints ; la petite fille, enhardie par le sourire, entra résolument dans la boutique et vint poser sa petite main sur l'épaule de Coquelin, tandis que de l'autre elle faisait tourner une girouette placée sur un château de carton ; Coquelin se tourna vers la charmante enfant et lui fit une grimace d'amitié ; la petite fille se familiarisa tout à fait avec la figure lourde et sale du faiseur de joujoux, et finit par agir sans façons, de sorte que, tandis que sa mère avait les yeux fixés sur les murs du palais où le tribunal tenait ses séances, la petite fille s'installa dans la boutique de Coquelin, trempant ses petits doigts dans le pot de colle, faisant danser les pantins, rouler les carrosses, ouvrant les fenêtres des maisons de carton, bouleversant la table de Coquelin, qui ne proférait pas la moindre plainte, et dont les yeux se reportaient successivement de l'enfant à la mère.

Pendant un moment où il regardait la mère, l'enfant se glissa dans l'arrière-boutique, et presque aussitôt, jetant un cri, reparut sur le seuil de la porte intérieure avec un doigt tout en sang.

A ce cri, la mère se retourna vivement et se précipita dans la boutique.

— Oh ! mon Dieu ! mon Dieu ! lui dit-elle, qu'as-tu fait, ma pauvre enfant ? tu t'es coupée ?

— Oh ! maman, maman, répondit l'enfant en secouant sa petite main et en faisant tout ce qu'elle pouvait pour retenir ses larmes, ne me gronde pas ; c'est un gros vilain couperet qui m'a mordue.

— Un couperet ! s'écria la mère.

La figure de Coquelin devint livide de pâleur. Et, fermant avec soin la porte de l'arrière-boutique, dont il mit la clef dans sa poche :

— Ce n'est rien, ce n'est rien, dit-il d'une voix tremblante. Voici du taffetas d'Angleterre ; pansez-la vous-même ; moi, j'ai la main trop lourde.

Et avec un empressement extraordinaire, Coquelin présenta à la jeune femme une tasse pleine d'eau, et se tint à genoux devant l'enfant, tandis que sa mère lui lavait le doigt et appliquait sur la coupure un morceau de taffetas d'Angleterre.

— Elle aura mis la main imprudemment sur quelque couteau de cuisine, dit la jeune femme un peu rassurée. Ces malheureux enfans fourrent la main partout.

— Oh ! citoyenne, répondit Coquelin, j'en suis bien fâché ; car j'aurais dû y veiller ; c'est ma faute. Mais mademoiselle Louise est légère comme une biche.

— Et étourdie comme un hanneton, dit la jeune femme avec un triste et doux sourire.

Ce sourire, si passager qu'il eût été, rendit Coquelin expansif. Il regretta de n'avoir pas une chaise, pas un tabouret à présenter à la citoyenne et à sa fille. Sa conversation était celle d'un homme qui a peu d'idées, et une certaine ténacité de caractère, ce qui va presque toujours ensemble. D'ailleurs, sa phrase était courte, saccadée, inattendue, et il la débitait avec un accent montagnard. De son côté, la jeune femme commençait à s'habituer à cet homme, qui avait commencé par lui inspirer une répugnance dont elle ne se rendait pas compte. Aussi lui fit-elle, à son tour, quelques questions.

— Et ce que vous faites-là suffit à vos besoins ? lui demanda-t-elle.

— Oh ! j'ai du travail en ville, répondit Coquelin.

— Mais ce travail vous rend-il beaucoup ?

— Oui, oui ! on me paie bien.

— Et jamais il ne manque ?

— C'est-à-dire, répondit l'ouvrier, qui s'était remis à sa besogne, se renversant en arrière et relevant ses manches, c'est à dire qu'il y a des temps.

— Et vous êtes dans un bon moment, à ce qu'il paraît ? demanda la jeune femme, car vous me semblez content.

— Mais oui ! mais oui ! Depuis deux mois à peu près, les commandes ne vont pas mal, et s'augmentent tous les jours, grâce au citoyen Brutus.

— Vous connaissez le citoyen Brutus ? s'écria la jeune femme, sans réfléchir à cette étrange influence que pouvait avoir le citoyen Brutus sur le commerce d'un faiseur de jouets d'enfans.

— Si je connais le citoyen Brutus, répondit Coquelin ; parbleu ! si je le connais. C'est un chaud qui ne plaisante pas.

— Vous le connaissez ! oh ! mon Dieu ! c'est peut-être la Providence qui m'a conduite ici. — Et le voyez-vous souvent ?

— Oui, comme cela, de temps en temps. Quand j'ai fini mon travail du jour, je vais demander ses ordres pour le lendemain. Nous prenons un petit verre ensemble et nous trinquons à la santé de la république, une et indivisible. — Oh ! il n'est pas fier, le citoyen Brutus.

— Citoyen Coquelin, vous me paraissez un brave homme.

— Un brave homme... moi ?... ô citoyenne !

— Vous me rendriez volontiers un service, n'est-ce pas ?

— Si je le pouvais, citoyenne. Certainement je ne demanderais pas mieux.

— Tenez, citoyen Coquelin, je veux tout vous dire. J'ai mon mari en prison, voilà pourquoi je passe tous les jours dans cette rue ; il est innocent, je vous le jure, mais il a des ennemis parce qu'il est riche. Si vous pouviez implorer pour lui la justice du citoyen Brutus ?... Il se nomme Robert, mon mari ; retenez bien son nom, et puisque vous connaissez le président Brutus, puisque vous allez le voir à la fin de votre travail, eh bien ! dites-lui, la première fois que vous irez, dites-lui qu'une pauvre femme bien malheureuse le supplie au nom du ciel de lui conserver son mari... Dites-lui bien qu'il n'a rien fait, mon pauvre Charles, le père de ma petite Louise, dites-lui qu'il n'a jamais conspiré, que c'est un bon patriote qui aime la république. Si vous saviez comme il m'aime !... si vous saviez comme il aime son enfant.... Il faut que vous disiez que tous les jours je le vois ; à cinq heures, il passe devant une petite fenêtre grillée et me fait un signe ; aussi, tous les jours à cinq heures, nous allons attendre ce signe devant la fenêtre. J'ai fait tout ce que j'ai pu pour voir le citoyen Brutus, mais on ne m'a pas laissé arriver jusqu'à lui. Cependant je l'aurais tant prié, tant supplié, qu'il m'aurait donné la vie de mon mari, j'en suis sûre. Mais c'est le bon Dieu qui m'a conduite ici, et puisque vous connaissez le citoyen Brutus, on ne tuera pas mon Charles. Louise ! mon enfant ! s'écria la pauvre mère toute éperdue, on veut tuer ton père, prie avec moi le citoyen Coquelin pour qu'on ne le tue pas !

Louise se mit à pleurer en criant :

— Je ne veux pas que papa meure, monsieur Coquelin ; ne tuez pas papa.

La figure de Coquelin devint livide de pâleur.

— N'écoutez pas ce que dit cette enfant, s'écria la mère : elle ne sait ce qu'elle dit, mon bon monsieur Coquelin.

Et elle voulut prendre les mains rugueuses du faiseur de joujoux, qui les retira vivement.

— Citoyenne, ne touchez pas à mes mains, lui dit-il avec une sorte d'effroi.

La pauvre femme se recula, elle ne comprenait pas le mouvement de Coquelin. Il y eut un instant de silence.

— Vous dites donc, reprit Coquelin, que la vie de votre mari dépend du citoyen Brutus ?

— De lui seul ! s'écria la jeune femme.

— C'est qu'il est bien dur, le citoyen Brutus ! continua Coquelin en secouant la tête. Bien dur, bien dur, — et il poussa un soupir.

— Me refusez-vous votre protection ? demanda avec timidité la jeune femme en joignant les mains.

— Moi, dit Coquelin, moi vous refuser quelque chose de ce qu'il m'est possible de faire ? ah ! vous ne me connaissez pas, citoyenne. D'ailleurs, est-ce que vous ne m'avez pas acheté une maison en carton ? est-ce que vous ne venez pas tous les jours dans ma boutique où il vient si peu de monde ? Est-ce que vous ne parlez pas, avec votre bonne petite voix si douce, à un pauvre homme à qui personne ne parle ! Et cependant rendez-moi justice, est-ce que je n'ai pas la boutique la mieux fournie de Marseille ? Est-ce qu'il y en a un pour manier les ciseaux comme moi ? Oh ! allez, j'ai de l'adresse, j'ai du goût, moi. — Tenez, voyez ce petit pantin, c'est cela qui est drôle ; je n'ai qu'à tirer la ficelle, et les bras, les jambes, la tête, tout cela s'agite, tout cela remue ; voyez ! voyez !

La jeune femme, par complaisance, regarda, à travers les larmes qui s'étaient répandues dans ses yeux, le grotesque pantin, dont Coquelin, la figure ébahie avec une satisfaction orgueilleuse d'artiste, faisait bondir les jambes et les bras.

De son côté, la petite Louise, passant de la douleur à la joie, comme une enfant qu'elle était, sautait sur la pointe de ses pieds en riant comme une folle.

La scène avait pris un caractère touchant et presque patriarchal. Renversé sur sa chaise, Coquelin tenait d'une main, à la hauteur de son nez, le petit bonhomme de carton suspendu par la tête, et de l'autre main il communiquait, au moyen de la ficelle, un mouvement rapide aux bras et aux jambes de ce pantin. Plus le bonhomme se démenait, plus les rires de Louise devenaient joyeux. Coquelin savourait son succès de mécanicien ; sa figure s'épanouissait. Et il disait, tout en tirant la ficelle et en accordant sa voix avec les gestes du pantin :

— Vous dites donc, citoyenne, que votre mari est accusé ? Eh bien, je verrai le citoyen Brutus ; je lui parlerai... Il est dur, le citoyen Brutus ! Mais, qui sait ?... En tout cas, je ferai tout ce que je pourrai pour votre mari ; soyez tranquille, citoyenne... Malheureusement, je ●e peux pas grand'chose... mais tout ce que je peux, je le ferai... tout !

— Oh ! mon bon monsieur Coquelin !

— Oh ! j'ai de la mémoire, moi, citoyenne. J'en ai... je n'oublierai jamais que, depuis deux semaines, vous venez me voir travailler une demi-heure tous les jours, et que pendant cette demi-heure, je ne sais pourquoi, mais je suis heureux. C'est qu'à Marseille, voyez-vous, on n'aime pas les artistes... j'étais forcé de m'admirer tout seul... Voyez donc comme il danse, mon pantin, ma petite citoyenne. Elle aime bien son papa, n'est-ce pas ?

— De tout mon cœur, répondit l'enfant.

— C'est bien. Elle n'a pas cassé sa maison ?

— Oh non ! monsieur Coquelin, je l'ai mise sur la table à jeu du salon.

— Vous devez être bien heureuse, citoyenne, d'avoir une aussi jolie enfant ?

— Oui, dit la jeune femme, et comme elle est bien sage, je vais encore lui acheter ce pantin.

Louise poussa un cri de joie. Coquelin se leva dans toute la fierté de sa taille, et remit le pantin à la pauvre mère, qui le paya quatre francs, recommanda une dernière fois son mari aux bons offices de Coquelin et sortit.

— A propos ! votre adresse, citoyenne ? lui demanda-t-il.

— Rue des Thionvillois, île 4, n° 6.

— Merci, dit Coquelin. Et il rentra dans son magasin, écrivit sur un morceau de papier l'adresse que venait de lui donner la jeune femme, mit le morceau de papier dans la poche grasse de son gilet à ramages, poussa un soupir, et passa dans l'arrière-boutique.

Un instant après, les éclairs jaillirent, et le bruit grinçant se fit entendre.

Le lendemain, vers les onze heures du matin, la jeune femme apprit que son mari avait paru devant Brutus, et que Brutus l'avait condamné à mort.

La jeune femme resta d'abord toute étourdie de ce coup. Mais elle vit son enfant qui jouait avec la jolie maison ; elle pensa à Coquelin, dit à la petite Louise d'être sage et de s'amuser avec ses joujoux, ferma la porte à clef, et courut, comme une folle, rue du Petit-Mazeau.

La boutique du faiseur de jouets d'enfans était fermée.

C'était un dernier espoir qui lui échappait ; aussi se mit-elle à frapper du poing contre cette porte comme une insensée, renversant de temps en temps la tête en arrière et poussant des sanglots.

Personne ne répondit, mais une vieille femme voisine de Coquelin ouvrit sa fenêtre, et, voyant cette jeune femme qui frappait sans relâche, elle lui demanda ce qu'elle voulait :

— Je veux parler au citoyen Coquelin ! s'écria la jeune femme.

— Le citoyen Coquelin est parti avec son tombereau, répondit la vieille ; il doit être à cette heure-ci sur la Cannebière. Et la vieille referma la fenêtre.

La jeune femme se mit à courir du côté indiqué ; mais à mesure qu'elle approchait, la foule était si considérable, qu'elle fut obligée de s'arrêter dans une des rues voisines. Des gens à face patibulaire disaient :

— Quel malheur de ne pas pouvoir aller plus loin ! On en mène douze aujourd'hui ! Ceux qui ont les premières places en verront pour leur argent.

La pauvre femme s'évanouit.

On la porta dans une maison, on fouilla dans ses poches ; on y trouva une lettre à son adresse, et on la reporta rue des Thionvillois.

Quand elle revint à elle, la petite Louise était à genoux, et une vieille servante, qui l'avait suivie de Paris, lui jetait de l'eau sur la figure.

Elle voulut se lever, mais elle était si faible qu'elle fut forcée de se rasseoir.

Elle resta deux heures, les mains appuyées sur les bras de son fauteuil, l'œil fixe, sans prononcer une seule parole.

Au bout de deux heures, on sonna violemment à la porte.

— Allez voir ce que c'est, dit-elle à la vieille servante. La bonne femme descendit. Un instant après, elle rentra toute tremblante et tenant un billet à la main.

Un homme, coiffé d'un bonnet rouge, avait jeté ce billet dans l'escalier, en criant : — Pour la citoyenne veuve Robert.

La jeune femme prit le papier. Voici ce qui y était écrit :

« Citoyenne, ils étaient douze, votre mari était le douzième, je l'ai fait passer le premier ; vous voyez que j'ai tenu ma promesse, j'ai fait tout ce que j'ai pu.

» COQUELIN,

» Exécuteur des hautes-œuvres. »

En ce moment, Louise dit à sa mère :

— Maman, vois comme il saute, mon pantin !

La pauvre femme se leva, mit en pièces le pantin et la maison de carton, et prenant sa fille dans ses bras, elle retomba évanouie une seconde fois en disant :

— Les monstres ! ils ont tué ton père !

TOULON.

Attendu, dit le proverbe, qu'il n'y a si bonne compagnie qu'il ne faille quitter, après trois jours de fêtes et de plaisirs, force me fut de quitter cette bonne et spirituelle compagnie marseillaise, au milieu de laquelle une semaine s'était envolée avec la rapidité d'une heure.

En me conduisant à la voiture, Méry recommanda à Jadin de ne point oublier de lui faire faire en passant un dessin du lac de Cuges, puis nous nous embrassâmes; je partis pour Toulon, et Méry rentra dans Marseille.

La route que l'on prend pour sortir de la capitale de la Provence est aussi brûlée et aussi poussiéreuse que celle que l'on suit pour y arriver; rien de plus uniforme et de plus triste que ces oliviers entremêlés de vignes, dans les interstices desquels, comme dit le président des Brosses, on élève par curiosité des plantes de froment.

Au bout d'une heure ou deux, nous nous engageâmes dans des montagnes pelées et nues, auxquelles le soleil et les pluies n'ont laissé que leur ossature de granit. Nous suivîmes le fond d'une vallée aussi sèche que le reste du chemin; enfin, vers la nuit, au détour d'une roche gigantesque qui force la route de décrire une courbe, nous nous trouvâmes en face d'une grande nappe d'eau : c'était le lac de Cuges.

Comme le voiturier était à nos ordres, nous fîmes halte. Jadin, ainsi qu'il l'avait promis, dessina une vue pour Méry. Le lac était au premier plan, Cuges et son église au second; le troisième était fermé par les montagnes. Pendant ce temps, je pris mon fusil, et je suivis ses bords pour voir si je ne rencontrerais pas quelque canard; malheureusement les roseaux n'avaient point encore eu le temps de pousser, et les canards se tenaient au large.

Je revins près de Jadin, qui avait fini son croquis, et nous nous apprêtâmes à passer le lac.

Ce n'était pas une petite affaire, les Cugeois n'avaient point encore eu le temps de bâtir un pont; puis avant de le bâtir, ils voulaient sans doute être bien sûrs que leur lac leur resterait. En attendant, l'eau avait recouvert la grande route; on voyait bien le chemin entrer d'un côté et sortir de l'autre; mais pendant l'espace d'un quart de lieue, on n'avait d'autre guide pour le suivre que quelques jalons plantés à droite et à gauche. Or, comme ce chemin formait chaussée, pour peu que nous nous écartassions d'un côté ou de l'autre, nous tombions dans des profondeurs que nous pouvions mesurer par des cimes d'arbres qui apparaissaient comme des broussailles à fleur d'eau. Je commençai à trouver que la Providence avait été bien prodigue envers Cuges, de lui donner un pareil lac, quand les Cugeois se seraient fort bien contentés d'une fontaine.

Cependant, comme il n'y avait ni pont, ni bac, force nous fut de prendre notre parti; nous montâmes sur l'impériale, afin d'être tout prêts à nous sauver à la nage, et notre berlingo entra bravement dans le lac, dont il atteignit sans accident l'autre bord.

Nous trouvâmes Cuges en révolution; le gouvernement avait eu avis de son lac et avait mis la main dessus. Les lacs sont de droit la propriété des gouvernemens, seulement un cas litigieux s'élevait pour celui-ci. C'était un lac de nouvelle date, et qui ne remontait pas, comme les autres, à la création du monde ou tout au moins au déluge. C'est par le déluge, comme on sait, que les lacs font leur preuve de noblesse. Le déluge est le 1599 des lacs. Or, celui de Cuges s'était étendu sans façon sur des propriétés qui appartenaient à des citoyens des villages environnans. Les citoyens propriétaires voulaient bien laisser le lac au gouvernement, mais ils voulaient être indemnisés des terres qu'ils perdaient par cette concession. Les Eaux et Forêts leur riaient au nez, ils montraient les dents aux Eaux et Forêts; bref, il y avait déjà eu du papier marqué d'échangé, et les Cugeois, comme

le pauvre savetier devenu riche, étaient quasi prêts à rendre leur lac, si on voulait leur rendre leur tranquillité.

Nous nous arrêtâmes à Cuges, d'où nous repartimes le lendemain à six heures du matin.

La seule chose curieuse que nous offrit la route jusqu'à Toulon, c'était les gorges d'Ollioules; les gorges d'Ollioules sont les Thermopyles de la Provence. Que l'on se figure des rochers à pic de deux à trois mille pieds de haut, du sommet desquels quelques villages perdus, où l'on monte on ne sait par où, se penchent curieusement pour vous regarder passer. Quelques-unes de ces montagnes ont de plus la prétention d'être des volcans éteints : je ne m'y oppose pas.

A peine est-on sorti des gorges d'Ollioules, que le contraste est grand : au lieu de ces deux parois de granit, si nues et si rapprochées qu'elles vous étouffent, on se trouve tout à coup dans une plaine délicieuse, encaissée à gauche par les montagnes qui s'arrondissent en demi-cercle, et à droite par la mer. Cette plaine, c'est la serre chaude de la Provence; c'est là que poussent en pleine terre, et à l'envi l'un de l'autre, le palmier de Syrie, l'oranger de Mayorque, le néflier du Japon, le goyavier des Antilles, le yucca d'Amérique, le lentisque de Crète, et l'accacia de Constantinople; c'est là le pied à terre des plantes qui viennent de l'orient et du midi, pour s'en aller mourir dans nos jardins botaniques du nord. Heureuses celles qui s'y arrêtent, car elles peuvent se croire encore dans leur pays natal.

C'est à gauche, sur le revers du chemin qui conduit des gorges d'Ollioules à Toulon, qu'eut lieu, le 18 juin 1815, le jour même de la bataille de Waterloo, l'entrevue du maréchal Brune et de Murat. Murat était vêtu en mendiant, avait une redingote grise, une résille espagnole, un grand feutre catalan, et des lunettes d'or. Ce que demandait le mendiant royal, c'était de reprendre sa place comme simple soldat dans les armées de celui qu'il avait perdu deux fois, la première en se déclarant contre lui, la seconde en se déclarant pour lui. On sait quel fut le résultat de cette entrevue. Murat, repoussé de France, passa en Corse, et de la Corse s'embarqua pour la Calabre. On peut retrouver son cadavre dans l'église du Pizzo.

En entrant à Toulon, nous passâmes devant le fameux balcon du Puget, qui fit dire au chevalier Bernin, lorsqu'il arriva en France, que ce n'était pas la peine d'envoyer chercher des artistes en Italie quand on avait chez soi des gens capables de faire de pareilles choses.

Les trois têtes qui soutiennent ce balcon sont les charges des trois consuls de Toulon, dont Puget était mécontent; aussi la ville les garde-t-elle précieusement comme des portraits de famille.

J'avais des lettres pour M. Lauvergne, jeune médecin du plus grand mérite, qui avait accompagné le duc de Joinville dans son excursion de Corse, d'Italie et de Sicile, et frère de Lauvergne, le peintre de marine, qui a fait deux ou trois fois le tour du monde. Comme nous comptions nous arrêter à Toulon, il nous offrit, au lieu de notre sombre appartement en ville, une petite bastide pleine d'air et de soleil qu'il avait au fort Lamalgue. L'offre était faite avec tant de franchise que nous acceptâmes à l'instant. Le soir même nous étions installés, de sorte que le lendemain, en nous éveillant et en ouvrant nos fenêtres, nous avions devant nous cette mer infinie qu'on a besoin de revoir de temps en temps une fois qu'on l'a vue, et dont on ne se lasse pas tant qu'on la voit.

Toulon a peu de souvenirs. A part le siège qu'en fit le duc de Savoie, et la trahison qui le mit aux mains des Anglais et des Espagnols, en 1793, son nom se trouve rarement cité dans l'histoire : mais à cette dernière fois elle s'y trouve inscrite d'une manière ineffaçable : c'est de Toulon que date réellement la carrière militaire de Bonaparte.

Comme curiosités, Toulon qui n'a que son bagne et son port. Malgré le peu de sympathie qui m'attirait vers le premier de ces établissemens, je ne lui en fis pas moins ma visite le second jour après mon arrivée. Malheureusement, le bagne de Toulon n'avait pour le moment aucune notabilité ; il venait, il y avait deux ou trois mois, d'envoyer ce qu'il possédait de mieux à Brest et à Rochefort.

Les trois premiers objets qui frappent la vue en entrant au bagne sont ; d'abord un Cupidon appuyé sur une ancre, puis un crucifix, puis deux pièces de canon chargées à mitraille.

Le premier forçat que nous rencontrâmes vint droit à moi, et m'appela par mon nom en me demandant si je n'achetais pas quelque chose à sa petite boutique. Quelque désir que j'eusse de lui rendre sa politesse, je cherchais vainement à me rappeler la figure de cet homme ; il s'aperçut de mon embarras et se mit à rire.

— Monsieur cherche à me reconnaître ? me dit-il.

— Oui, je l'avoue, mais sans aucun succès.

— J'ai pourtant eu l'honneur de voir Monsieur bien souvent.

La chose devenait de plus en plus flatteuse ; seulement je ne me rappelais pas avoir jamais fréquenté si bonne compagnie.

— Je vois bien qu'il faut que je dise à Monsieur où je l'ai vu, car Monsieur ne se le rappellerait pas. J'ai vu Monsieur chez mademoiselle Mars.

— Et que faisiez-vous chez mademoiselle Mars ?

— Je servais, Monsieur, j'étais valet de chambre : c'est moi qui ai volé ses diamans.

— Ah ! ah ! vous êtes Mulon, alors ?

Il me présenta une carte.

— Mulon, artiste forçat, pour vous servir.

— Mais, dites-moi, il me semble que vous êtes à merveille ici.

— Oui, monsieur, grâce à Dieu ! je ne suis pas mal ; il est toujours bon de s'adresser aux personnes comme il faut. Quand on a su que c'était moi qui avais volé mademoiselle Mars, cela m'a valu une certaine distinction. Alors, monsieur, comme je me suis toujours bien conduit, on m'a dispensé des travaux durs ; d'ailleurs on a bien vu que je n'étais pas un voleur ordinaire ; j'ai été tenté : voilà tout. Monsieur sait le proverbe : l'occasion fait le larron.

— Pour combien de temps en avez-vous encore ?

— Pour deux ans, monsieur.

— Et que comptez-vous faire en sortant d'ici ?

— Je compte me mettre dans le commerce, monsieur ; j'ai fait ici un très bon apprentissage, et comme je sortirai, Dieu merci ! avec d'excellens certificats et une certaine somme provenant de mes économies, j'achèterai un petit fonds. En attendant, si monsieur veut voir ma petite boutique.

— Volontiers.

Mulon marcha devant moi et me conduisit à une espèce de baraque en pierre, pleine de toutes sortes d'ouvrages en cocos, en corail, en ivoire et en ambre, qui faisait réellement de cet étalage un assortiment assez curieux de l'industrie du bagne.

— Mais, lui dis-je, ce n'est pas vous qui pouvez confectionner tout cela vous-même ?

— Oh ! non, monsieur, me répondit Mulon, je fais travailler. Comme ces malheureux savent que j'exploite en grand, ils m'apportent tout ce qu'ils font ; si ce n'est pas bien, je leur donne des avis, des conseils ; je dirige leur goût ; puis je revends aux étrangers.

— Et vous gagnez cent pour cent sur eux, bien entendu ?

— Que voulez-vous, monsieur, je suis à la mode, il faut bien que j'en profite ; monsieur sait bien que n'a pas la vogue qui veut. Oh ! si je pouvais rester ici dix ans de plus seulement, je ne serais pas inquiet de ma fortune, je me retirerais avec de quoi vivre pour le reste de mes jours. Malheureusement, monsieur, je n'en ai eu que pour dix ans en tout, et dans deux ans il faudra que je sorte. Oh ! si j'avais su...

J'achetai quelques babioles à ce forçat optimiste, et continuai ma route, tout stupéfait de voir qu'il y avait des gens qui pouvaient regretter le bagne.

Je trouvai Jadin en marché avec un autre industriel qui vendait des cordons d'Alger : c'était un Arabe, qui nous raconta toute sa vie. Il était là pour avoir un peu tué deux

juifs. Mais depuis ce temps, nous dit-il, la grâce de Dieu l'avait touché, et il s'était fait chrétien. — Parbleu, lui répondit Jadin, voilà un beau triomphe pour notre religion !

Nous avions commencé par les exceptions, mais nous en revînmes bientôt aux généralités.

Les forçats sont divisés en quatre classes : les indociles, les récidives, les intermédiaires, et les éprouvés.

Les indociles, comme l'indique leur nom, sont ceux dont il n'y a rien à faire ; ceux-là ont le bonnet vert, la casaque rouge et les deux manches brunes.

Ensuite viennent les récidives, qui ont le bonnet vert, une manche rouge et une manche brune.

Puis les intermédiaires, qui ont le bonnet et la casaque rouge.

Et enfin les éprouvés, qui ont la casaque rouge et le bonnet violet.

Les individus des trois premières classes sont enchaînés deux à deux ; ceux de la dernière n'ont que l'anneau autour de la jambe et pas de chaîne ; de plus, on leur distribue une demi-livre de viande les dimanches et les jours de fêtes, tandis que les autres ne sont nourris que de soupe et de pain.

Des chantiers et du port, nous passâmes dans les dortoirs : la couche des forçats est un immense lit de camp en bois, dont les deux extrémités sont en pierres. A l'extrémité inférieure qui forme rebord, sont scellés des anneaux ; c'est à ces anneaux que, chaque soir, on cadenasse la chaîne que les forçats traînent à la jambe ; la maladie ne la fait pas tomber, et le condamné à perpétuité vit, dort et meurt avec les fers.

A chaque issue du bagne, deux pièces de canon chargées à mitraille sont braquées jour et nuit.

Comme j'avais des lettres de recommandation pour le commissaire de marine, il me fit, lorsqu'il eut appris que je demeurais à une demi-lieue de Toulon, la gracieuseté de m'offrir, pour mon service particulier, pendant tout le temps que je resterais à Toulon, un canot de l'État et douze éprouvés. Comme nous comptions visiter les différens points du golfe qui attirent les curieux, soit par leur site, soit par leurs souvenirs, nous acceptâmes avec reconnaissance ; en conséquence le canot fut mis à notre disposition à l'instant même, et nous en profitâmes pour retourner à notre bastide.

En nous quittant, le garde chiourme nous demanda nos ordres comme aurait pu faire un cocher de bonne maison. Nous lui dîmes de se trouver le lendemain à neuf heures du matin à notre porte. Rien n'était plus facile que d'obéir littéralement à cet ordre, notre bastide baignant ses pieds dans la mer.

Du reste, il serait difficile d'exiger de ces malheureux forçats un sentiment plus profond de leur abaissement qu'ils ne l'expriment eux-mêmes. Si vous êtes assis dans le canot, ils s'éloignent le plus qu'ils peuvent de vous ; si vous marchez, ils rangent longtemps à l'avance leurs jambes, pour que vous ne les rencontriez pas. Enfin, lorsque vous mettez pied à terre, et que le canot vacillant vous force de chercher un appui, c'est le coude qu'ils vous présentent, tant ils sentent que leur main n'est pas digne de toucher votre main. En effet, les malheureux comprennent que leur contact est immonde ; et par leur humilité ils désarment presque votre répugnance.

Le lendemain, à l'heure dite, le canot était sous nos fenêtres : il n'y a pas de serviteurs plus exacts que les forçats ; le bâton répond de leur ponctualité, et n'était la livrée, je désirerais fort n'avoir jamais d'autres domestiques. Pendant que nous achevions de nous habiller, nous leur fîmes boire deux bouteilles de vin, qui leur furent distribuées par le garde chiourme. Ce brave homme fit les parts avec une justesse de coup d'œil qui prouvait une pratique fort exercée du droit individuel. Il poussa même l'impartialité jusqu'à boire le dernier verre, qu'il ne pouvait diviser en douze portions, plutôt que de favoriser les uns aux dépens des autres.

Nous allions d'abord à Saint-Mandrier. Saint-Mandrier est un hôpital non-seulement bâti par les forçats, mais en quelque sorte créé entièrement par eux. En effet, ils ont tiré la pierre de la carrière, ils ont écarri les charpentes, ils ont taillé les briques, forgé la serrurerie, cuit les tuiles, et laminé les plombs; il n'y a que la verrerie qui leur est arrivée toute faite.

Au-dessus de Saint-Mandrier, au-dessus de la deuxième colline, s'élève la tour des signaux qui sert en même temps de tombeau à l'amiral de Latouche-Tréville.

En quittant Saint-Mandrier, nous traversâmes toute la rade et nous allâmes descendre au petit Gibraltar. C'est ce fort, comme on le sait, qui fut emporté par Bonaparte en personne, et dont la prise amena presqu'immédiatement la reddition de Toulon. Le vainqueur, en montant à l'assaut, y fut grièvement blessé d'un coup de baïonnette à la cuisse. En revenant du petit Gibraltar, nous traversâmes toute la flotte du contre-amiral Massieu de Clairval; elle se composait de six magnifiques vaisseaux : le Suffren, la Didon, le Nestor, le Duquesne, la Bellone et le Triton. Nous accostâmes ce dernier, car j'avais une visite à y rendre à un ami déjà célèbre alors, mais dont la célébrité s'est accrue depuis, grâce à un des plus beaux faits d'armes dont s'honore notre marine; cet ami était le vice-amiral Baudin. Quant au fait d'armes, on a déjà nommé la prise de Saint-Jean-d'Ulloa.

Le vice-amiral n'était alors que capitaine, et commandait le Triton. C'était une de ces existences brisées par la restauration de 1815, et qui venaient de se reprendre à la révolution de 1830. Pendant ces quinze ans, le capitaine Baudin s'était réfugié dans la marine marchande; et dans cette partie de sa carrière, je pourrais, si je le voulais, à défaut de belles actions, citer de bonnes actions.

Le capitaine Baudin nous fit les honneurs de son bâtiment avec cette grâce parfaite qui n'appartient qu'aux officiers de marine; puis, en s'invitant à déjeuner le lendemain dans notre petite bastide, il mit à néant toutes les mauvaises raisons que nous lui donnions pour ne pas rester à dîner avec lui à bord; il en résulta que nous quittâmes le Triton à huit heures du soir.

Je voudrais bien savoir ce qui empêcha les forçats, qui étaient douze, de nous prendre quelque vingt-cinq louis que nous avions dans nos poches, de nous jeter à la mer, Jadin, moi et le garde chiourme, et de s'en aller où bon leur aurait semblé le canot du gouvernement.

Lorsque nous fûmes rentrés à notre bastide, et tous deux couchés, nos portes bien fermées dans la même chambre, je fis part de ma réflexion à Jadin.

Jadin m'avoua que, tout le long de la route, il n'avait pas pensé à autre chose.

Le lendemain, à l'heure convenue, nous vîmes arriver notre convive dans sa yole élégante, dont les douze rames fendaient l'eau d'un mouvement si rapide et si uniforme, qu'on les aurait crues mises en jeu par l'impassible volonté d'une machine. Le capitaine la laissa dans le petit débarcadère et monta chez nous. L'hospitalité était moins élégante que celle du Triton; une petite guinguette des environs en avait fait tous les frais. Heureusement une des qualités de l'air de la mer est de donner un éternel et insatiable appétit.

A deux heures, le capitaine nous quitta; je le reconduisis jusqu'à sa yole. La yole se balançait seule et vide sur la mer. Les matelots, qui avaient probablement compté que notre déjeuner dégénérerait en dîner, étaient allés faire leurs dévotions au cabaret du fort Lamalgue.

C'était, à ce qu'il paraît, une faute énorme contre les règles de la discipline, car ayant voulu les appeler, le capitaine me pria de n'en rien faire, et me dit qu'il s'en irait sans eux, afin que les coupables comprissent bien la grandeur de leur péché. Comme le capitaine était seul, et que, comme on le sait, il avait eu le bras droit emporté par un boulet de canon, j'offris alors de lui servir d'équipage, ce qu'il accepta à la condition qu'à mon tour je resterais à dîner avec lui. Ce n'était point une condition pareille qui pouvait empêcher mon enrôlement dans l'équipage du Triton. Je répondis donc que je suivrais le capitaine au bout du monde, et aux conditions qu'il lui plairait de m'imposer.

En conséquence de l'accord, nous rangeâmes les avirons au fond du canot, nous dressâmes le petit mât, nous déployâmes la voile, et nous partîmes.

Quoique nous fussions séparés de deux milles à peine du Triton, la navigation n'était pas sans un certain danger; il y avait mistral, ce qui suffisait pour mettre la mer en gaîté; or, tout le monde sait ce que c'est que les gaîtés de la mer.

Certes, si le capitaine avait eu son équipage, ou seulement ses deux bras, notre traversée n'eût été qu'une plaisanterie; mais n'ayant que son bras gauche et moi seul pour compagnon, sa position n'était pas commode. Le capitaine oubliait toujours mon ignorance en marine, de sorte qu'il me commandait la manœuvre comme il aurait pu faire au contre-maître le plus exercé, ce à quoi je répondais en prenant bâbord pour tribord, et en amarrant quand il aurait fallu larguer; il en résultait des quiproquos qui, avec des vagues de douze à quinze pieds de haut, et avec un vent aussi capricieux que le mistral, ne laissaient pas d'offrir quelque danger. Deux ou trois fois je crus l'embarcation sur le point de chavirer, et j'ôtai mon habit sous le prétexte d'être plus apte à la manœuvre, mais de fait, pour être moins empêché, s'il me fallait par hasard continuer ma route à la nage.

De temps en temps, au milieu de mes perplexités, je jetais les yeux sur le Triton, et j'apercevais tout l'équipage qui, amassé sur le pont, nous regardait manœuvrer sans nous perdre un seul instant de vue. Je ne comprenais pas une pareille inaction, jointe à une curiosité si soutenue; il était évident que l'on savait qui nous étions. Alors, puisqu'on voyait notre position, comment n'envoyait-on pas à notre aide? Je comprenais bien tout ce qu'il y avait d'originalité à se noyer en compagnie du meilleur capitaine peut-être de toute la marine française, mais j'avoue que, dans ce moment, je n'envisageais point cet honneur sous son véritable point de vue.

Nous mîmes à peu près une heure et demie à gagner le bâtiment; car, comme nous avions le vent debout, ce ne fut qu'à l'aide de manœuvres très compliquées et très savantes, qui firent l'admiration de l'équipage, que nous atteignîmes notre majestueux Triton, lequel, comme s'il était étranger à tous ces petits caprices du vent et de la mer, se balançait à peine sur ses ancres. A peine fûmes-nous à quai, que cinq ou six matelots se précipitèrent dans la yole : alors le capitaine, avec la gravité et le sang-froid qui ne l'avaient pas quitté un seul instant, monta l'échelle le premier; on sait que c'est d'étiquette, le capitaine est roi à bord. Il expliqua en deux mots comment nous revenions seuls, et donna quelques ordres relatifs à la réception à faire aux matelots lorsqu'ils reviendraient à leur tour. Quant à moi, qui l'avais suivi le plus promptement possible, je reçus force complimens sur la façon distinguée dont j'avais accompli les manœuvres qui m'avaient été commandées. Je m'inclinai d'un air modeste, en répondant que j'étais à si bonne école qu'il n'y avait rien d'étonnant à ce que j'eusse fait de pareils progrès.

Le dîner fort fut gai et fort spirituel, notre expédition fit en partie les frais de la conversation. Là, je m'informai des raisons pour lesquelles le lieutenant qui, grâce à sa lunette, ne nous avait pas perdus de vue un instant, s'était abstenu d'envoyer un canot au devant de nous. Il nous répondit que, sans un signe du capitaine qui indiquât que nous étions en détresse, il ne se serait jamais permis une telle inconvenance.

— Mais, lui demandai-je, si nous avions chaviré, cependant.

— Oh! dans ce cas, c'était autre chose, me répondit-il; nous avions une embarcation toute prête.

— Qui serait arrivée quand nous aurions été noyés! merci.

Le lieutenant me répondit par un geste de la bouche et des épaules, qui signifiait :

— Que voulez-vous, c'est la règle.

J'avoue qu'à part moi, je trouvai cette règle fort sévère, surtout quand on l'applique de compte à demi à des gens qui n'ont pas l'honneur d'appartenir au corps royal de la marine.

En m'en allant, j'eus la satisfaction de voir les douze matelots de la yole qui prenaient le frais dans les haubans ; ils en avaient pour jusqu'au quart du matin à compter les étoiles et à flairer de quel côté venait le vent.

FRÈRE JEAN-BAPTISTE.

Nous ne pouvions pas être venus si près de la ville d'Hyères sans visiter le paradis de la Provence ; seulement nous hésitâmes un instant si nous irions par terre ou par mer. Notre irrésolution fut fixée par le commissaire de la marine, qui nous dit qu'il ne pouvait pas nous prêter les forçats pour une si longue course, attendu qu'il ne leur était pas permis de découcher.

Nous envoyâmes donc tout bonnement retenir nos places à la voiture de Toulon à Hyères, qui tous les jours passait vers les cinq heures du soir, à quelque cent pas de notre bastide.

Rien de délicieux comme la route de Toulon à Hyères. Ce ne sont point des plaines, des vallées, des montagnes que l'on franchit, c'est un immense jardin que l'on parcourt. Aux deux côtés de la route s'élèvent des haies de grenadiers, au dessus desquelles on voit de temps en temps flotter, comme un panache, la cime de quelque palmier, ou surgir, comme une lance, la fleur de l'aloès ; puis au delà de cette mer de verdure, la mer azurée, toute peuplée, le long de ses côtes, de barques aux voiles latines, tandis qu'à son horizon passe gravement le trois mâts avec sa pyramide de voiles, où file avec rapidité le bateau à vapeur, laissant derrière lui une longue traînée de fumée, lente à se perdre dans le ciel.

En arrivant à l'hôtel, nous n'y pûmes pas tenir, et notre premier mot fut pour demander à notre hôte s'il possédait un jardin, et si dans ce jardin il y avait des orangers. Sur sa réponse affirmative, nous nous y précipitâmes ; mais si la gourmandise est un péché mortel, nous ne tardâmes point à en être punis.

Dieu garde tout chrétien, ne possédant pas un double râtelier de Désirabode, de mordre à pleines dents comme nous le fîmes, dans les oranges d'Hyères.

En revenant vers notre bastide, nous aperçûmes de loin, debout sur le seuil de la porte, un beau moine carmélite à figure austère, à longue barbe grisonnante, couvert d'un manteau lévantin, et le corps entouré d'une ceinture arabe. Je doublai le pas, curieux de savoir ce qui me valait cette étrange visite. Le moine alors vint au devant de moi, et me saluant dans le plus pur romain, me présenta un livre sur lequel étaient inscrits les noms de Châteaubriand et de Lamartine. Ce livre était l'album du mont Carmel.

Voici l'histoire de ce moine ; il y en a peu d'aussi simples et d'aussi édifiantes.

En 1819, frère Jean-Baptiste (1), qui habitait Rome, reçut mission du pape Pie VII de partir pour la Terre-Sainte, et de voir, en sa qualité d'architecte, quel moyen il y aurait à employer pour rebâtir le couvent du Carmel.

Le Carmel, comme on le sait, est une des montagnes saintes ; ainsi que l'Horeb et le Sinaï, il a été visité par le Seigneur. Situé entre Tyr et Césarée, séparé seulement de Saint-Jean-d'Acre par un golfe, à cinq heures de distance de Nazareth, et à deux journées de Jérusalem : lors de la division des tribus, il échut en partage à Azer, qui s'établit à son septentrion, à Zabulon, qui s'empara de son orient, et

(1) Son nom laïque était Cassini : c'était un cousin issu de germain du célèbre géographe.

à Issachar qui posa ses tentes au midi. Du côté de l'occident, la mer vient baigner sa base qui s'avance, fait une pointe entre les flots, et se présente de loin au pèlerin qui vient d'Europe, comme le point le plus avancé de la Terre-Sainte, sur lequel il puisse poser ses deux genoux.

Ce fut sur le sommet du Carmel qu'Élie donna rendez-vous aux huit cent cinquante faux prophètes envoyés par Achab, afin qu'un miracle décidât, aux yeux de tous, quel était le véritable Dieu, de Baal ou de Jéhovah. Deux autels alors furent élevés sur le plateau de la montagne, et des victimes amenées à chacun d'un. Les faux prophètes crièrent à leurs idoles qui restèrent sourdes. Élie invoqua Dieu, et à peine s'était-il agenouillé, qu'une flamme descendit du ciel et dévora tout à la fois, non seulement le bois et la victime, mais encore la pierre du sacrifice. Les faux prophètes, vaincus, furent égorgés par le peuple, et le nom du vrai Dieu glorifié : cela arriva 900 ans avant le Christ.

Depuis ce jour, le Carmel est resté dans la possession des fidèles. Élie laissa à Élisée non seulement son manteau, mais encore sa grotte. A Élisée succédèrent les fils des prophètes, qui sont les ancêtres de saint Jean. Lors de la mort du Christ, les religieux qui l'habitaient passèrent de la loi écrite à la loi de grâce. Trois cents ans après, saint Bazile et ses successeurs donnèrent à ces pieux cénobites des règles particulières. A l'époque des croisades, les moines abandonnèrent le rit grec pour le rit romain, et de saint Louis à Bonaparte, le couvent bâti sur l'emplacement même où le prophète dressa son autel, fut ouvert aux voyageurs de toute religion et de tout pays, et cela gratuitement, à la glorification de Dieu et du prophète Élie, lequel est en égale vénération aux rabbins, qui le croient occupé à écrire les événemens de tous les âges du monde, aux Mages de Perse, qui disent que leur maître Zoroastre a été disciple de ce grand prophète ; et enfin aux Musulmans qui pensent qu'il habite une oasis délicieuse dans laquelle se trouve l'arbre et la fontaine de la vie qui entretiennent son immortalité.

La montagne sainte avait donc été vouée au culte du Seigneur pendant deux mille six cents ans, lorsque Bonaparte vint mettre le siège devant Saint-Jean-d'Acre ; alors le Carmel ouvrit, comme toujours, ses portes hospitalières, non plus aux pèlerins, non plus aux voyageurs, mais aux mourans et aux blessés. A huit cents ans d'intervalle, il avait vu venir à lui Titus, Louis IX et Napoléon.

Ces trois réactions de l'Occident contre l'Orient furent fatales au Carmel. Après la prise de Jérusalem par Titus, les soldats romains le dévastèrent ; après l'abandon de la Terre-Sainte par les Chrétiens, les Sarrasins égorgèrent ses habitans ; enfin, après l'échec de Bonaparte devant Saint-Jean-d'Acre, les Turcs s'en emparèrent, massacrèrent les blessés français, dispersèrent les moines, brisèrent portes et fenêtres, et laissèrent le saint asile inhabitable.

Il ne restait donc du couvent que ses murs ébranlés, et de la communauté qu'un seul moine qui s'était retiré à Kaïffa, lorsque frère Jean-Baptiste, désigné par son général au pape, reçut de Sa Sainteté l'ordre de se rendre au Carmel, et de voir dans quel état les infidèles avaient mis la sainte hôtellerie de Dieu, et quels étaient les moyens de la réédifier.

Le moment était mal choisi. Abdallah-Pacha commandait pour la Porte, et le ministre du sultan portait une haine profonde aux Chrétiens ; cette haine s'augmenta encore de la révolte des Grecs. Abdallah écrivit au sublime empereur, que le couvent du Carmel pourrait servir de forteresse à ses ennemis, et demanda la permission de le détruire ; elle lui fut facilement accordée. Abdallah fit miner le monastère, et l'envoyé de Rome vit sauter les derniers débris de l'édifice qu'il était appelé à reconstruire. Cela se passait en 1821. Il n'y avait plus rien à faire au Carmel, le frère Jean-Baptiste revint à Rome.

Cependant il n'avait point renoncé à son projet. En 1826, il partit pour Constantinople, et grâce au crédit de la France et aux instances de l'ambassadeur, il obtint de Mahmoud un firman qui autorisait la reconstruction du monastère. Il revint alors à Kaïffa et trouva le dernier moine mort.

Alors il gravit tout seul la montagne sainte, s'assit sur un débris de colonne Bysantine, et là, son crayon à la main, architecte élu pour la maison du Seigneur, il fit le plan d'un nouveau couvent plus magnifique qu'aucun de ceux qui avaient jamais existé, et après ce plan le devis. Le devis montait à 250,000 fr.; puis enfin, le devis arrêté, l'architecte miraculeux, qui bâtissait ainsi avec la pensée sans s'occuper de l'exécution, alla à la première maison venue demander un morceau de pain pour son repas du soir.

Le lendemain, il commença à s'occuper de trouver les 250,000 fr. nécessaires à l'accomplissement de son œuvre sainte.

La première chose à laquelle il pensa fut de créer un revenu à la communauté qui n'existait point encore. Il avait remarqué, à cinq heures de distance du Carmel et à trois heures de Nazareth, deux moulins à eau abandonnés, soit par les suites de la guerre, soit parce que l'eau qui les faisait mouvoir s'était détournée. Il chercha si bien qu'à une lieue de là il trouva une source que, par le moyen d'un aqueduc, il pouvait conduire jusqu'à ses usines. Cette trouvaille faite, et certain qu'il pouvait mettre ses moulins en mouvement, le frère Jean-Baptiste s'occupa d'acquérir les moulins. Ils appartenaient à une famille de Druses : c'était une tribu qui descendait de ces israélites qui adorèrent le Veau d'Or; ils avaient conservé l'idolâtrie de leurs pères. Les femmes, aujourd'hui encore, portent pour coiffure la corne d'une vache. Cette corne, qui n'est relevée d'aucun ornement chez les femmes pauvres, est argentée ou dorée chez les femmes riches. La famille druse, qui se composait d'une vingtaine de personnes, ne voulût pas se défaire du terrain légué par ses ancêtres, quoique ce terrain ne rapportât rien; elle aurait cru faire une impiété. Le frère Jean-Baptiste lui offrit de louer ce terrain qu'elle ne voulait pas vendre. Le chef consentit à cette dernière condition. Le revenu des moulins devait être divisé en tiers : un tiers aux propriétaires, et les deux autres tiers aux bailleurs.

En effet, les bailleurs devaient être deux : l'un apportait son industrie, et celui-là, c'était frère Jean-Baptiste; mais il fallait qu'un autre apportât l'argent nécessaire aux frais de réparation des moulins et de construction de l'aqueduc. Le frère Jean-Baptiste alla trouver un Turc de ses amis qu'il avait connu dans son premier voyage, et lui demanda neuf mille francs pour mettre à exécution sa laborieuse entreprise. Le Turc le conduisit à son trésor, car les Turcs, qui n'ont ni rentes, ni industrie, ont encore à cette heure, comme dans les *Mille et une Nuits*, des tonnes d'or et d'argent. Le frère Jean-Baptiste y prit la somme dont il avait besoin, affecta au remboursement de cette somme le tiers de la vente des moulins; et grâce à cette première mise de fonds faite par un musulman, l'architecte put jeter les fondemens de son hôtellerie chrétienne. D'intérêts, il n'en fut pas question, et cependant il fallait au moins douze ans pour que sa part dans la rente couvrît le bon mahométan de l'avance qu'il venait de faire; quant au contrat, ce fut chose toute simple, les conditions en furent arrêtées de vive voix, et les deux contractans jurèrent par leur barbe, l'un au nom de Mahomet, l'autre au nom du Christ, de les observer religieusement.

Savez-vous rien de plus simplement grand que ce chrétien qui s'en va demander de l'argent à un Turc pour rebâtir la maison de Dieu, et rien de plus grandement simple que ce Turc qui la prête sans autre garantie que le serment du chrétien ?

C'est que la réédification du Carmel était non seulement une question de religion, mais encore d'humanité; c'est que le Carmel est une hôtellerie sainte, où celui qui arrive n'a qu'à dire pour trouver un lit et un repas : — Frère, je suis fatigué et j'ai faim.

Bientôt le frère Jean-Baptiste partit pour sa première course, laissant le soin de l'exécution de son aqueduc et la réparation de ses moulins à un néophyte intelligent. En partant, il écrivit que ceux qui voulaient se réunir au supérieur des Carmelets d'Orient n'avaient qu'à venir, et que, dans quelque temps, un monastère s'élèverait pour les recevoir. Alors il parcourut les côtes de l'Asie mineure, de l'Archipel, et les

rues de Constantinople, demandant partout l'aumône au nom du Seigneur, et, six mois après, il revint, rapportant une somme de vingt mille francs, suffisante aux premières dépenses de son édifice. Enfin, le jour de la Fête-Dieu, sept ans heure pour heure après qu'Abdallah-Pacha avait fait sauter les murs de l'ancien couvent, frère Jean-Baptiste posa la première pierre du nouveau.

Mais, avant la fin de l'année, cette somme fut épuisée; alors le père Jean-Baptiste repartit pour la Grèce et pour l'Italie; et porteur d'une somme considérable, il revint une seconde fois, ramenant la vie au monument qui continua de grandir, et qui déjà à cette époque était assez avancé pour donner l'hospitalité aux voyageurs. Lamartine, Taylor, l'abbé Desmazures, Champmartin et Dauzatz, y furent logés pendant leurs voyages en Palestine.

Et c'est ainsi que, sans se lasser de la fatigue, sans se rebuter des refus, offrant à Dieu ses dangers et ses humiliations, le frère Jean-Baptiste, quoique âgé aujourd'hui de 65 ans, poursuivit son œuvre. Il partit onze fois du Carmel et y retourna onze fois. Pendant dix ans que durèrent ses courses, il visita tout un hémisphère : il alla à Jérusalem, à Damas, à Jaffa, à Alexandrie, au Caire, à Rama, à Tripoli de Syrie, à Smyrne, à Malte, à Athènes, à Constantinople, à Tunis, à Tripoli d'Afrique, à Syracuse, à Palerme, à Alger, à Gibraltar. Il pénétra jusqu'à Fez et jusqu'à Maroc, il parcourut toute l'Italie, toute la Corse, toute la Sardaigne, toute l'Espagne, et une partie de l'Angleterre, d'où il revint par l'Irlande et le Portugal, si bien qu'à la dixième fois il était retourné au Carmel avec le complément d'une somme de 250,000 francs. Mais son devis, comme tout devis doit être, se trouvait d'une centaine de mille francs au dessous de la réalité, de sorte qu'il arrivait, parti pour la douzième fois du Carmel, afin de faire une dernière quête en France, ayant gardé le royaume très chrétien pour sa suprême ressource.

Et ce qu'il y avait d'admirable dans cet homme, c'est que, pendant dix ans qu'il avait fait la quête du Seigneur, pas une obole de ces 250 000 francs qu'il avait recueillis ne s'était détournée de la masse commune au profit de ses besoins personnels. S'il avait eu à franchir les mers, il avait reçu son passage gratis sur quelque pauvre bâtiment, qui avait espéré, par cette bonne œuvre, obtenir une mer calme et un vent favorable. S'il avait eu des royaumes à traverser, il les avait traversés, soit à pied, soit dans la voiture de pauvres rouliers qui lui avaient demandé pour toute récompense de prier pour eux; s'il avait eu faim, il avait demandé du pain à la chaumière, et s'il avait eu soif, de l'eau à la fontaine : chaque presbytère lui avait prêté un lit pour son repos de quelques heures. Et ainsi parti du même lieu que le Juif errant, avec une bénédiction au lieu d'un anathème, il venait, après avoir vu presqu'autant de pays que lui, terminer ses courses par la France.

J'offris mon offrande au frère Jean-Baptiste, honteux de la lui faire si faible; mais je lui donnai des lettres pour des amis plus riches que moi.

Aujourd'hui, frère Jean-Baptiste est retourné demander une tombe à cette montagne qu'il a dotée d'un palais.

Et maintenant, Dieu garde le couvent du Mont-Carmel d'Ibrahim, d'Abdul-Medjid, et surtout du commodore Napier.

LE GOLFE JUAN

Nous quittâmes Toulon après un séjour de six semaines. Comme il n'y avait rien à voir de Toulon à Fréjus, si ce n'est le pays que nous pouvions parfaitement voir par les portières, nous prîmes la voiture publique. D'ailleurs, pour un observateur, la voiture publique a un avantage qui balance tous ses désagrémens, c'est que l'on peut y étudier sous un jour assez curieux la classe moyenne des pays que l'on parcourt.

L'intérieur de notre diligence était complété par un jeune homme de vingt ou vingt-deux ans, et par un homme de cinquante à cinquante-cinq.

Le jeune homme avait la figure naïve, les yeux étonnés, les jambes embarrassantes, un chapeau à long poil, un habit bleu barbeau, un pantalon gris sans sous-pieds, des bas noirs, des souliers lacés, et une montre avec des fruits d'Amérique.

L'homme de cinquante-cinq ans avait les cheveux gris et raides, des favoris formant demi-cercle, et se terminant en pointe à la hauteur des narines, des yeux gris clair, un nez en bec de faucon, les dents écartées, et la bouche gourmande; sa toilette se composait d'un col de chemise qui lui guillotinait les oreilles, d'une cravate rouge, d'une veste grise, d'un pantalon bleu, et de souliers de peau de daim. De temps en temps il sortait la tête par la portière et dialoguait avec le conducteur, qui ne manquait jamais, en lui répondant, de l'appeler capitaine.

Nous n'avions pas encore achevé la première poste, que nous savions déjà que le capitaine portait ce titre parce qu'en 1815 il avait reçu du maréchal Brune l'ordre de charger et de transporter des vivres de Fréjus et d'Antibes à Toulon. Pour cette expédition on lui avait donné une chaloupe et six matelots qui avaient commencé par l'appeler patron, et qui avaient fini par l'appeler capitaine; ce titre lui avait paru faire bien en tête de son nom, et il l'avait gardé. Depuis ce temps, en conséquence, on l'appelait le capitaine Langlet.

A la seconde poste, nous connaissions les opinions politiques et religieuses du capitaine : en politique il était bonapartiste, en religion il était voltairien.

La conversation tomba sur le frère Jean-Baptiste; le capitaine en profita pour nous exprimer tout son mépris pour les *calotins*; il nous cita à ce sujet deux articles excellens du *Constitutionnel* contre le parti prêtre.

Nous descendîmes pour dîner à Cornoulles. Comme c'était un vendredi, l'hôte nous demanda si nous voulions faire maigre. — Est-ce que vous me prenez pour un jésuite? lui répondit d'un ton foudroyant le capitaine; faites-moi de bonnes grillades, et une omelette au lard.

Quant à nous, nous répondîmes que s'il y avait du poisson frais, nous mangerions du poisson. Le jeune homme, interrogé à son tour, répondit d'un ton très-doux et en rougissant jusqu'aux oreilles : — Je ferai comme ces messieurs.

Le capitaine Langlet nous regarda avec un mépris encyclopédique, et quand on lui apporta son omelette, il se plaignit qu'il n'y avait pas assez de lard.

Nous remontâmes en voiture, et comme nous devions coucher le soir à Fréjus, la conversation tomba sur le débarquement de Napoléon. Le capitaine Langlet y avait assisté de son navire.

— Alors, lui dit Jadin, il n'y a pas besoin de vous demander, avec les opinions que je vous connais, si vous vous réunîtes au grand homme.

— Peste! monsieur, répondit le capitaine Langlet, je n'eus garde d'abord; à cette époque, monsieur, je lui en voulais encore un peu à ce sublime empereur, d'avoir rétabli les églises au lieu d'en faire d'excellens magasins à fourrages. Non point, monsieur, au contraire, je fis voile pour Antibes, et j'annonçai la grande nouvelle au commandant de place, le général Cossin; je lui dis même que je croyais qu'une petite troupe d'une vingtaine d'hommes s'avançait vers notre ville avec un drapeau tricolore. Alors il fit ses dispositions, ce bon général : et lorsque la petite troupe arriva, on la laissa entrer, puis on ferma la porte derrière elle. De sorte que, grâce à moi, ils furent tous pris, monsieur, à l'exception de Casabianca, un farceur de

Corse qui les commandait, qui sauta du haut en bas des remparts, et qui alla le rejoindre, ce grand empereur.

— Et que fit-on des prisonniers? demandai-je.

— Monsieur, on voulait les mettre dans la maison d'arrêt de la ville, mais elle était pleine, et je dis, moi : Mettez-les dans l'église, pardieu! Et on les mit dans l'église.

— Et combien de temps y restèrent-ils? demanda Jadin.

— Oh! ils y restèrent depuis le 1er de mars jusqu'au 22, que l'on apprit que le grand Napoléon avait fait son entrée dans la capitale.

— Pauvres gens! dit le jeune homme.

— Comment, pauvres gens! reprit le capitaine. Comment, pauvres gens! voilà pardieu! des gaillards bien à plaindre; ils avaient de bon pain, de bon vin, de bon riz et de bonnes fèves; je vous demande un peu qu'est-ce qu'il faut de plus pour faire le bonheur!

— Mais, dis-je à mon tour, j'espère, capitaine, qu'au retour des Bourbons, vous avez eu au moins la croix d'honneur?

— La croix d'honneur! ah ben oui! je l'ai demandée, la croix d'honneur! Savez-vous ce qu'il m'a envoyé, ce vieux calotin de Louis XVIII? Il m'a envoyé sa fleur de lis. Oh! que je dis en la recevant, tu pouvais bien la garder, ta punaise!

— Peste! repris-je, capitaine, comme vous les traitez, ces pauvres fleurs de lis! Faites donc attention que saint Louis, François 1er et Henri IV étaient moins difficiles que vous, et que ces fleurs de lis, que vous méprisez, étaient leurs armes.

— Les armes de Henri IV! mais non, Henri IV, il était protestant, pardieu! C'est parce qu'il était protestant que les jésuites l'ont tué; car ce sont les jésuites, monsieur, qui l'ont tué, ce grand roi. Vous avez lu la *Henriade*, monsieur?

— Qu'est-ce que c'est que la *Henriade*? demanda Jadin avec le plus grand sang-froid.

— Vous ne connaissez pas la *Henriade*? Il faut lire la *Henriade*, monsieur, c'est un beau poëme : c'est de M. de Voltaire, qui n'aimait pas les calotins, celui-là; aussi les calotins l'ont empoisonné... ils l'ont empoisonné! On a dit le contraire, mais ils l'ont empoisonné, monsieur, aussi vrai que je m'appelle le capitaine Langlet. Ce pauvre M. de Voltaire! Si j'avais vécu de son temps, j'aurais donné dix ans de ma vie pour conserver la sienne. M. de Voltaire!!! ah! en voilà un qui n'aurait jamais fait maigre le vendredi!

Nous comprîmes à qui l'épigramme s'adressait, et nous courbâmes la tête. Pendant quelque temps le capitaine Langlet nous comprima sous son regard victorieux; puis, voyant que nous nous rendions, il se mit à fredonner une chanson bonapartiste.

Nous arrivâmes à Fréjus sans nous être relevés du coup. Là, nous prîmes congé du capitaine Langlet, qui donna de nouveau à Jadin le conseil de lire la *Henriade*, et qui, se penchant à mon oreille, me dit tout bas :

— On voit bien que vous êtes royaliste, jeune homme, avec votre poisson et vos fleurs de lis; mais, troun de l'air! ne dites pas ainsi tout haut votre opinion; nous n'entendons pas plaisanterie sur Napoléon, nous autres Fréjusains et Antibois; vous vous feriez égorger comme un poulet, dame! Ainsi, de la prudence.

Je promis au capitaine Langlet d'être plus circonspect à l'avenir, et nous prîmes congé l'un de l'autre, lui continuant sa route pour Antibes, et nous restant à Fréjus pour visiter le lendemain à notre aise le golfe Juan.

Au moment où nous allions prendre place pour souper, à l'extrémité d'une de ces longues tables d'auberges où dîne ordinairement toute une diligence, notre hôte vint nous demander si nous voulions bien permettre que le jeune homme qui était venu avec nous de Toulon se fit servir son repas à l'autre bout de la table. Comme ce jeune voyageur nous avait paru fort convenable tout le long de la route, nous répondîmes que non seulement il était parfaitement libre de se faire servir où cela lui convenait, mais que si, mieux encore, il voulait souper avec nous, il nous ferait plaisir. L'aubergiste s'empressa donc de lui porter notre réponse qu'il attendait dans l'autre chambre. Nous avions déjà fait toutes nos dispositions pour intercaler au milieu de nous, notre nouveau convive, lorsque notre hôte vint nous dire que le jeune homme était bien reconnaissant, mais qu'il ne voulait pas nous être importun, et désirait seulement se tenir assez près de nous pour jouir du charme de notre conversation. Je me retournai vers Jadin en lui tirant mon chapeau, car le compliment était évidemment pour lui. Pendant toute la route il avait fait poser le capitaine Langlet de manière à satisfaire les amateurs les plus difficiles, et tout naïf que paraissait notre compagnon de route, il avait on ne peut plus apprécié ce genre d'amabilité si nouveau pour lui.

Le maréchal Gérard disait un jour à propos de courage, et en parlant du général Jacqueminot : « Quand on ne le regarde pas, il n'est qu'étonnant, mais si on le regarde, il devient fabuleux. » Même chose peut se dire de Jadin à propos de l'esprit. Ce soir-là il était regardé, il fut splendide. Le jeune homme alla se coucher bien content ; il avait passé une heureuse soirée.

Le lendemain, nous fîmes un tour dans Fréjus, juste ce qu'il en fallait pour qu'une ville qui date de 2,600 ans n'eût pas à se plaindre de nos procédés. Nous mîmes en conséquence des cartes à l'amphithéâtre, à l'aqueduc et à la porte dorée, et nous revînmes déjeuner à notre hôtel, où nous attendait la voiture qui devait nous conduire à Nice. En déjeunant, nous demandâmes des nouvelles de notre jeune homme ; mais, comme il n'avait pas osé nous proposer de lui céder une place dans notre voiture, et qu'il n'était pas assez grand seigneur, avait-il dit, pour louer une voiture à lui tout seul, il avait pris les devans en prévenant qu'il aurait l'honneur de nous souhaiter le bonjour au golfe Juan. On ne pouvait pas être à la fois plus discret et plus poli.

Nous quittâmes Fréjus vers les dix heures du matin.

La route que nous prîmes remontait dans les terres ; mais, au bout de six à sept lieues, nous nous rapprochâmes de la mer, moitié de notre part, moitié au moyen d'une grande échancrure qui semblait venir au devant de nous. Cette grande échancrure était le golfe Juan. Nous nous arrêtâmes juste où le prince de Monaco s'était arrêté.

On sait l'histoire du prince de Monaco.

Madame de D. avait suivi M. le prince de Talleyrand au congrès de Vienne.

— Mon cher prince, lui dit-elle un jour, est-ce que vous ne ferez rien pour ce pauvre Monaco, qui, depuis quinze ans, comme vous savez, a tout perdu, et qui avait été obligé d'accepter je ne sais quelle pauvre petite charge à la cour de l'usurpateur ?

— Ah ! si fait, répondit le prince, avec le plus grand plaisir. Ce pauvre Monaco ! vous avez bien fait de m'y faire penser, chère amie ! je l'avais oublié.

Et le prince prit l'acte du congrès qui était sur sa table, et dans lequel on retaillait à petits coups de plume le bloc européen que Napoléon avait dégrossi à grands coups d'épée ; puis de sa plus minime écriture, après je ne sais quel protocole qui regardait l'empereur de Russie ou le roi de Prusse, il ajouta :

— Et le prince de Monaco rentrera dans ses États.

Cette disposition était bien peu de chose : elle ne faisait pas matériellement la moitié d'une ligne ; aussi passa-t-elle inaperçue, ou si elle fut aperçue, personne ne jugea que ce fût la peine de rien dire contre.

L'article supplémentaire passa donc sans aucune contestation.

Et madame de D. écrivit au prince de Monaco qu'il était rentré dans ses États.

Le 25 février 1815, trois jours après avoir reçu cette nouvelle, le prince de Monaco fit venir des chevaux de poste, et prit la route de sa principauté.

En arrivant au golfe Juan, il trouva le chemin barré par deux pièces de canon.

Comme il approchait de ses États, le prince de Monaco fit grand bruit de cet embarras qui le retardait, et ordonna au postillon de faire déranger les pièces et de passer outre.

Le postillon répondit au prince que les artilleurs détenaient ses chevaux.

Le prince de Monaco sauta à bas de sa voiture pour donner des coups de canne aux artilleurs, jurant entre ses dents que, si les drôles passaient jamais par sa principauté, il les ferait pendre.

Derrière les artilleurs, il y avait un homme en costume de général.

— Tiens ! c'est vous, Monaco ? dit en voyant le prince l'homme en costume de général. Laissez passer le prince, ajouta-t-il aux artilleurs qui lui barraient le passage, c'est un ami.

Le prince de Monaco se frotta les yeux.

— Comment, c'est vous, Drouot? lui dit-il.

— Moi-même, mon cher prince.

— Mais je vous croyais à l'île d'Elbe avec l'empereur.

— Eh ! mon Dieu ! oui, nous y étions en effet, mais nous sommes venus faire un petit tour en France ; n'est-ce pas, maréchal ?

— Tiens ! c'est vous, Monaco ? dit le nouveau venu ; et comment vous portez-vous, mon cher prince ?

Le prince de Monaco se frotta les yeux une seconde fois.

— Et vous aussi, maréchal, lui dit-il, mais vous avez donc tous quitté l'île d'Elbe ?

— Eh ! mon Dieu ! oui, mon cher prince, répondit Bertrand ; l'air en était mauvais pour notre santé, et nous sommes venus respirer celui de France.

— Qu'y a-t-il donc, messieurs ? dit une voix claire et impérative, devant laquelle le groupe qui entourait le prince s'ouvrit.

— Ah ! ah ! c'est vous, Monaco ? dit la même voix.

Le prince de Monaco se frotta les yeux une troisième fois. Il croyait faire un rêve.

— Oui, sire ! Oui, dit-il ; oui, c'est moi, mais d'où vient Votre Majesté ? où va-t-elle ?

— Je viens de l'île d'Elbe, et je vais à Paris. Voulez-vous venir avec moi, Monaco ? Vous savez que vous avez votre appartement aux Tuileries.

— Sire ! dit le prince de Monaco qui commençait à comprendre, je n'ai point oublié les bontés de Votre Majesté pour moi, et j'en garderai une éternelle reconnaissance. Mais il y a huit jours à peine que les Bourbons m'ont rendu ma principauté, et il n'y aurait vraiment pas assez de temps entre le bienfait et l'ingratitude. Si Votre Majesté le permet, je continuerai donc ma route vers ma principauté, où j'attendrai ses ordres.

— Vous avez raison, Monaco, lui dit l'empereur, allez, allez ! seulement vous savez que votre ancienne place vous attend, je n'en disposerai pas.

— Je remercie mille fois Votre Majesté, répondit le prince.

L'empereur fit un signe, et l'on rendit au postillon ses chevaux qui avaient déjà mis en position une pièce de quatre.

Le postillon rattela ses chevaux. Mais tant que le prince fut à la portée de la vue de l'empereur, il ne voulut point remonter en voiture et marcha à pied.

Quant à Napoléon, il alla s'asseoir tout pensif sur un banc de bois à la porte d'une petite auberge, d'où il présida le débarquement.

Puis, quand le débarquement fut fini, comme il commençait à se faire tard, il décida qu'on n'irait pas plus loin ce jour-là, et qu'il passerait la nuit au bivouac.

En conséquence, il s'engagea dans une petite ruelle, et alla s'asseoir sous le troisième olivier à partir de la grande route. Ce fut là qu'il passa la première nuit de son retour en France.

Maintenant, si on veut le suivre dans sa marche victorieuse jusqu'à Paris, on n'a qu'à consulter le *Moniteur*. Pour guider nos lecteurs dans cette recherche historique, nous allons en donner un extrait assez curieux. On y trouvera la marche graduée de Napoléon vers Paris, avec la modification que son approche produisait dans les opinions du journal.

— L'antropophage est sorti de son repaire.

— L'ogre de Corse vient de débarquer au golfe Juan.

— Le tigre est arrivé à Gap.

— Le monstre a couché à Grenoble.

— Le tyran a traversé Lyon.

— L'usurpateur a été vu à soixante lieues de la capitale.

— Bonaparte s'avance à grands pas, mais il n'entrera jamais dans Paris.

— Napoléon sera demain sous nos remparts.

— L'empereur est arrivé à Fontainebleau.

— Sa Majesté Impériale et Royale a fait hier son entrée en son château des Tuileries au milieu de ses fidèles sujets!...

C'est l'*exegi monumentum* du journalisme; il n'aurait rien dû faire depuis, car il ne fera rien de mieux.

Quant à Napoléon, il voulut qu'une pyramide constatât le grand événement dont le prince de Monaco avait été un des premiers témoins. Cette pyramide fut élevée sur le bord de la route, entre deux mûriers et en face de l'olivier où il avait passé la première nuit. Malheureusement Napoléon voulut que cette pyramide renfermât un échantillon de toutes nos monnaies d'or et d'argent frappées au millésime de 1815.

Il en résulta qu'après Waterloo, les gens de Valory abattirent la pyramide pour voler ce qu'elle renfermait.

Notre jeune homme attendait à la porte de la petite auberge, assis sur le même banc où s'était assis Napoléon.

Cette petite auberge, qui, depuis ce temps, s'est mise de son autorité privée sous la protection de ce grand souvenir, se recommande aux voyageurs par l'inscription suivante:

« Au débarquement de Napoléon, empereur des français, venant de l'île d'Elbe, débarqué au golfe *Join*, le 1er mars 1815; on vend à boire et à manger en son honneur, à la minute.

» C'est lui qui subjugua presque tout l'Univers,
» Affronta les périls, la bombe et la mitraille,
» Brava partout la mort et sillonna les mers,
» Combattit à Wagram et gagna la bataille. »

Nous demandâmes à l'aubergiste si c'était son cuisinier qui avait fait les vers de son enseigne, et, sur sa réponse négative, nous lui commandâmes à dîner.

En attendant le dîner, nous nous préparâmes à prendre un bain de mer. A peine eut-il à nos dispositions pénétré notre projet, que notre jeune homme demanda à Jadin si nous voulions bien lui accorder l'honneur de se baigner en même temps que nous.

Nous nous regardâmes en riant, et nous lui répondîmes qu'il était parfaitement libre; que, s'il croyait au reste avoir besoin de notre permission pour cela, nous la lui accordions de tout cœur.

Le jeune homme nous remercia comme si nous lui avions fait une grande grâce; puis, pour ne pas choquer notre pudeur, il se fit un caleçon de sa cravate, entra dans la mer jusqu'aux aisselles, et s'arrêta là à regarder nos évolutions.

En face de nous, à l'horizon, étaient les îles Sainte-Marguerite.

Les îles Sainte-Marguerite, comme on le sait, servirent, pendant neuf ans, de prison au Masque de fer.

Nos lecteurs peuvent sauter par dessus le chapitre suivant, que j'intercale par conscience, et pour satisfaire la curiosité de ceux qui, comme moi, se baigneraient dans le golfe Juan. Ils n'y perdront qu'une dissertation historique médiocrement amusante.

L'HOMME AU MASQUE DE FER.

Tout calcul fait, il y a neuf systèmes sur l'homme au masque de fer. Nous laissons au lecteur le soin de choisir celui qui lui paraîtra le plus vraisemblable ou qui lui sera le plus sympathique.

PREMIER SYSTÈME.

L'auteur du premier système est anonyme. Le système est venu tout fait de la Hollande, sans doute sous le patronage du roi Guillaume. Tel qu'il est, le voici: Le cardinal de Richelieu, tout fier de voir sa nièce Parisiatis aimée de Gaston, duc d'Orléans, frère du roi, proposa à ce prince de devenir sérieusement son neveu. Mais le fils de Henri IV, qui voulait bien de mademoiselle Parisiatis pour maîtresse, trouva si impertinent que le premier ministre osât la lui proposer pour femme, qu'il répondit à cette proposition par un soufflet. Le cardinal était rancunier; mais, comme il n'y avait pas moyen de traiter le frère du roi en Bouteville ou en Montmorency, il s'entendit avec sa nièce et le père Joseph pour tirer de Gaston une autre vengeance. Ne pouvant lui faire tomber la tête de dessus les épaules, il résolut de lui faire choir la couronne de dessus la tête.

La perte de cette couronne devait être d'autant plus sensible à Gaston que Gaston croyait déjà la tenir. Il y avait quelque vingt-deux ou vingt-trois ans que son frère aîné était marié, et la France attendait encore un dauphin.

Voici ce qu'imagina Richelieu, toujours dans le système de l'anonyme hollandais.

Un jeune homme, nommé le C. D. R., était amoureux, depuis plusieurs années, de la femme de son roi. Cet amour, auquel la reine n'avait pas paru insensible, n'avait point échappé aux regards jaloux de Richelieu, qui, amoureux lui-même d'Anne d'Autriche, s'en était inquiété jusqu'au moment où il jugea à propos d'en tirer parti.

Un soir, le C. D. R. reçut un billet d'une main inconnue, dans lequel on lui disait que, s'il voulait se rendre à un endroit indiqué, et se laisser bander les yeux, on le conduirait dans un lieu où il désirait être présenté depuis longtemps. Le jeune homme était aventureux et brave: il se trouva au rendez-vous, se laissa bander les yeux; et lorsque le bandeau lui tomba du front, il était dans l'appartement d'Anne d'Autriche qu'il aimait.

Le lendemain elle alla trouver le cardinal et lui dit: « Vous avez enfin gagné votre méchante cause; mais prenez-y garde, monsieur le prélat, et faites en sorte que je trouve cette miséricorde et cette bonté céleste dont vous m'avez flattée par vos pieux sophismes. Ayez soin de mon âme! »

L'auteur anonyme attribue à cette aventure la naissance de Louis XIV, fils de Louis XIII, par voie de transubstantiation. La brochure, qui se terminait là, annonçait une suite qui n'a point été publiée. Mais comme l'anonyme hollandais ajoutait que cette suite serait la *fatale catastrophe du C. D. R.*, on prétendait que la castatrophe fut la découverte que fit Louis XIII des amours de la reine, et que le prix dont le C. D. R. les paya fut une prison perpétuelle avec application d'un masque de fer.

Le C. D. R. était ou le comte de Rivière ou le comte de Rochefort.

Ce système, à notre avis, sent trop le pamphlet pour avoir besoin d'être réfuté.

DEUXIÈME SYSTÈME.

Celui-ci est de Sainte-Foix, et, s'il n'a pas le mérite de la vraisemblance, il a au moins celui de l'originalité. Sainte-Foix, comme on le sait, était un homme de beaucoup d'imagination, qui n'aimait pas les *bavaroises*, et qui trouvait mauvais que les autres les aimassent. Il en résultait qu'il déjeunait ordinairement avec des côtelettes et du vin de Champagne, et qu'il avait le tort d'écrire l'histoire après avoir déjeuné.

Un jour Sainte-Foix lut dans l'histoire de Hume, que le duc de Montmouth n'avait point été exécuté comme on l'avait dit, mais qu'un de ses partisans qui lui ressemblait fort, ce qui cependant n'était pas facile à rencontrer, avait consenti à mourir à sa place, tandis que le fils naturel de Charles II, chez lequel on avait respecté le sang royal, tout illégitime qu'il fût, avait été transféré secrètement en France pour y subir une prison perpétuelle.

A ce passage, Sainte-Foix, toujours en quête du romanesque, ouvrit de grands yeux et découvrit un petit volume anonyme et apocryphe intitulé : *Amours de Charles II et de Jacques II, rois d'Angleterre.* Dans ce petit volume il était dit : « La nuit d'après la prétendue exécution du duc de Montmouth, le roi, accompagné de trois hommes, vint lui-même le tirer de la tour. On lui couvrit la tête d'une espèce de capuchon, et le roi et les trois hommes entrèrent avec lui dans le carrosse. »

Un autre témoignage, bien plus important que celui du colonel Helton, dans la bouche duquel l'auteur du petit volume met ce récit, était encore invoqué par Sainte-Foix. Ce témoignage était celui du père Saunders, confesseur de Jacques II. En effet, le père Tournemine étant allé, avec le père Saunders, rendre visite à la duchesse de Montmouth, après la mort de cet ex-roi, il échappa à la duchesse de dire : » Quant à moi, je ne pardonnerai jamais au roi Jacques d'avoir laissé exécuter le duc de Montmouth, au mépris du serment qu'il avait fait sur l'hostie, près du lit de mort de Charles II, qui lui avait recommandé de ne jamais ôter la vie à son frère naturel, même en cas de révolte. » Mais à ces mots, le père Saunders interrompit la duchesse en lui disant : « Madame la duchesse, le roi Jacques a tenu son serment. »

Selon Sainte-Foix, l'homme au masque de fer ne serait donc autre que le duc de Montmouth, sauvé de l'échafaud par Jacques II, à qui Louis XIV aurait prêté presqu'en même temps les îles Sainte-Marguerite pour son frère, et Saint-Germain pour lui.

TROISIÈME SYSTÈME.

Le système de Sainte-Foix avait été établi pour battre en brèche le système de Lagrange-Chancel, qui prétendait, sur le dire de M. de Lamothe-Guérin, gouverneur des îles Sainte-Marguerite, en 1718, c'est-à-dire à l'époque où lui-même y était détenu, que l'homme au masque de fer était le fameux duc de Beaufort, disparu en 1669 au siége de Candie. Voici la version de Lagrange-Chancel :

Dès l'année 1664, M. de Beaufort était déjà, par son insubordination et sa légèreté, tombé dans la disgrâce, sinon apparente, du moins réelle, de Louis XIV, qui pardonnait avec une égale difficulté le bonheur qu'on avait eu de lui plaire, ou le malheur qu'on avait eu de lui déplaire. Or, M. de Beaufort ne lui avait jamais plu, le grand roi ne voulant pas de rivaux, fût-ce aux halles.

Vers le commencement de 1669, M. de Beaufort reçut de Colbert l'ordre de soutenir Candie, assiégée par les Turcs. Sept jours après son arrivée, c'est-à-dire le 26 juin, le duc de Beaufort fit une sortie; mais, emporté par son courage ou par son cheval, il ne reparut pas. A cette occasion, Navailles, son collègue dans le commandement de l'escadre française, se contente de dire, page 243, livre IV de ses Mémoires : « Le duc de Beaufort rencontra sur son chemin un gros de Turcs qui pressait quelques-unes de nos troupes. Il se mit à leur tête et combattit avec beaucoup de valeur ; mais il fut abandonné, et l'on n'a jamais pu savoir depuis ce qu'il était devenu. »

Selon Lagrange-Chancel, le duc de Beaufort aurait été enlevé, non par les soldats du sublime empereur, mais par les agens du roi très-chrétien, et au lieu d'avoir eu la tête coupée, il l'aurait eue, ce qui ne valait guère mieux, enfermée à perpétuité dans un masque de fer.

QUATRIÈME SYSTÈME.

Ce quatrième système, qui n'était pas loin non plus d'être celui de Voltaire, avait été répandu avec un prodigieux succès par l'auteur anonyme des *Mémoires pour servir à l'histoire de Perse.* Comme l'*Histoire amoureuse des Gaules*, les *Mémoires pour servir à l'histoire de Perse* racontent des anecdotes de la cour de France. Le roi y est appelé *Cha-Abbas*, le dauphin *Sephi-Mirza*, le comte de Vermandois *Gia-*

fer, et le duc d'Orléans *Ali-Homajou.* Quant à la Bastille, elle était désignée sous le nom de *la forteresse d'Ispahan*, et les îles Sainte-Marguerite sous le nom de *la cit delle d'Ormus.*

Voici maintenant l'anecdote réduite à ses vrais noms :

Louis de Bourbon, comte de Vermandois, était, comme on le sait, fils naturel de Louis XIV et de mademoiselle de Lavallière. Comme à tous ses bâtards, Louis XIV lui avait porté une grande amitié, si bien que cette amitié ayant changé l'orgueil qui était propre au jeune prince en insolence, il s'oublia, dans une discussion avec le dauphin, jusqu'à lui donner un soufflet. C'était là un de ces outrages à la majesté royale que Louis XIV ne pouvait pardonner, même à un de ses bâtards. Aussi, toujours selon les *Mémoires pour servir à l'histoire de Perse, Giafer*, ou le comte de Vermandois, fut-il envoyé en Flandres, où pour lors on faisait la guerre. Or, à peine fut-il au camp, où il arriva si bien prêché par sa mère, qu'on croyait, dit mademoiselle de Montpensier, qu'il se fût fait un honnête homme, que le 12 du mois de novembre au soir il se trouva mal, et mourut le 19. Ce malheur, dit mademoiselle de Montpensier, arriva à la suite d'une orgie où il avait trop bu d'eau-de-vie. Les autres Mémoires parlèrent de fièvre maligne ou de peste. Mais l'auteur du 4e système prétendit que ces bruits n'avaient été répandus que pour éloigner les curieux de la tente du jeune prince, qui était, non pas mort, mais seulement endormi à l'aide d'un narcotique, et qui ne se réveilla qu'un masque de fer sur le visage.

Selon le même auteur, Ali-Homajou, c'est-à-dire Philippe II, régent de France, était allé faire une visite au comte de Vermandois, à la Bastille, vers le commencement de 1723 ; il était résulté de cette visite la résolution de rendre la liberté au prisonnier, lorsque la même année, le régent mourut d'une apoplexie foudroyante. Il en résulta que le pauvre Giafer resta dans la forteresse d'Ispahan, dont ce n'était guère d'ailleurs la peine de sortir, attendu qu'à cette époque il devait avoir à peu près soixante-cinq ans.

CINQUIÈME SYSTÈME.

Celui-ci appartient au baron d'Heiss, ancien capitaine au régiment d'Alsace. Il était développé dans une lettre écrite de Phalsbourg, et datée du 28 juin 1770. Cette lettre fut publiée dans l'*Histoire abrégée de l'Europe.* Voici l'analyse de cette lettre :

Selon le baron d'Heiss, le duc de Mantoue avait dessein de vendre sa capitale au roi de France, lorsqu'il en fut détourné par son secrétaire Matthioli, lequel lui persuada, au contraire, de s'unir à la ligue qui, dans ce moment, se formait contre Louis XIV. Le roi, qui croyait déjà tenir Mantoue, vit donc cette ville lui échapper ; et ayant su par quel conseil, il résolut de se venger du conseiller. En conséquence, sur l'ordre du roi, le malheureux Matthioli aurait été invité par le marquis d'Arcy, ambassadeur de France, à une grande chasse à deux ou trois lieues de Turin, et là, tandis qu'il suivait l'ambassadeur dans un sentier perdu, douze cavaliers l'auraient enlevé, *masqué*, et conduit à Pignerol. Mais, comme cette forteresse était trop voisine de l'Italie, il serait passé de là successivement à Exilles, aux îles Sainte-Marguerite, et enfin à la Bastille, où il serait mort.

Ce système, qui n'était pas plus déraisonnable que les autres, n'obtint cependant jamais grande faveur. Cette idée que l'homme au masque de fer était un étranger et un subalterne, n'ayant pas suffi pour éveiller une grande curiosité.

SIXIÈME SYSTÈME.

Celui-ci n'a point de parrain. C'est un de ces bruits vagues comme il en court par le monde, sans qu'on sache d'où ils viennent, ni où ils vont. Aussi ne le citons-nous que pour mémoire.

Selon ce système, l'homme au masque de fer ne serait autre que le second fils du protecteur, c'est-à-dire Henri Cromwel, qui disparut de la scène du monde sans que jamais personne sût par quelle coulisse, ou par quelle trappe. Mais pourquoi eût-on masqué et emprisonné Henri, lorsque Richard, son frère aîné, vivait publiquement et tranquillement en France ?

SEPTIÈME SYSTÈME.

Le septième système est tiré d'un ouvrage in-8°, publié en 1789 par M. Dufey de l'Yonne, et intitulé *la Bastille* ou *Mémoires pour servir à l'histoire du Gouvernement français depuis le XIVᵉ siècle jusqu'à la fin du XVIIIᵉ*. Tout l'échafaudage de ce système, qui, du reste, a tout l'intérêt du romanesque et de la poésie, s'appuie sur ce passage des Mémoires de madame de Motteville : « La reine, dans cet instant, surprise de se voir seule, et apparemment importunée par quelque sentiment trop passionné du duc de Buckingham, s'écria et appela son écuyer, et le blâma de l'avoir quittée. »

Selon M. Dufey, ce cri d'appel poussé par Anne d'Autriche, fut le dernier. Le duc de Buckingham, de plus en plus amoureux, fut de plus en plus apprécié, comme le prouve l'histoire des ferrets de diamans; si bien que Louis XIII eut un fils qu'il ne connut jamais, mais que Louis XIV découvrit, et auquel, pour l'honneur de sa mère, il donna un masque.

D'après M. Dufey de l'Yonne, la mort sanglante de Buckingham aurait bien pu être une expiation de son bonheur, et il n'est pas loin de croire que le couteau de Felton était non seulement de manufacture française, mais encore de fabrique royale.

HUITIÈME SYSTÈME.

Celui-ci, mis sous le patronage du maréchal de Richelieu, appartient très-probablement, en toute propriété, à Soulavie, son secrétaire. Il serait, dit ce dernier, emprunté à un manuscrit retrouvé dans les cartons du duc après sa mort, et intitulé : *Relation de la naissance et de l'éducation du prince infortuné, soustrait par les cardinaux Richelieu et Mazarin à la société, et renfermé par ordre de Louis XIV, composée par le gouverneur de ce prince, à son lit de mort.*

Ce gouverneur anonyme racontait que ce prince, qu'il avait élevé et gardé jusqu'à la fin de ses jours, était un frère jumeau de Louis XIV, né le 5 septembre 1658, à huit heures et demie du soir, pendant le souper du roi, et au moment où on était loin de s'attendre, après la naissance de Louis XIV qui avait eu lieu à midi, à un second accouchement. Cependant ce second accouchement avait été prédit par des pâtres, qui avaient dit par la ville que, si la reine accouchait de deux dauphins, ce serait un grand signe de calamité pour la France. Ces bruits, de si bas qu'ils fussent partis, n'en étaient pas moins venus aux oreilles du superstitieux Louis XIII, qui alors avait fait venir Richelieu, et l'avait consulté sur cette prophétie, à laquelle, sans y croire cependant, Richelieu avait répondu que, ce cas échéant, il fallait soigneusement cacher le second venu des deux enfans, parce qu'il pourrait vouloir être roi. Louis XIII avait à peu près oublié cette prédiction, lorsque la sage-femme vint lui annoncer, à sept heures du soir, que, selon toutes les probabilités, la reine allait mettre au jour un second enfant. Louis XIII, qui avait senti la justesse du conseil du cardinal, réunit aussitôt l'évêque de Meaux, le chancelier, le sieur Honorat et la sage-femme, et leur dit, avec cet accent qui annonce qu'on est disposé à tenir ce que l'on promet, que le premier qui révélerait le mystère de ce second accouchement paierait la révélation de sa tête. Les assistans jurèrent tout ce que le roi voulut, et à peine le serment était-il fait, que la reine, accomplissant la prophétie des bergers, accoucha d'un second dauphin, lequel fut remis à la sage-femme et élevé en secret, destiné qu'il était à remplacer le dauphin, si le dauphin venait à mourir, tandis que, au contraire, il était condamné d'avance à l'obscurité, si le dauphin continuait de vivre.

La sage-femme éleva le second dauphin comme son fils, le faisant passer aux yeux de ses voisines pour le bâtard d'un grand seigneur dont on lui payait grassement la pension. Mais à l'époque où l'enfant eut atteint sa sixième an-

née, un gouverneur arriva chez dame Perronnette, c'était le nom de la sage-femme, et la somma de lui remettre l'enfant, qu'il devait continuer d'élever en secret, *comme un fils de roi*. L'enfant et le gouverneur partirent pour la Bourgogne.

Là, l'enfant grandit inconnu, mais cependant portant sur son visage une telle ressemblance avec Louis XIV, qu'à chaque instant le gouverneur tremblait qu'il ne fût reconnu. Le jeune homme atteignit ainsi l'âge de dix-neuf ans, effrayant son vieux mentor par les idées étranges qui lui passaient parfois à travers la tête comme des éclairs. Lorsqu'un beau jour, au fond d'une cassette mal fermée et qu'on avait eu l'imprudence de laisser à sa portée, il trouva une lettre de la reine Anne d'Autriche, qui lui révélait sa véritable naissance. Quoique possesseur de cette lettre, le jeune homme résolut de se procurer une nouvelle preuve. Sa mère parlait de cette ressemblance miraculeuse avec Louis XIV, qui effrayait tant le pauvre gouverneur. Le jeune homme résolut de se procurer un portrait du roi son frère, afin de juger lui-même de cette ressemblance. Une servante d'auberge se chargea d'en acheter un à la ville voisine; ce portrait confirma tout ce qu'avait dit la lettre. Le prince se reconnut, ne fit qu'un bond de sa chambre à celle du gouverneur, et lui montrant le portrait de Louis XIV : — « Voilà mon frère ! » lui dit-il. » Et ramenant les yeux sur lui-même : — « Et voilà qui je suis ! »

Le gouverneur ne perdit pas de temps et écrivit à Louis XIV, qui, de son côté, fit bonne diligence, et courrier par courrier l'ordre arriva d'enfermer dans la même prison le gouverneur et l'élève. Puis, comme, même à travers les grilles d'une prison, on pouvait reconnaître la contre-épreuve du grand roi, le grand roi ordonna que le visage de son frère fût, à compter de cette heure, couvert d'un masque de fer, assez habilement travaillé pour que, sans le quitter jamais, il pût voir, respirer et manger. Cette recommandation, toute fraternelle, aurait, d'après Soulavie, été exécutée de point en point.

C'est cette donnée qu'ont adoptée, pour faire leur beau drame du *Masque de fer*, MM. Fournier et Arnoult, ce qui n'a pas peu contribué, avec le talent de Lockroy, à lui donner, de nos jours, une parfaite popularité.

NEUVIÈME SYSTÈME.

Celui-ci est notre contemporain et date de 1857. Il a été émis par notre confrère le Bibliophile P.-L. Jacob. Selon lui, l'homme au masque de fer ne serait autre que le malheureux Fouquet, qui, profitant des adoucissemens donnés à sa prison pour exécuter une tentative d'évasion, aurait été puni de cette tentative par la nouvelle de sa mort officiellement répandue, et par l'application de cette ingénieuse machine, dont l'invention, dans ce cas encore, appartiendrait au grand roi.

Comme le livre dans lequel notre ami a développé ce nouveau système est dans les mains de tout le monde, nous y renvoyons pour plus amples détails.

Il y a encore deux autres petits *systèmes* : l'un ferait du masque de fer le patriarche Arwedicks, enlevé, selon le manuscrit de monsieur de Bonac, pendant l'ambassade de monsieur de Féréol à Constantinople; l'autre serait un malheureux écolier puni par les jésuites d'un distique latin fait contre leur ordre, et auquel, sur la recommandation de ces bons pères, Louis XIV aurait bien voulu servir de geôlier et de bourreau.

Ajoutons, pour dernier *système*, celui qui consiste à ne croire à rien et à dire que le masque de fer n'a jamais existé.

Maintenant, après les conjectures, voici les certitudes :

Ce fut dans l'intervalle du 2 mars 1680 au 1ᵉʳ septembre 1681, que l'homme au masque de fer parut à Pignerol, d'où il fut transporté à Exilles, lorsque monsieur de Saint-Mars passa de cette première forteresse à la seconde; il resta six ans, et monsieur de Saint-Mars, ayant eu en 1687 le gouvernement des îles Sainte-Marguerite, s'y fit suivre par son prisonnier, dont il était condamné lui-même à rester l'ombre.

En arrivant dans ces îles, Saint-Mars écrivit à monsieur de Louvois, le 20 janvier 1687 : « Je donnerai si bien mes ordres pour la garde de mon prisonnier, que je puis vous en répondre pour son entière sûreté. »

En effet, ce bon monsieur de Saint-Mars avait fait exécuter tout exprès pour lui une prison modèle. Cette prison, selon Piganiol de la Force, n'était éclairée que par une seule fenêtre regardant la mer, et ouverte à quinze pieds au-dessus du chemin de ronde. Cette fenêtre, outre les premiers barreaux, était défendue par trois grilles de fer placées entre les soldats de garde et le prisonnier.

Aux îles Sainte-Marguerite, monsieur de Saint-Mars entrait rarement dans la chambre de son prisonnier, de peur que quelque indiscret écoutât leur conversation. En conséquence, il se tenait ordinairement sur la porte ouverte, et de cette façon pouvait, tout en causant, voir des deux côtés du corridor si personne ne venait. Un jour qu'il causait ainsi, le fils d'un de ses amis, qui était venu passer quelques jours dans l'île, cherchant monsieur de Saint-Mars pour lui demander l'autorisation de prendre un bateau qui le conduisît à terre, l'aperçut de loin sur le seuil d'une chambre. Sans doute en ce moment la conversation entre le prisonnier et monsieur de Saint-Mars était des plus animées, car ce dernier n'entendit les pas du jeune homme que lorsqu'il fut près de lui. Il se rejeta en arrière, referma la porte vivement, et demanda tout palissant au jeune homme s'il n'avait rien vu ni entendu. Le jeune homme, pour toute réponse, lui démontra que de la place où il était la chose était presque impossible. Alors seulement monsieur de Saint-Mars se remit; mais il n'en fit pas moins le même jour partir le jeune homme, en écrivant à son père pour lui raconter la cause du renvoi, et ajoutant : « Peu s'en est fallu que cette aventure n'ait coûté cher à votre fils, et je vous le renvoie de peur de quelque nouvelle imprudence. »

Un autre jour, il arriva que le masque de fer, qui était servi en argenterie, écrivit quelques lignes sur un plat, au moyen d'un clou qu'il s'était procuré, et jeta ce plat à travers sa fenêtre et les triples grilles. Un pêcheur trouva ce plat au bord de la mer, et pensant qu'il ne pouvait provenir que de l'argenterie du château, le rapporta au gouverneur.

— Avez-vous ce qui est écrit sur ce plat? demanda monsieur de Saint-Mars.

— Je ne sais pas lire, répondit le pêcheur.

— Quelqu'un l'a-t-il vu entre vos mains?

— Je l'ai trouvé à l'instant même, et je l'ai apporté à Votre Excellence en le cachant sous ma veste, de peur qu'on ne me prît pour un voleur.

Monsieur de Saint-Mars réfléchit un instant; puis, faisant signe au pêcheur de se retirer :

— Allez, lui dit-il; vous êtes bien heureux de ne pas savoir lire.

L'année suivante, un garçon de chirurgie, qui fit une trouvaille à peu près semblable, fut moins heureux que le pêcheur. Il vit flotter sur l'eau quelque chose de blanc et le ramassa; c'était une chemise très fine, sur laquelle, à défaut de papier et à l'aide d'un mélange de suie et d'eau et d'un os de poulet taillé en manière de plume, le prisonnier avait écrit toute son histoire. Monsieur de Saint-Mars lui fit alors la même question qu'au pêcheur. Le garçon de chirurgie répondit qu'il savait lire, il est vrai, mais que pensant que les lignes tracées sur cette chemise pouvaient renfermer quelque secret d'État, il s'était bien gardé de les lire. Monsieur de Saint-Mars le renvoya d'un air pensif, et le lendemain on trouva le pauvre garçon mort dans son lit.

Vers le même temps, le domestique qui servait l'homme au masque de fer étant trépassé, une pauvre femme se présenta pour le remplacer; mais monsieur de Saint-Mars lui ayant dit qu'il fallait qu'elle partageât éternellement la prison du maître au service de qui elle allait entrer, et qu'à partir de ce jour elle cessât de voir son mari et ses enfans, elle refusa de souscrire à de pareilles conditions et se retira.

En 1698, l'ordre arriva à monsieur de Saint-Mars de transférer son prisonnier à la Bastille. On comprend que pour un voyage aussi long les précautions redoublèren[t].

L'homme au masque de fer fut placé dans une litière qui précédait la voiture de monsieur de Saint-Mars. Cette litière était entourée de plusieurs hommes à cheval qui avaient l'ordre de tirer sur le prisonnier à la moindre tentative qu'il ferait, ou pour parler, ou pour fuir. En passant à sa terre de Palteau, monsieur de Saint-Mars s'arrêta un jour et une nuit. Le dîner eut lieu dans une salle basse dont les fenêtres donnaient sur la cour. A travers ces fenêtres, on pouvait voir le geôlier et le captif prendre leurs repas. L'homme au masque de fer tournait le dos aux fenêtres. Il était de grande taille, vêtu de brun, et mangeait avec son masque, duquel s'échappaient par derrière quelques mèches de cheveux blancs. Monsieur de Saint-Mars était assis en face de lui, et avait un pistolet de chaque côté de son assiette; un seul valet les servait et fermait la porte à double tour chaque fois qu'il entrait ou qu'il sortait.

Le soir, monsieur de Saint-Mars se fit dresser un lit de camp et coucha en travers de la porte, dans la même chambre que son prisonnier.

Le lendemain on repartit, et les mêmes précautions furent prises. Les voyageurs arrivèrent à la Bastille le jeudi 18 septembre 1698, à trois heures de l'après-midi. L'homme au masque de fer fut mis dans la tour de la Bazinière en attendant la nuit; puis, la nuit venue, monsieur Dujonca le conduisit lui-même dans la troisième chambre de la tour de la Bertaudière, laquelle chambre, dit le journal de monsieur Dujonca, avait été meublée de toutes choses. Le sieur Rosanges, qui venait des îles Sainte-Marguerite à la suite de monsieur de Saint-Mars, était, ajoute le même journal, chargé de servir et de soigner ledit prisonnier, qui était nourri par le gouverneur.

Néanmoins, en souvenir de la chemise trouvée sur le bord de la mer, c'était le gouverneur qui le servait à table, et qui, après le repas, lui enlevait son linge; en outre, il avait reçu la défense expresse de parler à personne ni de montrer sa figure à qui que ce fût dans les courts instans de répit que lui donnait le gouverneur en ouvrant lui-même la serrure qui fermait son masque. Dans le cas où il eût osé contrevenir à l'une ou l'autre de ces défenses, les sentinelles avaient ordre de tirer sur lui.

Ce fut ainsi que le malheureux prisonnier resta à la Bastille depuis le 18 septembre 1698 jusqu'au 19 novembre 1703. A la date de ce jour, on trouve cette note dans le même journal : « Le prisonnier inconnu, toujours masqué d'un masque de velours noir (1), s'étant trouvé hier un peu plus mal en sortant de la messe, est mort aujourd'hui sur les dix heures du soir, sans avoir eu une grande maladie. Monsieur Giraut, notre aumônier, le confessa hier. Surpris par la mort, il n'a pu recevoir les sacremens, et notre aumônier l'a exhorté un moment avant que de mourir. Il a été enterré, le mardi 20 novembre, à quatre heures du soir, dans le cimetière de Saint-Paul. Son enterrement a coûté quarante livres. »

Maintenant, voici ce que l'on a retrouvé sur les registres de sépulture de l'église Saint-Paul :

« L'an 1703, le 19 novembre, Marchialy, âgé de quarante-
» cinq ans ou environ, est décédé dans la Bastille, duquel le
» corps a été inhumé dans le cimetière de Saint-Paul, sa
» paroisse, le 20 dudit mois, en présence de monsieur Ro-
» sanges, major de la Bastille, et de monsieur Reih, chirur-
» gien de la Bastille, qui ont signé. »

Mais ce que ne disent ni le registre de la prison ni le registre de la Bastille, c'est que les précautions prises pendant sa vie poursuivirent ce malheureux après sa mort. Son visage fut défiguré avec du vitriol, afin qu'en cas d'exhumation on ne pût le reconnaître; puis on brûla tous ses meubles, on dépava sa chambre, on effondra les plafonds, on fouilla tous les coins et recoins, on regratta et blanchit les murailles; enfin, on leva les uns après les autres tous les carreaux, de peur qu'il eût caché quelque billet ou quelque marque qui pût faire connaître son nom.

(1) La couleur et l'amour du terrible auront sans doute fait prendre ce masque pour un masque de fer.

Du 19 novembre 1703 au 14 juillet 1789, tout continua de rester dans l'obscurité, tant les murs de la Bastille étaient épais, tant ses portes de fer étaient bien fermées. Puis, un jour, il arriva que ces murs furent renversés à coups de canon, ces portes enfoncées à coups de hache, et que les cris de liberté retentirent jusqu'au plus profond de ces cachots où tout semblait mort, jusqu'à l'écho qui dut hésiter à les répéter.

Les premiers soins du peuple vainqueur furent pour les vivans. Huit prisonniers seulement furent retrouvés dans la sombre et sinistre forteresse. Le bruit courut alors que, quelques jours auparavant, plus de soixante autres avaient été transportés dans les bastilles de l'État.

Puis, après la préoccupation envers les vivans, vint la curiosité pour les morts. Parmi les grandes ombres qui apparaissaient au milieu des ruines de la Bastille, se dressait, plus gigantesque et plus sombre que les autres, le fantôme voilé du masque de fer. Aussi courut-on à la cour de la Bertaudière qu'on savait avoir été habitée cinq ans par ce malheureux ; mais on eut beau chercher sur les murailles, sur les vitres, sur les carreaux, on eut beau déchiffrer tout ce que l'oisiveté, la résignation ou le désespoir avaient pu tracer de sentences, de prières ou de malédictions sur ces mystérieuses archives que les condamnés se léguaient en mourant les uns aux autres, toute recherche fut inutile, et le secret du masque de fer continua de demeurer entre lui et ses bourreaux.

Tout à coup cependant de grands cris retentirent dans la cour. L'un des vainqueurs avait découvert le grand registre de la Bastille sur lequel était mentionnée la date de l'entrée et de la sortie des prisonniers, et qui avait été inventé et établi par le major Chevalier. Le registre fut porté à l'Hôtel-de-Ville, où l'assemblée municipale voulut chercher elle-même ce secret de la royauté si longtemps caché. On l'ouvrit à l'année 1608. Le folio 420, correspondant au jeudi 18 septembre, avait été déchiré. Le feuillet de l'entrée manquant, on se reporta à la date de sortie. Le feuillet correspondant au 19 novembre 1703 manquait comme celui du 18 septembre, et cette double lacération bien constatée, tout espoir fut à jamais perdu de découvrir le secret de l'homme au masque de fer.

LE CAPITAINE LANGLET.

Quand notre dîner fut prêt, notre aubergiste nous fit signe de revenir ; son avis eut le plus grand succès. L'eau et l'air de la mer nous avaient donné une faim rouge ; nous pensâmes que ces deux causes réunies avaient dû produire le même effet sur notre compagnon de voyage, qui, entré en même temps que nous venait de sortir en même temps que nous, et se rhabillait. En nous rhabillant, nous lui demandâmes donc s'il ne voulait pas partager notre dîner. Il nous répondit que ce serait avec grand plaisir, si nous lui permettions d'en payer sa part. Nous lui répondîmes qu'il en était de cela comme du bain, et qu'il était parfaitement libre, ou de se considérer comme notre invité, ou de changer notre repas en pique-nique, attendu que, là-dessus, nous ne voulions en rien blesser sa délicatesse. Il insista pour le pique-nique, et nous nous mîmes à table.

Le pique-nique fut splendide ; on nous servit comme des empereurs. Nous en eûmes chacun pour trente sous.

Pendant le dîner, nous fîmes plus ample connaissance avec notre jeune homme, et, profitant du progrès que nous paraissions avoir fait dans sa confiance, nous lui demandâmes où il allait. Il se mit à sourire avec une simplicité qui n'était pas dénuée de charme.

— Ce que je vais vous répondre, nous dit-il, est bien bête. Vous me demandez où je vais, n'est-ce pas ?

— S'il n'y a pas d'indiscrétion, jeune homme, lui dit Jadin en trinquant avec lui.

— Eh bien ! je n'en sais rien, nous répondit-il.

— Comment cela ? dit Jadin. Vous vaguez purement et simplement. Permettez-moi de vous le dire : ceci n'est point une position dans la société.

— Mon Dieu ! reprit le jeune homme en rougissant, si je n'avais pas peur que vous ne me trouvassiez indiscret, je vous raconterais mon histoire.

— Est-elle longue ? demanda Jadin.

— En deux minutes, monsieur, elle sera finie.

— Alors versez-moi encore un verre de ce petit vin ; il n'est pas mauvais ce petit vin, et dites.

En effet, l'histoire était courte, mais n'en était pas moins incroyable.

Notre compagnon de route s'appelait Onésime Chay. Il avait douze cents livres de rente que lui avaient laissées ses parens ; il était cinquième clerc de notaire à Saint-Denis, et il était venu à Toulon pour recueillir une petite succession de quinze cents francs qu'une tante lui avait laissée.

— Le hasard avait fait que nous nous étions trouvés à Toulon en même temps que lui. Dans sa curiosité juvénile, il avait tout fait pour nous voir, Jadin et moi, sans avoir pu y réussir ; enfin, il avait appris que nous partions par la voiture de Toulon à Fréjus ; et, cédant à cette curiosité, il y avait retenu sa place jusqu'au Luc, comptant repartir du Luc pour Aix et Avignon ; mais au Luc, le charme de notre société l'avait tellement *fasciné*, qu'il avait poussé jusqu'à Fréjus ; à Fréjus, il nous avait fait demander, comme nous l'avons dit, la permission de dîner au bout de notre table. La façon gracieuse dont nous lui avions accordé cette demande l'avait séduit de plus en plus. Nous entendant parler du golfe Juan, il s'était décidé à le visiter en même temps que nous, et maintenant, puisqu'il était en route, son intention, si nous lui permettions, était de nous accompagner jusqu'à Nice. Mais, ajouta-t-il, à la condition, bien entendu, qu'il paierait sa place dans notre voiture.

Si notre convive avait été moins naïf, nous aurions cru qu'il se moquait de nous ; mais il n'y avait pas à se tromper à son air : c'était la bonhomie en personne.

Nous lui dîmes en conséquence que, s'il tenait absolument à payer sa part de notre voiture, il n'avait qu'à faire le calcul lui-même, en défalquant les huit ou dix lieues que nous avions faites sans lui, et qu'il n'était pas juste qu'il payât. Il prit un crayon, fit sa soustraction, la vérifia par une preuve, et nous remit 19 francs 75 centimes, en nous remerciant, les larmes aux yeux, de la faveur que nous lui accordions.

Nous montâmes dans la voiture ; mais quelques instances que nous fîmes à notre compagnon de voyage, il ne voulut jamais aller qu'à reculons.

En arrivant à Antibes, Jadin l'appelait Onésime tout court. A la fin du souper, il le tutoyait. Le lendemain, il lui donnait de grands coups de poing dans le dos.

Quant à Onésime, il ne parla jamais à Jadin qu'avec le plus profond respect ; il continua toujours de l'appeler monsieur Jadin, et jamais ne leva la main, même sur Milord.

A Nice, l'amitié d'Onésime pour Jadin était devenue si forte, qu'il ne put pas se décider à le quitter, et qu'il partit avec nous de Nice pour Florence.

Onésime ne voulut pas être venu à Florence sans voir Rome, et il partit avec nous de Florence pour Rome.

Bref, Onésime fit avec nous presque le tour de l'Italie. Les 1,500 francs de sa tante y passèrent jusqu'au dernier sou.

Après quoi, il s'en revint joyeusement à Saint-Denis, emportant, nous dit-il, des souvenirs pour tout le reste de son existence.

Et alors ?... alors ce fut Jadin qui eut toutes les peines du monde à se passer de lui.

J'ai anticipé sur les événemens, pour faire connaître tout de suite quelle bonne créature c'était que notre compagnon de voyage.

Jadin et lui couchèrent dans la même chambre, et, comme nous n'étions séparés que par une cloison, j'entendis, pendant une partie de la nuit, Jadin qui lui donnait des conseils sur la manière de se conduire dans le monde.

Je fus réveillé à six heures du matin par des chants d'église. En même temps Jadin ouvrit ma porte en me criant de regarder par ma fenêtre.

Un convoi passait, escorté par une vingtaine de pénitens, couverts de longues robes bleues, dont le capuchon leur couvrait le visage. Ces pénitens chantaient à tue-tête.

C'était la première fois que nous voyions un spectacle de ce genre ; aussi, Jadin et moi sautâmes-nous sur nos habits. En un tour de main nous fûmes vêtus. Nous descendîmes l'escalier quatre à quatre, et nous mîmes à la suite du convoi. Onésime, qui était resté derrière par ordre de Jadin, pour demander des explications à notre hôte, nous apprit, en nous rejoignant, que le mort était un jeune manœuvre en maçonnerie qui avait été écrasé par accident, la veille, et que la confrérie qui l'accompagnait appartenait à l'église du Saint-Esprit et Sainte-Claire, la même où avaient été renfermés, en 1815, les vingt Français de Casabianca.

Cela nous rappela le bon capitaine Langlet.

Cependant la confrérie se rendait, au pas de course et tout en chantant, au cimetière. Voulant voir comment la cérémonie se terminerait, nous y entrâmes avec elle.

Tout le long de la route j'avais marché près d'un pénitent que mon voisinage, à mon grand étonnement, avait paru fort inquiéter. Dix fois il s'était retourné rapidement de mon côté sans interrompre son chant, m'avait jeté un regard inquiet, et à chaque fois avait tiré sa cagoule de plus en plus sur ses yeux ; si bien qu'à la fin à peine y voyait-il pour se conduire. Quant à son office, quoiqu'il tint son livre ouvert pour la forme, il n'y jetait pas même les yeux ; il le savait par cœur. En entrant dans le cimetière, il s'écarta le plus qu'il put de moi, mais il s'en alla tomber dans Jadin, à qui je fis signe de ne point le perdre de vue : il commençait à me venir un singulier soupçon.

On déposa près de la fosse le cercueil, que quatre ouvriers maçons portaient découvert sur leurs épaules. Puis, après que chacun à son tour eut jeté de l'eau bénite sur le cadavre, on cloua le couvercle, comme je l'avais déjà vu faire au cimetière des Baux, et l'on descendit la bière dans la tombe.

En ce moment les pénitens entonnèrent le *Libera*.

J'allai près de Jadin, lequel était resté près du pénitent sur lequel ma présence avait paru produire une si étrange impression. Il chantait à tue-tête.

— Est-ce que vous ne connaissez pas cette voix-là ? demandai-je à Jadin.

— Attendez donc, me dit-il en rappelant ses souvenirs, il me semble que si.

— Venez par ici, maintenant. Je le conduisis en face du chanteur.

— Est-ce que vous ne connaissez pas cette bouche-là ? lui demandai-je.

— Attendez donc, attendez donc. Oh ! pas possible !...

— Mon cher, ou il y en a deux pareilles, ce qui n'est pas probable, ou c'est celle...

— Du capitaine Langlet, n'est-ce pas ?

— C'est vous qui l'avez dit.

Le pénitent, qui voyait que nous le regardions, se démantibulait le visage et faisait tout ce qu'il pouvait pour se défigurer.

— Ah ! le vieux singe ! dit Jadin.

— Chut ! fis-je en l'entraînant.

— Non pas, non pas, reprit Jadin, je veux lui demander des nouvelles de monsieur de Voltaire.

— Attendons-le dehors, et là vous lui demanderez tout ce que vous voudrez.

— Vous avez raison.

Nous sortîmes et nous attendîmes à la porte. Notre pénitent sortit un des derniers, sa cagoule plus rabattue que jamais.

— Eh ! bonjour, capitaine, lui dit Jadin en lui frappant sur le ventre.

Le capitaine, se voyant reconnu, fit contre fortune bon cœur ; et, relevant sa cagoule, il nous découvrit une figure qui n'avait rien de l'austérité monacale.

— Eh bien ! oui, c'est moi, nous dit-il avec son triple accent provençal. Que voulez-vous ; il faut bien hurler avec les loups ; ils connaissent ici mes opinions napoléoniennes et ma vénération pour ce grand monsieur de Voltaire ; je n'ai pas envie de me faire mettre en cannelle comme ce bon maréchal Brune. D'ailleurs, qu'est-ce que cela me fait, à moi, l'enveloppe ? Le cœur, il est toujours dessous, n'est-ce pas ? Eh bien ! je vous le répète, ce cœur, il est napoléonien dans l'âme. Quant à ce livre de messe, est-ce que vous croyez que je sais ce qu'il y a dedans ? Je ne connais pas le latin, moi.

— Mais, capitaine, lui répondis-je, vous vous défendez là de choses fort honorables, ce me semble.

— Non, ce n'est que vous pourriez penser que je crois à toutes ces bêtises, moi, à toutes ces momeries qui sont bonnes pour les femmes et pour les enfans.

— Soyez tranquille, capitaine, dit Jadin ; nous pensons que vous êtes un farceur, voilà tout.

— Eh ! allons donc !... Eh bien ! oui, je suis un farceur, un bon diable, un bon vivant. Avez-vous déjeuné ?

— Non, capitaine.

— Voulez-vous venir déjeuner avec moi ?

— Merci, capitaine, nous n'avons pas le temps.

— Eh ! vous avez tort. Je vous aurais conté de bonnes histoires de calotin, et chanté des chansons bien hardies sur l'empereur.

— Nous sommes on ne peut plus reconnaissans, capitaine ; mais il faut que nous soyons aujourd'hui de bonne heure à Nice.

— Vous ne voulez donc pas ?

— Impossible.

— Eh bien ! alors, bon voyage, dit le capitaine en nous tendant la main.

Nous vîmes que nous le tirerions d'embarras en le laissant aller de son côté et en allant du nôtre. En conséquence, nous ne voulûmes pas le tourmenter plus longtemps, et nous lui donnâmes la main chacun à notre tour, en lui souhaitant toutes sortes de prospérités.

Nous rentrâmes à l'auberge, où nous trouvâmes notre déjeuner qui nous attendait. Nous ordonnâmes d'atteler, afin de pouvoir partir en nous levant de table.

— Mais, nous dit notre hôte d'un air assez embarrassé, ces messieurs vont à Nice, je crois ?

— Sans doute, pourquoi cela ?

— C'est qu'il faudrait alors que les passeports de ces messieurs fussent signés par le consul de Sa Majesté Charles-Albert.

— Mais ils sont visés par l'ambassade de Paris, dit Jadin.

— N'importe, dit l'hôte, ces messieurs ne pourraient pas entrer en Sardaigne s'il n'y avait pas un visa daté d'Antibes.

— Donnez donc votre passeport, dis-je à Jadin ; il faut bien que tout le monde vive, même les rois.

Nous grossîmes de chacun trente sous la liste civile du roi Charles-Albert, après quoi nous fûmes libres d'entrer sur son territoire.

Nous profitâmes de cette liberté pour monter en voiture. Deux heures après nous étions sur les bords du Var.

La tête du pont était gardée par la douane. Comme nous sortions de France, nous n'avions rien à faire avec elle. Nous passâmes donc fièrement.

Derrière la douane étaient deux factionnaires avec lesquelles nous n'eûmes encore rien à démêler.

Derrière les deux factionnaires était un commissaire de police.

Avec celui-ci ce fut autre chose. Après avoir bien comparé mon signalement à mon visage et en avoir fait autant pour Jadin et pour Onésime, il lui vint dans l'idée que l'une des deux dames qui étaient dans notre voiture était sans doute la duchesse de Berry. En conséquence, il lui chercha une querelle sur son âge, prétendant qu'elle ne paraissait pas les 26 ans qui étaient portés sur son passeport. La chose était on ne peut plus flatteuse pour la dame, mais, comme elle était fort ennuyeuse pour nous, je voulus faire quelques observations au commissaire.

Le commissaire me dit qu'il savait ce qu'il avait à faire, et que, si je ne me taisais pas, il allait me faire prendre par deux gendarmes et me faire reconduire à Antibes.

Je lui fis alors observer que mon passeport était parfaitement en règle.

— Eh ! qu'est-ce que cela me fait, me dit le commissaire, que votre passeport soit en règle ou non ? Je ne m'en moque pas mal de votre passeport. Et il rentra dans sa baraque.

Je vis que le commissaire était un insolent ou un imbécile, deux espèces qu'il faut ménager quand elles ont le pouvoir en main.

En conséquence, je me tus, me contentant de souhaiter tout bas qu'on donnât de l'avancement à monsieur le commissaire en le mettant auprès d'un fleuve où il y eût de l'eau.

Au bout d'une demi-heure d'attente, monsieur le commissaire sortit de sa baraque et nous annonça avec une morgue pleine de bienveillance qu'il ne s'opposait pas à ce que nous continuassions notre chemin.

En conséquence, nous nous engageâmes sur le pont.

A moitié chemin du pont se trouve un poteau.

Sur ce poteau, est écrit d'un côté le mot France, et de l'autre est peinte une croix, ce qui veut dire Sardaigne.

Nous nous retournâmes pour saluer d'un dernier adieu le pays natal.

Puis, avec cette émotion que j'ai éprouvée toutes les fois que j'ai quitté la patrie, je fis un pas.

Un pas avait suffi pour franchir la limite qui sépare les deux royaumes. Nous foulions la terre italique, nous étions dans les États de Sa Majesté le roi Charles-Albert.

LA PRINCIPAUTÉ DE MONACO.

Il y a parmi les choses que le roi de Sardaigne ne peut pas sentir, cinq choses qui lui sont particulièrement désagréables :

Le tabac qu'il ne fabrique pas lui même ;

Les étoffes neuves et non taillées en vêtemens ;

Les journaux libéraux ;

Les livres philosophiques ;

Et ceux qui font les livres philosophiques ou autres.

Je n'avais pas de tabac, tous mes habits avaient été portés, les seuls journaux que je possédasse étaient trois numéros du *Constitutionnel* qui enveloppaient mes bottes ; mes seuls livres étaient un *Guide en Italie* et une *Cuisinière bourgeoise*, et mon nom avait l'honneur d'être parfaitement inconnu au chef de la douane : il en résulta que j'entrai beaucoup plus facilement en Sardaigne que je n'étais sorti de France.

Il y avait bien au fond de ma caisse à fusils deux ou trois cents cartouches pour lesquelles je tremblais de tout mon corps ; mais Sa Majesté le roi Charles-Albert avait fait, à ce qu'il paraît, étant prince de Carignan, une connaissance trop intime avec la poudre pour en avoir peur. Ses douaniers ne firent pas même attention à mes cartouches.

Au reste, je ne sais pas trop pourquoi le roi Charles-Albert en veut tant aux révolutions, il est peut-être le prince qui ait le moins à s'en plaindre. Il y a quelques centaines d'années que ses aïeux, les ducs de Savoie, étaient de braves petits ducs sans importance, qu'on appelait tout bonnement Messieurs de Savoie ; lorsque, lassée des révolutions qui suivirent la mort de la reine Jeanne, Nice se donna corps et biens à Amé VII surnommé le Rouge : en 1815, il en fut de Gênes comme il en avait été de Nice en 1388, avec cette exception que Nice s'était donnée et que Gênes fut prise ; mais aujourd'hui il n'en est ni plus ni moins, ces deux bouchées que les anciens ducs et les nouveaux rois ont mordues à droite et à gauche arrondissent assez comfortablement la souveraineté sarde, et en font une petite puissance européenne qui, grâce à l'esprit et au cœur belliqueux de son roi, ne laisse pas d'avoir bon air sur la carte militaire de l'Europe.

Cependant, les princes de Savoie ne jouirent pas toujours seuls de cette belle maîtresse provençale qui s'était donnée à eux : en 1543, les armées combinées des Turcs et des Français assiégèrent Nice ; Barberousse et le duc d'Enghien sommèrent le gouverneur André Odinet de se rendre ; mais André Odinet répondit : — Je me nomme *Montfort*, mes armes sont des *pals*, et ma devise : *Il faut tenir*. Quoi qu'il fit en brave soldat pour ne pas mentir à cette réponse toute héraldique, André Odinet fut forcé de se retirer dans le château, et Nice capitula.

En 1691, Catinat assiégea Nice et la prit à son tour, grâce à une bombe qui fit sauter le donjon du château où était le magasin à poudre. En 1706, le duc de Bervick prit le château à son tour, comme Catinat l'avait pris, et pour épargner à ses successeurs la peine que cette forteresse avait donnée à ses prédécesseurs, il la démolit tout à fait. Aussi en 98 Nice fut conquise sans résistance, et devint jusqu'en 1814 le chef-lieu du département des Alpes-Maritimes.

En 1814, Nice retourna, pour la quatrième fois, à ses amans éternels les ducs de Savoie et les rois de Sardaigne.

Nice est représentée sous l'emblème d'une femme armée, portant le casque en tête, ayant la poitrine ouverte, et la croix d'argent de Savoie empreinte sur le cœur ; sa main droite porte une épée nue, sa main gauche un bouclier d'argent avec une aigle de gueules aux ailes éployées ; ses pieds s'appuient sur un écueil de sinople que baignent les vagues de la mer. Enfin, à ses pieds, on voit un chien, symbole de la fidélité, avec ces mots : *Nicœa fidelis*.

Quelque flatteur que soit cet emblème pour la ville de Nice, elle serait mieux représentée, à notre avis, sous les traits d'une belle courtisane, mollement couchée au bord de son miroir d'azur, à l'ombre de ses orangers en fleurs, avec ses longs cheveux abandonnés aux brises de la mer, et dont les flots viendraient mouiller ses pieds nus, car Nice c'est la ville de la douce paresse et des plaisirs faciles. Nice est plus italienne que Turin et que Milan, et presque aussi grecque assurément que Sybaris.

Aussi rien de plus charmant que Nice par une belle soirée d'automne, quand sa mer, à peine ridée par le vent qui vient de Barcelonne ou de Palma, murmure doucement, et quand ses lucioles, comme des étoiles filantes, semblent pleuvoir du ciel. Il y a alors à Nice une promenade qu'on appelle *la Terrasse*, et qui n'a pas peut-être sa pareille au monde, où se presse une population de femmes pâles et frêles qui n'auraient pas la force de vivre ailleurs, et qui viennent chaque hiver mourir à Nice ; c'est ce que l'aristocratie de Paris, de Londres et de Vienne, a de mieux et de plus souffrant. En échange, les hommes en général s'y portent à merveille, et ils semblent être venus là, conduits par un sublime dévouement, pour céder une part de leur force et de leur santé à toutes ces belles mourantes, que lorgnent en passant de charmans petits abbés, si coquets et si galans, que l'on comprend à la première vue qu'ils ont des absolutions toutes prêtes pour elles, quelques péchés qu'elles aient commis.

Car à Nice commencent les abbés ; non pas de gros vilains abbés comme à Naples ou à Florence, mais de jolis petits abbés, comme on en rencontre parfois au Monte Pincio à Rome, ou sur la promenade de la marine à Messine ; de vrais abbés de ruelle, comme il y en avait au petit lever de madame de Pompadour, et au petit coucher de mademoiselle Lange; de délicieux abbés, enfin, nourris de bonbons et de confitures, à la chevelure propre et parfumée, à la jambe rondelette, au chapeau coquettement incliné sur l'oreille, et au petit pied mignardement chaussé d'un soulier verni à boucle d'or.

Je vous demande un peu si tout cela donne à Nice l'air d'une Minerve armée de pied en cap, et si son épithète de *fidelis* doit se prendre au pied de la lettre.

Il y a deux villes à Nice, la vieille ville et la ville neuve, l'*antica Nizza*, et la *Nice new* : la Nice italienne et la Nice anglaise. La Nice italienne, adossée à ses collines avec ses maisons sculptées ou peintes, ses madones au coin des rues et sa population, au costume pittoresque, qui parle, comme dit Dante, la langue — *del bel paese là dove il si suona*. — La Nice anglaise, ou le faubourg de marbre avec ses rues tirées au cordeau, ses maisons blanchies à la chaux, aux fenêtres et aux portes régulièrement percées, et sa population à ombrelles, à voiles et à brodequins verts, qui dit : — *Jès.*

Car, pour les habitans de Nice, tout voyageur est Anglais. Chaque étranger, sans distinction de cheveux, de barbe, d'habits, d'âge et de sexe, arrive d'une ville fantastique perdue au milieu des brouillards, où quelquefois par tradition on entend parler du soleil, où l'on ne connaît les oranges et les ananas que de nom, où il n'y a de fruits mûrs que les pommes cuites, et que par conséquent on appelle *London.*

Pendant que j'étais à l'hôtel d'York, une chaise de poste arriva. Un instant après l'aubergiste entra dans ma chambre.

— Qu'est-ce que vos nouveaux venus? lui demandai-je.

— *Sono certi Inglese*, me répondit-il, *ma non saprai dire si sono Francesi o Tedeschi.*

Ce qui veut dire : — Ce sont de certains Anglais, mais je ne saurais dire s'ils sont Français ou Allemands.

Il est inutile d'ajouter que tout le monde paie en conséquence de ce que chacun est appelé milord.

Nous restâmes deux jours à Nice; c'est un jour de plus que ne restent ordinairement les étrangers qui ne viennent point pour y passer six mois. Nice est la porte de l'Italie, et le moyen de s'arrêter sur le seuil quand on sent à l'horizon Florence, Rome et Naples!

Nous fîmes prix avec un voiturin, qui se chargea de nous conduire à Gênes en trois jours par la route de la Corniche: je connaissais le mont Cenis, le Saint-Bernard, le Simplon, le col de Tende, les Bernardins et le Saint-Gothard. C'était donc la seule route, je crois, qui me restât à parcourir.

La première ville qu'on rencontre sur le chemin est Villa-Franca, dont le port, ouvrage des Génois, et creusé par le conseil de Frédéric Barberousse, n'est séparé de celui de Nice que par la roche de Montalbano; à une demi lieue au delà de Villa-Franca, on entre dans la principauté de Monaco, qui s'annonce formidablement au voyageur par une ligne de douanes. Le prince de Monaco, Honoré V, actuellement régnant, est le même qui, en revenant en 1815 dans ses États, rencontra Napoléon au golfe Juan. La douane du prince perçoit deux et demi pour cent sur les marchandises, et seize sous sur les passeports. Or, comme Monaco est sur la route la plus fréquentée d'Italie, cette double contribution forme la partie la plus claire de son revenu.

Au reste, le prince de Monaco est né pour la spéculation, quoique toutes les spéculations ne lui réussissent pas, témoin la monnaie qu'il a fait battre en 1837 et qui s'use tout doucement dans sa principauté, attendu que les rois ses voisins ont refusé de la recevoir. Les autres industriels se font ordinairement payer ce qu'ils font; le prince de Monaco se fait payer ce qu'il ne fait pas, voici la chose.

Parmi les choses que le roi Charles-Albert a en antipathie, nous avons mis au premier rang le tabac à fumer et le tabac en poudre, autrement dit en terme de régie, le *Scaferlati* et le *Macouba*.

Or, puisque moi qui demeure à trois cents lieues du roi de Sardaigne, je connais son antipathie, il n'est point étonnant que le prince Honoré V, dont les états sont enclavés dans les siens, en ait été informé. Le prince réfléchit un instant, et trouvant cette haine injuste, il résolut d'en tirer parti. En conséquence, il fit planter force tabac, et annonça pour l'année suivante des cigares à un sou, qui, vu l'heureuse position du terrain, vaudraient ceux de la Havane.

Cette annonce mit en émoi toutes les contributions indirectes sardes. Le roi Charles-Albert vit ses états inondés de cigares; il avait bien une douane ou deux comme son voisin Honoré V, mais ces douanes sont sur les routes, et non point tout autour de la principauté; d'ailleurs, eût-il dans toute sa circonférence une ligne aussi épaisse et aussi vigilante qu'un cordon sanitaire, cinq cents cigares sont bientôt passés; un carlin cousu dans la peau d'un caniche en passe à lui seul trois ou quatre mille, et la principauté de Monaco est peut-être la seule où il reste encore des carlins. — Il n'y avait qu'un parti à prendre, c'était d'abaisser le prix de ses cigares au prix des cigares d'Honoré V, ou de traiter avec lui de puissance à puissance. Le roi Charles-Albert préféra traiter : baisser le prix de ses cigares, (vu la répugnance que les peuples ont en général pour l'administration des droits réunis, lui eût semblé une concession politique.

Il fut donc établi un congrès entre les deux souverains pour régler cette importante question de commerce; mais comme les prétentions du prince de Monaco paraissaient exagérées au roi de Sardaigne, à l'instar du congrès de Rastadt, le congrès de Monaco traîna en longueur, si bien que le temps de la récolte arriva.

Le prince de Monaco donna une livre de tabac de gratification à chacun de ses cinquante carabiniers, et les envoya fumer sur les frontières du roi Charles-Albert.

Les soldats sardes flairèrent la fumée des pipes de leurs voisins les Monacois; c'était, comme l'avait dit le prince dans son prospectus, une véritable fumée havanaise, sans aucun mélange de ces herbes inouïes que les souverains ont l'habitude de vendre pour du tabac : les Sardes étaient connaisseurs, ils accoururent sur les frontières d'Honoré V, et demandèrent aux carabiniers du prince où ils achetaient leur tabac. Les carabiniers répondirent que c'étaient des plants que leur souverain bien aimé avait fait venir de Cuba et de Latakié, et dont, outre leur solde qui était égale à celle des soldats sardes, ils recevaient une livre par semaine.

Le même jour, vingt soldats du roi Charles-Albert désertèrent et vinrent demander du service à Honoré V, lui offrant, s'il les acceptait, de faire déserter aux mêmes conditions tout le régiment.

Le danger devenait pressant, le régiment pouvait suivre les vingt hommes, et l'armée suivre le régiment; or, comme la monarchie du roi Charles-Albert est une monarchie toute militaire, qui n'a pas encore eu le temps de se creuser des racines bien profondes dans le peuple, il vit d'un seul coup-d'œil que si l'armée désertait ainsi en masse, ce serait Honoré V qui serait roi de Sardaigne; quant à lui, il serait bien heureux si on le laissait même prince de Monaco. En conséquence, il passa par toutes les conditions qu'exigea son voisin, et le traité fut conclu moyennant une rente annuelle de 50,000 francs que le roi Charles-Albert paie à Honoré V, et une garnison de 500 hommes qu'il lui prête gratis pour étouffer les petites révoltes qui ont lieu de temps en temps dans ses petits états. Quant à la récolte, elle fut achetée sur pied moyennant une autre somme de 50,000 francs, et mêlée aux feuilles de noyer que l'on fume généralement de Nice à Gênes et de Chambéry à Turin; si bien qu'il en résulta chez les Piémontais, qui n'étaient pas habitués à cette douceur, une grande recrudescence de popularité pour le roi Charles-Albert.

La principauté de Monaco a subi de grandes vicissitudes; elle a été tour à tour sous la protection de l'Espagne et de la France, puis république fédérative, puis incorporée à l'empire français, puis rendue, comme nous l'avons vu, à son légitime propriétaire en 1814 avec le protectorat de la France, puis remise en 1815 sous le protectorat de la Sardaigne. Nous allons la suivre dans ces différentes révolutions, dont quelques-unes ne manquent pas d'une certaine originalité.

Monaco fut, vers le Xe siècle, érigée en seigneurie héréditaire par la famille Grimaldi, puissante maison génoise qui avait des possessions considérables dans le Milanais et dans le royaume de Naples. Vers 1550, au moment de la formation des grandes puissances européennes, le seigneur de Monaco, craignant d'être dévoré d'une seule bouchée par les ducs de Savoie ou par les rois de France, se mit sous la protection de l'Espagne. Mais en 1644, cette protection lui étant devenue plus onéreuse que profitable, Honoré II résolut de changer de protecteur, et introduisit garnison française à Monaco. L'Espagne, qui avait dans Monaco un port et une forteresse presque imprenables, entra dans une de ces belles colères flamandes comme il en prenait de temps en temps à Charles-Quint et à Philippe II, et confisqua à son ancien protégé ses possessions milanaises et napolitaines. Il résulta de cette confiscation que le pauvre seigneur se trouva réduit à son petit Etat. Alors Louis XIV, pour l'indemniser, lui donna en échange le duché de Valentinois dans le Dauphiné, le comté de Carlades dans le Lyonnais, le marquisat des Baux et la seigneurie de Buis en Provence ; puis il maria le fils d'Honoré II avec la fille de M. Le Grand. Ce mariage eut lieu en 1688, et valut à M. de Monaco et à ses enfans le titre de princes étrangers. Ce fut depuis ce temps-là que les Grimaldi changèrent leur titre de seigneur contre celui de prince.

Le mariage ne fut pas heureux ; la nouvelle épousée, qui était cette belle et galante duchesse de Valentinois si fort connue dans la chronique amoureuse du siècle de Louis XIV, se trouva un beau matin d'une enjambée hors des états de son époux, et se réfugia à Paris, tenant sur le pauvre prince les plus singuliers propos. Ce ne fut pas tout : la duchesse de Valentinois ne borna pas son opposition conjugale aux paroles, et le prince apprit bientôt qu'il était aussi malheureux qu'un mari peut l'être.

A cette époque on ne faisait guère que rire d'un pareil malheur ; mais le prince de Monaco était un homme fort bizarre, comme l'avait dit la duchesse, de sorte qu'il se fâcha. Il se fit instruire successivement du nom des différens amans que prenait sa femme, et les fit pendre en effigie dans la cour de son château. Bientôt la cour fut pleine et déborda sur le grand chemin, mais le prince ne se lassa point et continua de faire pendre. Le bruit de ces exécutions se répandit jusqu'à Versailles, Louis XIV se fâcha à son tour, et fit dire à monsieur de Monaco d'être plus clément ; monsieur de Monaco répondit qu'il était prince souverain, qu'en conséquence il avait droit de justice basse et haute dans ses Etats, et qu'on devait lui savoir gré de ce qu'il se contentait de faire pendre des hommes de paille.

La chose fit un si grand scandale qu'on jugea à propos de ramener la duchesse à son mari. Celui-ci, pour rendre la punition entière, voulait la faire passer devant les effigies de ses amans ; mais la princesse douairière de Monaco insista si fort que son fils se départit de cette vengeance, et qu'il fut fait un grand feu de joie de tous les mannequins.

« Ce fut, dit madame de Sévigné, le flambeau de ce second hyménée. »

On vit bientôt cependant qu'un grand malheur menaçait les princes de Monaco. Le prince Antoine n'avait qu'une fille et perdait de jour en jour l'espoir de lui donner un frère. En conséquence, le prince Antoine maria, le 20 octobre 1715, la princesse Louise-Hippolyte à Jacques-François-Léonor de Goyon-Matignon, auquel il céda le duché de Valentinois, en attendant qu'il lui laissât la principauté de Monaco, ce qu'il fit à son grand regret le 26 février 1731. Jacques-François-Léonor de Goyon-Matignon, Valentinois par mariage, et Grimaldi par succession, est donc la souche de la maison régnante actuelle, qui va s'éteindre à son tour dans la personne d'Honoré V et dans celle de son frère, tous deux sans postérité masculine et sans espérance d'en obtenir.

Honoré IV régnait tranquillement, lorsque arriva la révolution de 89. Les Monacois en suivirent toutes les phases avec une attention toute particulière, puis lorsque la république fut proclamée en France, ils profitèrent d'un moment où le prince était je ne sais où, s'armèrent de tout ce qu'ils purent trouver sous leurs mains, et marchèrent sur le palais

qu'ils prirent d'assaut, et dont ils commencèrent par piller les caves, qui pouvaient contenir douze à quinze mille bouteilles de vin. Deux heures après, les huit mille sujets du prince de Monaco étaient ivres.

Or, à ce premier essai de liberté, ils trouvèrent que la liberté était une bonne chose, et résolurent à leur tour de se constituer en république. Seulement, comme Monaco était un trop grand Etat pour donner naissance à une république une et indivisible comme était la république française, il fut résolu entre les fortes têtes du pays qui s'étaient constituées en assemblée nationale, que la république de Monaco serait, à l'instar de la république américaine, une république fédérative. Les bases de la nouvelle constitution furent donc débattues et arrêtées entre Monaco et Mantone, qui s'allièrent ensemble à la vie et à la mort : il restait un troisième village appelé Roque-Brune. Il fut décidé qu'il appartiendrait par moitié à l'une et à l'autre des deux villes. Roque-Brune murmura ; il aurait voulu être indépendant et entrer dans la fédération, mais Monaco et Mantone ne firent que rire d'une prétention aussi exagérée : Roque-Brune n'étant pas le plus fort, il lui fallut donc se taire : seulement, à partir de ce moment, Roque-Brune signala aux deux conventions nationales comme un foyer de révolution. Malgré cette opposition, la république fut proclamée sous le nom de république de Monaco.

Mais ce n'était pas le tout pour les Monacois que d'être constitués en république : il fallait se faire reconnaître dans les Etats qui avaient adopté la même forme de gouvernement des alliés qui les pussent soutenir. Ils pensèrent naturellement aux Américains et aux Français ; quant à la république de Saint-Marin, la république fédérative de Monaco la méprisait si fort qu'il n'en fut pas même question.

Toutefois, parmi ces deux gouvernemens, un seul était à portée, par sa position topographique, d'être utile à la république de Monaco : c'était la république française. La république de Monaco résolut donc de ne s'adresser qu'à elle ; elle envoya trois députés à la convention nationale pour lui demander son alliance et lui offrir la sienne. La convention nationale était dans un moment de bonne humeur ; elle reçut parfaitement les envoyés de la république de Monaco, et les invita à repasser le lendemain pour prendre le traité. Le traité fut dressé le jour même. Il est vrai qu'il n'était pas long ; il se composait de deux articles :

« Art. 1er. Il y aura paix et alliance entre la république française et la république de Monaco.

» Art. 2. La république française est enchantée d'avoir fait la connaissance de la république de Monaco. »

Ce traité, comme il avait été dit, fut remis aux ambassadeurs qui repartirent fort contens.

Trois mois après, la république française avait emporté la république de Monaco dans sa peau de lion.

On n'a pas oublié sans doute comment, grâce à madame de D., le traité de Paris rendit, en 1814, au prince Honoré V, ses Etats qu'il a heureusement conservés depuis.

Au reste, le prince Honoré V, toute plaisanterie à part, est fort aimé de ses sujets, qui voient avec une grande inquiétude l'heure où ils changeront de maître. En effet, malgré le mépris qu'en fait Saint-Simon (1), ils habitent un délicieux pays, dans lequel il n'y a pas de recrutement, et presque pas de contributions, la liste civile du prince étant presque entièrement défrayée par les deux et demi pour cent qu'il perçoit sur les marchandises, et par les seize sous qu'il prélève sur les passeports. Quant à son armée, qui se compose de cinquante carabiniers, elle se recrute par les enrôlemens volontaires.

Malheureusement nous ne pûmes jouir, comme nous l'aurions voulu, de cette charmante orangerie qu'on appelle la principauté de Monaco, une pluie atroce nous ayant pris à la frontière, et nous ayant accompagnés avec acharnement

(1) C'est au demeurant la souveraineté d'une roche du milieu de laquelle on peut pour ainsi dire cracher hors de ses étroites limites.

(*Mémoires du duc de Saint-Simon.*)

pendant les trois quarts d'heure que nous mîmes à traverser le pays. Il en résulta que nous n'aperçûmes la capitale et sa forteresse, dans laquelle tiendrait la population de toute la principauté, qu'à travers une espèce de voile : il en fut ainsi du port, où nous distinguâmes cependant une felouque, laquelle, avec une autre qui pour le moment était en course, forme toute la marine du prince.

En traversant Mantone, une enseigne nous donna une idée du degré de civilisation où en était venue l'ex-république fédérative, l'an de grâce 1855. Au-dessus d'une porte on lisait en grosses lettres : *Mariane Casanove vend pain et modes.*

A un quart de lieue de la ville, nous retombâmes dans une seconde ligne de douanes et dans un second visa de passeport ; le passeport n'était rien, mais la visite fut cruelle, et nous pûmes nous convaincre que, dans les États du prince de Monaco, l'exportation était aussi sévèrement défendue que l'importation. Nous voulûmes employer le moyen usité en pareil cas, mais nous avions affaire à des douaniers incorruptibles qui ne nous firent pas grâce d'une brosse à dents, de sorte qu'il nous fallut, nous et nos effets, recevoir une espèce de contre-épreuve du déluge, attendu que, sous le prétexte de la beauté du climat, il n'y a pas même de hangard. Je profitai de ce contre-temps pour approfondir un point de science chorégraphique que je m'étais toujours proposé de tirer au clair à la première occasion ; il s'agissait de la Monaco, où, comme chacun sait, l'on chasse et l'on déchasse. Je fis en conséquence, pour la troisième fois depuis que j'avais quitté la frontière, toutes les questions possibles sur cette contredanse si populaire par toute l'Europe ; mais là, comme ailleurs, je n'obtins que des réponses évasives qui redoublèrent ma curiosité, car elles me confirmèrent dans ma première opinion, à savoir que quelque grand secret, où l'honneur du prince ou de la principauté se trouvait compromis, se rattachait à cette respectable gigue. Il me fallut donc sortir des États du prince aussi ignorant sur ce point que j'y étais entré, et perdant à jamais l'espoir de découvrir un mystère que je n'avais pu éclaircir sur les lieux.

Quant à Jadin, il était absorbé dans une idée non moins importante que la mienne :

Il cherchait à comprendre comment il pouvait tomber une si grande pluie dans une si petite principauté.

LA RIVIÈRE DE GÊNES.

La première ville que nous rencontrâmes sur notre chemin, après avoir dépassé les États de Monaco, est Vintimiglia, l'*Albentimilium* des Romains, dont Cicéron parle dans ses lettres familières, livre VIII, ép. XV, et à laquelle Tacite s'arrête un instant pour enregistrer un fait historique digne d'une Spartiate : une mère ligurienne, interrogée par les soldats d'Othon pour qu'elle indiquât la retraite où était caché son fils qui avait pris les armes contre cet empereur, avec cette sublime impudence antique dont Agrippine avait déjà donné un si magnifique exemple (1), montra son ventre en disant : Il est là ! et mourut dans les tortures sans pousser d'autre cri que ce cri de maternité.

Une lettre d'Ugo Foscolo, la plus éloquente peut-être de toutes celles qu'il a écrites, complète l'illustration de Vintimiglia.

Nous dînâmes dans cette petite ville ; on nous servit des lapins de l'île de Galinara. Au dessert, nous eûmes un instant d'inquiétude en voyant qu'on nous portait pour la somme

(1) *Feri ventrem.*

de vingt sous un chat sur la carte. Explication demandée e reçue, nous apprîmes que c'était le dîner de Mylord.

Cette carte éclaircissait un point qui avait été souvent débattu d'avance entre Jadin et moi : c'était le prix que pourrait nous coûter un chat en Italie. Mylord, selon les habitudes qu'il avait transportées de Londres à Paris, et qu'il exportait maintenant de Paris à l'étranger, ne pouvait pas apercevoir un chat qu'en un tour de main le malheureux animal ne fût mis à mort. En France, cela avait encore été assez bien, en général les chats étant peu protégés par les aubergistes qui trouvent que, presque toujours, ils mangent plus de fromage que de souris. Mais en Italie, le changement de mœurs, et par conséquent de goûts, pouvait sur ce point nous amener mille difficultés, sans compter celle d'un surcroît de dépense à laquelle nous n'avions point songé en établissant notre budget. Nous étions donc enchantés qu'à peine le pied posé en Sardaigne une occasion se fût présentée de fixer un tarif. Nous fîmes en conséquence venir l'aubergiste, et nous lui demandâmes s'il croyait que le prix qu'il nous faisait payer son chat était le prix-courant des chats en Italie. Celui-ci crut que nous voulions marchander, et nous énuméra aussitôt toutes les qualités du défunt. Nous l'arrêtâmes au milieu de son apologie pour lui dire qu'il se méprenait à nos intentions, et que nous ne discutions pas la valeur de son animal, seulement que nous voulions savoir si cette valeur ne haussait pas ou ne baissait pas selon certaines localités. L'aubergiste secoua la tête, et nous assura que moyennant deux paules en Toscane, et deux carlins à Naples, il croyait que Mylord pouvait étrangler ce qu'il y avait de mieux dans la race féline, à l'exception cependant des chats angoras ou des chats savans, qui avaient dans tous les pays du monde une valeur de convention, et qu'il y aurait même de petits villages, loin de toute industrie et privés de tout commerce, où nous pourrions, pour ce prix, exiger la peau : c'était tout ce que nous désirions savoir. En conséquence, nous payâmes la carte, mais nous nous fîmes donner un reçu détaillé du chat ; ce reçu était important puisqu'il devait faire planche. Après une mûre délibération, nous le rédigeâmes donc en ces termes :

« Reçu de deux messieurs français qui voyageaient avec un boule-dogue, vingt sous de Sardaigne ou un franc de France, qui font environ deux paules de Toscane ou deux carlins de Naples, en paiement d'un chat de première qualité mis à mort par ledit boule-dogue.

» Vintimiglia, ce 20 mai 1855.

» FRANCESCO BIAGIOLI,
» padrone della locanda della Croce d'oro. »

Au bout de huit jours, nous avions trois reçus en règle, et parfaitement détaillés, où les chats étaient estimés au même prix, ce qui était pour nous une grande tranquillité pour le reste du voyage, attendu que lorsqu'on nous demandait davantage, ce qui arrivait souvent, nous tirions notre registre, en disant : Voyez, c'est le prix que nous les payons partout. Le propriétaire du mort jetait alors les yeux dessus, et, convaincu par les témoignages respectables que nous lui présentions, il finissait toujours par dire : — *Dunque, va bene per due paoli.* — Et les deux paules empochés par lui, nous nous remettions en route avec sa bénédiction, qu'il nous donnait par dessus le marché, en regrettant au fond du cœur qu'au lieu d'un chat Mylord n'en eut pas étranglé deux.

Nous continuions donc notre route enchantés de l'invention, lorsqu'en sortant de Borduguerra, nous fûmes distraits de ces idées par l'aspect du charmant petit village de San-Remo avec son ermitage de Saint-Romulus tout entouré de palmiers. Nous nous arrêtâmes un instant pour reposer nos yeux, fatigués de ces éternels oliviers grisâtres et rabougris, sur cette belle végétation orientale. En ce moment un paysan s'approcha de nous, et, voyant avec quelle satisfaction nous nous étions arrêtés dans cette petite oasis, il nous dit que le moment était mauvais pour regarder les palmiers de San-Remo, et qu'à cette heure nous les voyions à leur désavantage. En effet, ils venaient d'être dépouillés de leurs plus belles palmes, qui avaient été envoyées à Rome pour la fête de Pâques. Je lui demandai alors à quel titre ces palmes étaient envoyées à Rome, et si les habitans tiraient de cet envoi quelque profit temporel ou spirituel ; et alors j'appris que c'était un droit de la famille Bresca, qui lui avait été conféré par Sixte-Quint, et qu'elle avait maintenu depuis. Voici à quelle occasion.

En 1586, il y avait encore à l'endroit où Pie VI a fait bâtir la sacristie de Saint-Pierre, un magnifique obélisque, élevé autrefois par Nuncoré, roi d'Égypte, dans la ville d'Héliopolis, transporté par Caligula à Rome, et placé ensuite dans le cirque de Néron au Vatican, sur l'emplacement duquel Constantin fit élever sa basilique. Or, jusqu'en 1586, c'est-à-dire jusqu'à la seconde année du pontificat de Sixte-Quint, cet obélisque était resté debout au milieu des constructions successives qu'avaient fait faire Nicolas V, Jules II, Léon X, et Sixte V, lorsque ce grand pontife, qui fit plus en cinq ans que cinq autres papes n'en ont jamais fait en un siècle, résolut de faire transporter le gigantesque monolithe (1) sur cette belle place, que, soixante-dix ans plus tard, Bernin devait étreindre de sa magnifique colonnade.

Ce fut l'architecte Fontana, le plus habile mécanicien de son temps, qui fut chargé de cette grande opération : il disposa ses machines en homme qui comprend que les yeux de toute une ville se fixent sur lui. Le pape lui dit de ne rien épargner pour réussir. Fontana opéra en conséquence : le transport seul, quoiqu'il fût de cent cinquante pas à peine, coûta 200,000 francs.

Enfin tous les préparatifs achevés, Fontana indiqua le jour où il comptait dresser l'obélisque sur son piédestal, et ce jour fut publié à son de trompe par toute la ville. Chacun pouvait assister à l'opération, mais à la condition du plus rigoureux silence : c'était un point qu'avait réclamé Fontana, afin que sa voix à lui, le seul qui eût le droit de donner des ordres dans ce grand jour, pût être entendue des travailleurs. Or, comme Sixte-Quint ne faisait pas les choses à demi, la proclamation portait que la moindre parole, le moindre cri, la moindre exclamation serait punie de mort, quels que fussent le rang et la condition de celui qui l'aurait proféré.

Fontana commença son travail au milieu d'une foule immense ; d'un côté était le pape et toute sa cour sur un échafaudage élevé exprès ; de l'autre, était le bourreau et la potence ; au milieu, dans un espace resserré et que faisait respecter un cercle de soldats, étaient Fontana et ses ouvriers.

La base de l'obélisque avait été amenée jusqu'à son piédestal ; ce qui restait à faire, c'était donc de le dresser. Des cordes attachées à son extrémité devaient, par un mécanisme ingénieux, lui faire perdre sa position horizontale pour l'amener doucement à une position perpendiculaire. La longueur des cordes avait été mesurée à cet effet ; arrivées à leur point d'arrêt, l'obélisque devait être debout.

L'opération commença au milieu du plus profond silence ; l'obélisque lentement soulevé obéissait comme par magie à la force attractive qui le mettait en mouvement. Le pape, muet comme les autres, encourageait la manœuvre par des signes de tête ; la voix de l'architecte donnant des ordres retentissait seule au milieu de ce silence solennel. L'obélisque montait toujours, un ou deux tours de roues encore, et il était établi sur sa base. Tout à coup, Fontana s'aperçoit que le mécanisme ne tourne plus ; la mesure des cordes avait été exactement prise, mais les cordes avaient été distendues par la masse, et elles se trouvaient maintenant quelques pieds trop longues ; nulle force humaine ne pouvait suppléer à la force qui manquait. C'était une opération manquée, une réputation perdue ; Fontana pressait les ordres, multipliait les commandemens. Du moment où les cordes n'attiraient plus l'obélisque, l'obélisque pesait d'un double poids sur les cordes. Fontana porta les mains à son front, il ne voyait aucun moyen de remédier à l'extrémité où il se trouvait, il sentait qu'il devenait fou. En ce moment un des câbles se brisa.

Tout à coup, un homme s'écrie dans la foule : *Aqua alle corde*, — de l'eau aux cordes, — et, traversant l'espace, va se remettre aux mains du bourreau.

Le conseil est un trait de lumière pour Fontana. Sur toute la longueur des câbles il fait aussitôt verser des seaux d'eau. Les cordes se resserrent naturellement, sans effort, et comme par la main de Dieu : l'obélisque se remet en mouvement et s'assied sur sa base, au milieu des applaudissemens de la multitude.

Alors Fontana court à son sauveur, qu'il trouve la corde au cou et entre les mains du bourreau ; il le prend dans ses bras, l'embrasse, l'entraîne, l'emporte aux pieds de Sixte-Quint, et demande pour lui une grâce déjà accordée. Mais ce n'était pas le tout d'accorder la grâce, il fallait une récompense. Le pape demande à l'étranger de fixer lui-même celle qu'il désire. L'étranger répond qu'il est de la famille Bresca, qui est riche, et qui par conséquent n'a point de faveurs pécuniaires à demander ; mais qu'il habite San-Remo, village fameux par ses palmiers, et qu'il demande le privilége d'envoyer tous les ans gratis les palmes nécessaires pour la fête de Pâques à Rome. Sixte-Quint accorda ce privilége, et y ajouta une pension de six mille écus romains affectée à l'entretien des palmiers.

Depuis ce temps, la famille Bresca, qui existe toujours, a usé du privilége d'envoyer tous les ans à Rome un vaisseau chargé de palmes ; et depuis 245 ans que ce privilége a été accordé, elle en a joui sous la protection visible du ciel ; car jamais le moindre accident n'est arrivé à aucun des 245 vaisseaux qui ont héréditairement et annuellement transporté la sainte cargaison.

Nous arrivâmes à Oneille à neuf heures du soir, car notre *vetturino* nous ayant promis de nous déposer à Gênes, le troisième jour à deux heures, à la porte des Quatre-Nations, faisait ses journées en conséquence. Il en résulta que nous repartîmes d'Oneille le lendemain au point du jour. Nous n'en dirons pas grand'chose, si ce n'est que c'est la patrie du grand André Doria, ce qui n'empêche pas, à en juger par celle où nous couchâmes, que ses auberges n'en soient détestables.

Au point du jour nous nous remîmes en route. Nous commencions à nous réveiller, lorsque nous traversâmes Alessio, où nous vîmes pour la première fois les femmes coiffées de *mezzaro* génois, voile blanc, qui, sans le cacher, encadre leur visage. Quant aux hommes, c'étaient autrefois de hardis marins, qui prirent part avec Pizarre à la conquête du Pérou, et avec don Juan d'Autriche à la victoire de Lépante.

Nous nous arrêtâmes pour déjeuner à Albenga, ville au doux nom, mais à laquelle ses remparts croulans et ses tours en ruines donnent un aspect des plus sombres. C'est à Albenga, s'il faut en croire madame de Genlis, que la duchesse de Cerifalco fut enfermée pendant neuf ans dans un souterrain par son mari.

Un autre point historique plus sérieusement arrêté, c'est que ce fut à Albenga que naquit ce Proculus qui disputa l'empire à Probus, et Decius Pertinax, qu'il ne faut pas confondre avec le Pertinax qui devint empereur.

Albenga possède deux monumens antiques, son baptistère, qui remonte, assure-t-on, à Proculus et son *ponte longo* qui fut bâti par le général romain Constance. Une chose remarquable au reste, c'est que les habitans d'Albenga, l'ancienne *Albingaunum*, s'étant alliés avec Magon, frère d'Annibal, furent compris dans le traité de paix qu'il fit avec le consul romain Publius Ælius ; et depuis ce temps, jusqu'au XIIᵉ siècle, en vertu de ce traité, se gouvernèrent par leurs propres lois, frappant monnaie comme un État indépendant. Au XIIᵉ siècle, les Pisans en guerre avec les Génois prirent Albenga et la saccagèrent. Rebâtie par les Génois, elle resta depuis ce temps en leur pouvoir, sans être brûlée, c'est vrai, mais aussi sans être rebâtie, ce qui fait qu'Albenga aurait grand besoin d'être brûlée une seconde fois.

La route continuait au reste à être délicieuse et pleine d'accidens plus pittoresques les uns que les autres ; avec la mer à notre droite, calme comme un lac et resplendissante comme un miroir ; et à notre gauche, tantôt des roches à pic, tantôt de charmans vallons avec des baies de grenadiers et de grosses touffes de lauriers roses; tantôt de grandes échappées de vue, avec quelque village pittoresque, se détachant sur des fonds bleuâtres comme on n'en voit que dans le pays des montagnes. Il en résulta que, sans fatigue aucune, nous arrivâmes à Savone où nous devions coucher.

Savone est une espèce de ville à qui il reste une espèce de port que les Génois ont laissé se combler peu à peu malgré les réclamations des habitans, afin que le commerce de Savone ne nuisit point au commerce de Gênes. Il en résulte que Savone est à peu près ruinée. Comme toutes les puissances tombées et forcées de renoncer à leur avenir, la ville est toute orgueilleuse de son passé. En effet, Savone a donné naissance à l'empereur Pertinax, à Grégoire VII, à Sixte IV, à Jules II, et à Chiabrera, qui passe pour le plus grand poète lyrique que l'Italie moderne ait jamais eu. De toutes ces grandeurs, il reste à Savone la façade du palais de Jules II, attribué à l'architecte San Gallo, et le bas-relief de la Visite de la Vierge à sainte Élisabeth, l'un des meilleurs du Bernin. Le sacristain montre en outre au voyageur un tableau de la Présentation de la Vierge au temple, comme étant du Dominicain. Défiez-vous du sacristain de Savone, payez comme s'il vous avait montré un Vasari ou un Gaëtano, et vous serez encore volé.

A trois ou quatre lieues de Savone, nous trouvâmes Cogoletto, petit village qui prétend mieux savoir que Colomb lui-même où Colomb est né, et qui réclame le grand navigateur comme un de ses enfans, quoiqu'il ait dit dans son testament : *Que siendo yo nacido en Genova, como natural d'alla porque de ella sali y en ella naci.* L'argument eût peut-être été concluant pour tout autre que Cogoletto, mais Cogoletto est entêté, et il répondit à Colomb en écrivant sur la porte d'une espèce de cabane qu'il prétend être la maison du grand magistrat :

Provincia di Savona,
Communa di Cogoletto,
Patria di Colombo,
Scropitor del nuovo mondo.

Puis, à tout hasard, et comme ne pouvant pas faire de mal, il ajouta ce vers latin de Gagliuffi :

Unus erat mundus: duo sint, ait iste: fuere (1).

Enfin, pour accumuler les preuves, on déterra un vieux portrait qui représentait le visage vénérable de quelque bailli de Cogoletto, et on l'installa en grande pompe à la maison communale comme étant le portrait de Colomb.

Ceux qui passeront à Cogoletto sont priés de faire au cicerone qui leur montrera ce portrait l'aumône de quelques coups de canne, en mémoire du pauvre Colomb, si cruellement persécuté pendant sa vie, et si traîtreusement calomnié après sa mort.

GÊNES LA SUPERBE.

A partir de Cogoletto, Gênes vient pour ainsi dire au devant du voyageur. Pegli, avec ses trois magnifiques villas, n'est qu'une espèce de faubourg qui passe par Cestri di Ponente, et se prolonge jusqu'à Saint-Pierre-d'Arena, digne entrée de la ville qui s'est donnée à elle-même le surnom de la Superbe, et que depuis six ou sept lieues déjà on aperçoit

(1) Il n'y avait qu'un monde : Qu'il y en ait deux, dit Colomb ; et ils furent

à l'horizon, couchée au fond de son golfe avec la nonchalante majesté d'une reine. Un seul mot explique, au reste, ce luxe presque inexplicable de palais, que le voyageur trouve éparpillés sur sa route avec la même profusion que les bastides des environs de Marseille. Les lois somptuaires de la république, qui défendaient de donner des fêtes, de s'habiller de velours et de brocard, et de porter des diamans, ne s'étendaient point au delà des murailles de la capitale : c'était donc à la campagne que s'était réfugié le luxe de ces turbulens et orgueilleux républicains.

La première chose que nous aperçûmes en arrivant à Gênes, et en traversant, pour nous rendre à notre hôtel, la Porta di Vacca, qui est située près de la Darse, c'est un fragment des chaînes du port de Pise, rompues par les Génois en 1290. Depuis 600 ans, ce témoignage de la haine des deux peuples, haine que leur chute commune n'a pu éteindre, est étalé à la vue de tous. Ce fut Conrad Doria, sorti de Gênes avec 40 galères, « qui, secondé de ceux de Lucques, dit l'historien Accinelli, attaqua Porto Pisano, le pilla, et se tournant ensuite contre Livourne, en détruisit les fortifications et la ville, à l'exception de l'église Saint-Jean. »

Ce n'est pas la seule preuve de haine que les Génois aient donnée aux autres peuples de la péninsule. En 1262, l'empereur grec ayant abandonné aux Génois un château qui appartenait aux Vénitiens, les Génois, en haine de ceux-ci, dont ils avaient reçu je ne sais quelle insulte, démolirent le château, en transportèrent les pierres sur leurs navires, ramenèrent ces pierres à Gênes, et en bâtirent l'édifice connu autrefois sous le nom de Banque de Saint-George, et aujourd'hui sous celui de la Douane. Ce monument de vengeance renferme un monument d'orgueil, c'est le griffon Génois, étouffant dans ses serres l'aigle impériale et le renard Pisan, avec cette inscription :

Griphus ut has angit,
Sic hostes Genua frangit.

Si l'on monte à la Douane, on y trouvera les anciennes bouches de dénonciation qui, dans les dernières révolutions, à ce qu'on assure, ne sont pas toujours restées vides.

Notre hôtel était tout près de la Darse; tandis qu'on nous préparait à dîner, j'eus donc le temps d'aller, Schiller à la main, faire ma visite au tombeau de Fiesque.

Par la même occasion, je parcourus l'arsenal de mer. Dans la première enceinte, Gênes, encore aujourd'hui, arme, désarme et répare ses vaisseaux. A cette enceinte a succédé une seconde, desséchée, et qui n'est à cette heure que le vaste chantier maritime où la république construisait ces fameuses galères, longues de 58 mètres, larges de 4, qui coûtaient chacune sept mille livres génoises, et qui, montées par 250 hommes, parcouraient en maîtresses toute la Méditerranée. Cette seconde enceinte sert aujourd'hui d'atelier à 7 ou 800 galériens, qui traînent leurs boulets sous les belles voûtes bâties au XIIIe siècle d'après les dessins de Boccanegra.

Dans un coin de l'arsenal est un ex-voto sarde avec cette inscription :

« *Brigantino Sardo la Fenice, commandato da capitan' Felice Peire, notte dai 15 ai 14 febbrajo 1835, essendosi aperta un entestatura di tavola Calo a Picco a l'isola di Laire.* »

Un tableau représente l'événement : le navire sombre, la chaloupe s'abandonne à la mer, et la Vierge qu'elle invoque, et qui apparaît dans un coin de la toile, calme la tempête d'un signe.

En allant de l'arsenal de mer au vieux palais Doria, on trouve sur son chemin la porte Saint-Thomas : une petite porte s'ouvre dans la grande; c'est en franchissant le seuil de cette petite porte que Gianettino, neveu du doge, fut tué.

Avant d'arriver à cette porte, on traverse la place d'Aqua Verde. C'est en ce lieu que Masséna, après avoir tenu soixante jours, avoir épuisé toutes ses ressources et avoir mangé jusqu'aux selles des chevaux, mangés eux-mêmes depuis longtemps, ayant signé au pont de Conegliano, avec l'amiral Keith et le baron d'Ott, sa belle capitulation qu'il intitula convention, rassembla le reste de sa garnison, 12,000 hommes à peu près, qui, pendant trois jours, y chantèrent, entourés d'Autrichiens, tous les chants patriotiques de la France.

Le palais Doria est le roi du golfe; il semble, à le voir, que c'est pour le plaisir des yeux de ceux qui l'ont habité que Gênes a été bâtie ainsi en amphithéâtre. Nous montâmes les larges escaliers que le vieux doge balayait à quatre-vingts ans de sa robe ducale, après, comme le dit l'inscription de son palais, avoir été amiral du pape, de Charles-Quint, de François Ier, et de Gênes. En montant cet escalier, on n'a qu'à lever les yeux pour voir au-dessus de sa tête de charmantes fresques imitées des loges du Vatican, et peintes par Perino del Vaga, un des meilleurs élèves de Raphaël, que le sac de Rome par les soldats du connétable de Bourbon fit fuir de la ville sainte. A cette époque il y avait toujours des palais ouverts pour le poëte ou l'artiste qui fuyait, le pinceau ou la plume à la main. Perino del Vaga trouva le palais de Doria sur sa route; il y fut reçu par le vieux doge comme eût été reçu l'ambassadeur d'un roi, et il lui paya son hospitalité en couvrant de chefs-d'œuvre les murs qui lui offrirent un abri.

Le palais Doria est entre deux jardins; l'un d'eux est situé de l'autre côté de la rue et s'élève jusqu'à la montagne : on y arrive par une galerie; l'autre est attenant au palais lui-même et conduit à une terrasse de marbre qui commande le golfe. C'est sur cette terrasse qu'André Doria donnait aux ambassadeurs ces fameux repas servis en vaisselle d'argent renouvelée trois fois, et qu'après chaque service on jetait à la mer. Peut-être bien y avait-il quelques filets cachés sous l'eau, à l'aide desquels on repêchait le lendemain plats et aiguières; mais c'est le secret de l'orgueil ducal, et il n'a jamais été révélé.

Près de la statue colossale de Jupiter s'élève le monument funéraire du fameux chien Radan, donné par Charles-Quint à André Doria, et qui étant trépassé en l'absence de Doria, fut enterré au pied de cette statue, afin que son épitaphe, que tout mort qu'il était, il ne cessât point de garder un dieu. Doria revint de son expédition, trouva l'épitaphe toute simple, et la laissa comme elle était.

Quant à André Doria lui-même, il est enterré dans l'église de San-Mattei.

Ma religion pour l'historique m'avait d'abord conduit où m'appellaient mes souvenirs; mes dettes avec Doria, avec Fiesque et avec Masséna acquittées, je jetai un regard sur la lanterne bâtie par Charles VIII, et, en longeant pendant dix minutes le rempart, je me trouvai à la porte de l'arsenal, où était le fameux rostrum antique qui fut retrouvé dans le port de Gênes, et qu'on suppose avoir appartenu à un vaisseau coulé à fond dans le combat naval qui eut lieu entre les Génois et Magon, frère d'Annibal. Près de ce rostrum, qui date de l'an 524 de Rome, est un canon de cuir cerclé de fer, pris sur les Vénitiens au siége de Chiozza, en 1379, et qui, par conséquent, est un des premiers qui aient été faits après l'invention de la poudre. Quant aux trente-deux cuirasses de femmes portées en 1301 par les croisées génoises, et dont la forme a fait élever au président Desbrosses un doute si injurieux sur ces nobles amazones (1), elles ont été, en 1815, vendues dans les rues au prix de la vieille ferraille, par les Anglais qui tenaient Gênes. Une seule a échappé à cette spéculation de laquais, encore ne m'a-t-elle point paru bien authentique.

De l'Arsenal, il n'y a qu'un pas au bout de la rue Balbi, l'une des trois seules rues qui existent à Gênes, et les autres méritant à peine le nom de ruelles. Il est vrai aussi que ces trois rues, que madame de Staël prétendait être bâties pour un congrès de rois, et qu'Alfieri appelait un magasin de palais, n'ont peut-être pas leurs pareilles au monde.

Sur tous ces palais le temps a passé une couche de tristesse incroyable. Quelques-uns se fendent, les autres s'écail-

(1) Au moment de citer l'opinion du spirituel président, je n'ose le faire, et me contente de renvoyer à l'ouvrage lui-même.
Voir en conséquence, tome I, page 71, édition de 1836.

lent; les débris qui en tombent sont poussés dans les ruelles qui les séparent, où ils s'amassent avec d'autres immondices. C'est un mélange douloureux de plâtre et de marbre, de grandeur et de misère, et l'on sent qu'au dixième du prix qu'ils ont coûté, on aurait palais, meubles, tableaux, et, s'il faut en croire le proverbe génois, la duchesse par dessus.

Le proverbe n'est point comme l'investigation scientifique du président Desbrosses, et peut se citer. En conséquence, le voici tel qu'il a couru de tout temps :

Mare senza pesce, monti senza legno, uomini senza fede, donne senza vergogna.

Ce qui signifie : mer sans poisson, montagnes sans bois, hommes sans foi, femmes sans vergogne.

C'est ce proverbe qui faisait sans doute dire à Louis XI :

« Les Génois se donnent à moi, et moi je les donne au diable. »

Il n'y a qu'une petite observation à faire, c'est que je crois le proverbe pisan et non génois. Bridoison dit avec beaucoup de justesse qu'on ne se dit pas de ces choses-là à soi-même; et jamais un Génois n'a passé pour être plus bête que Bridoison.

La *strada Balbi* nous mena à la *strada Nuovissima*, et la *strada Muovissima* à la *strada Nuova*. C'est dans cette dernière rue, terminée par la place des *Fontaines amoureuses*, toute encadrée dans ses maisons à fresques extérieures, que se trouvent les plus beaux palais. Parmi ceux-ci, nous en visitâmes deux; le palais Doria Tursi, et le palais Rouge, l'un propriété publique appartenant à l'Etat, l'autre propriété privée appartenant à M. de Brignole, ambassadeur du roi Charles-Albert à Paris.

Le palais Tursi, dont on attribue à tort l'architecture à Michel-Ange, fut commencé par le Lombard Roch Lugaro, ornementé à la porte et aux fenêtres par Thaddei Carloni, et achevé par Randoni : les peintures sont du chevalier Michel Canzio. Au reste, l'un des plus riches au dehors, il est l'un des moins beaux en dedans.

Il n'en est point ainsi du palais Rouge, son extérieur est peu élégant, quoiqu'il ne manque pas d'un certain grandiose, mais il renferme la plus belle galerie de Gênes peut-être, sans en excepter la galerie royale. On y trouve des Titien, des Véronèse, des Palma-Vecchio, des Paris-Bordone, des Albert Durer, des Louis Carrache, des Michel-Ange de Carravage, des Carlo Dolci, des Guerchin, des Guide, et surtout des Van-Dyck.

Il est inutile de dire que le palais Brignole n'est point de ceux qui sont à vendre.

Après avoir visité la tombe de Fiesque, il me restait à voir la place où était bâti son palais. Je m'y fis conduire : cette place, toujours vide, est située près de l'église de Santa-Maria-in-Via-Lata. Cette inscription, sans nommer le conspirateur, indique à quelle époque le terrain est devenu une propriété de l'Etat.

Hæc janua intus et extra
Publicam proprietatem
Indicabat ex decreto P. P.
Communis diei 18 july
1774.

Dans tout autre pays, cet emplacement, qui a à peine 50 pieds carrés, donnerait une pauvre idée de la richesse et de la puissance de son propriétaire. Mais à Gênes, il ne faut pas prendre les palais en largeur, mais en hauteur; les plus riches, à l'exception de celui d'André Doria et de deux ou trois autres peut-être, n'ont de jardins que sur leurs terrasses et sur leurs fenêtres.

Un autre souvenir du même genre se trouve à quelques minutes de chemin du premier, près de la petite église romane de San-Donato, où l'on vient de découvrir, sous le badigeon qui les recouvrait comme le reste de l'édifice, quatre charmantes colonnes de granit oriental, les plus belles et les mieux conservées peut-être qu'il y ait dans toute la ville de Gênes, qui est cependant la ville des colonnes.

Ce souvenir, qui date de 1560, se rattache à la conspiration Raggio ; le palais a été rasé comme celui de Fiesque ; mais l'inscription a été enlevée par un descendant du conspirateur, ministre de la police, et portant le même nom.

Cette conspiration, moins connue que celle de Fiesque, parce qu'il ne s'est point trouvé de Schiller qui en fit un chef-d'œuvre tragique, ne faillit pas moins être aussi fatale que l'autre à la république, et fut découverte par un hasard non moins remarquable que celui qui fit échouer les projets de Fiesque.

Le marquis de Raggio était le chef de cette conspiration ; il faisait creuser de son château au palais ducal une galerie souterraine, de laquelle devaient sortir, à une heure convenue, trente conjurés parfaitement armés et résolus, lorsqu'un tambour qui était de garde au palais, ayant par hasard posé sa caisse à terre, remarqua qu'elle frémissait comme il arrive lorsqu'on creuse quelque mine : il appela aussitôt son officier qui prévint le doge. On contremina, et l'on trouva les travailleurs. La galerie souterraine conduisait droit à la maison du marquis Raggio ; il n'y avait donc point à nier. D'ailleurs le coupable était trop fier pour en avoir même l'idée : il avoua tout et fut condamné à mort.

Au moment où il marchait au supplice, et comme il était arrivé à moitié chemin du castellaccio où il devait être exécuté, il demanda comme grâce suprême de mourir en tenant à la main un crucifix rapporté, dit-il, par un de ses ancêtres de la Terre-Sainte, et dans lequel il avait une grande foi.

A cette époque de croyance, on trouva la demande toute simple, et on se hâta de l'accorder au condamné ; un prêtre fut en conséquence dépêché au palais Raggio, et le cortège funèbre fit halte pour l'attendre. Au bout d'un quart d'heure le prêtre revint apportant le crucifix.

Le marquis baisa avec amour les pieds du Christ, puis, tirant la partie supérieure du crucifix, qui n'était autre chose que la garde d'un poignard dont la lame rentrait dans la gaine, il se l'enfonça tout entière dans la poitrine, et mourut du coup.

De San-Donato nous allâmes visiter le pont Carignan ; c'est une curieuse bâtisse destinée, non pas à conduire d'un bord à l'autre d'une rivière, mais à joindre deux montagnes ; il se compose de sept arches, dont les trois du milieu ont, je crois, quatre-vingts pieds de hauteur ; ce qu'il y a de certain, c'est qu'il passe au-dessus de plusieurs maisons à six étages. C'est une promenade fort fréquentée dans les chaudes soirées d'été, attendu qu'à cette hauteur on est toujours à peu près sûr de trouver de l'air.

Le pont de Carignan conduit à l'église du même nom ; bijou du seizième siècle, bâti par le marquis de Sauli, sur les dessins de Galeas Alessio. Voici à quel événement cette église, l'une des plus belles de Gênes, doit son existence.

Le marquis de Sauli, l'un des hommes les plus riches et des plus probes de Gênes, avait plusieurs palais dans la ville, et un entre autres qu'il habitait de préférence et qui était situé sur l'emplacement même où s'élève aujourd'hui l'église de Carignan. Comme il n'avait point de chapelle à lui, il avait l'habitude d'aller entendre la messe dans celle de Santa-Maria-in-Via-Lata, qui appartenait à la famille Fiesque. Un jour, Fiesque fit hâter l'heure de l'office, de sorte que le marquis de Sauli arriva quand il était fini. La première fois qu'il rencontra son élégant voisin, il s'en plaignit à lui et Fiesque, quand on veut aller à la messe, on a une chapelle à soi.

Le marquis de Sauli fit jeter bas son palais, et fit élever à la place l'église de Sainte-Marie-de-Carignan.

Une partie de ces beaux palais qui feraient honneur à des princes, et de ces belles églises qui sont dignes de servir de demeure à Dieu, a été bâtie par de simples particuliers. Le secret de ces fondations, dans lesquelles des millions ont été enfouis, est toujours dans ces lois somptuaires du moyen-âge qui défendaient le jeu, les fêtes, les diamans, les étoffes de velours et de brocard. Alors tous les aventureux commerçans qui, pendant vingt ans, avaient sillonné la mer en tous sens, et qui avaient amassé chez eux ces richesses des trois mondes, se trouvaient en face de monceaux d'or, dont il fal-

lait bien faire quelque chose. Ils en faisaient des églises et des palais.

L'église Saint-Laurent est la première en date sur le catalogue des curiosités de Gênes. Néanmoins, comme nous marchions devant nous sans suivre aucun ordre ni chronologique, ni aristocratique, nous la visitâmes une des dernières. C'est une belle fabrique du onzième siècle, toute revêtue de marbre blanc et noir, comme le sont la plupart des églises d'Italie, mais qui a sur beaucoup d'autres l'avantage d'être achevée. Entre autres choses curieuses, l'église de Saint-Laurent renferme le fameux plat d'émeraude sur lequel Jésus-Christ fit, dit-on, la Cène, et qui avait été donné à Salomon par la reine de Saba. Il était gardé à Jérusalem dans le trésor du temple, et il est connu sous le nom de Sacro-Cattino. Que l'on discute ou non l'antiquité de l'origine, la sainteté de l'usage et la richesse de la matière, la manière dont il tomba entre les mains des Génois n'en est pas moins merveilleuse, et rien que la façon dont ils l'acquirent suffirait pour expliquer les précautions dont la république l'avait entouré, dans la crainte qu'il ne lui arrivât malheur.

Ce fut en 1101 que les croisés génois et pisans entreprirent ensemble le siége de Césarée. Arrivés devant la ville, ils tinrent un conseil de guerre pour savoir comment ils l'attaqueraient. Plusieurs avis avaient déjà été émis et combattus, lorsqu'un des soldats pisans, nommé Daimbert, qui passait pour prophète, se leva et dit :

— Nous combattons pour la cause de Dieu, ayons donc confiance en Dieu : il n'est besoin, ni de tours, ni d'ouvrages, ni de machines de guerre. Ayons la foi seulement, communions tous demain, et quand le Seigneur sera avec nous, prenons d'une main notre épée, de l'autre les échelles de nos galères, et marchons aux murailles.

Le consul génois Caput-Malio appuya l'avis ; tout le camp y répondit par des cris d'enthousiasme. Les croisés passèrent la nuit en prières, et le lendemain au point du jour, ayant communié, et sans autres armes que leurs épées, sans autres machines que les échelles de leurs galères, sans autres exhortations que le cri de Dieu le veut, guidés par le consul et le prophète, Génois et Pisans, se pressant à l'envi, prirent Césarée du premier assaut.

Puis, la ville prise, les Génois abandonnèrent aux Pisans toutes les richesses, à la condition que ceux-ci leur laisseraient le Sacro-Cattino.

Le Sacro-Cattino fut en conséquence rapporté de Césarée à Gênes, où dès lors il fut en grande vénération, tant par les souvenirs religieux que par les souvenirs guerriers qui se rattachaient à lui. On créa douze chevaliers Clavigeri, qui devaient, chacun à son tour et pendant un mois, garder la clef du tabernacle où il était renfermé, et d'où on ne le tirait qu'une fois l'an, pour l'exposer à la vénération de la foule ; alors un prélat le tenait par un cordon, tandis que tout autour de la relique étaient rangés ses douze défenseurs. Enfin, en 1476, parut une loi qui condamnait à la peine de mort quiconque toucherait le Sacro-Cattino avec de l'or, de l'argent, des pierres, du corail, ou toute autre matière, « afin, disait cette loi, d'empêcher les curieux et les incrédules de faire un examen pendant lequel le Cattino pourrait souffrir quelque atteinte ou même être cassé, ce qui serait une perte irréparable pour la république. » Malgré cette loi, monsieur de la Condamine, qui avait cru remarquer dans le Sacro-Cattino des bulles pareilles à celles qui se trouvent dans le verre fondu, cacha un diamant sous la manche de son habit, afin d'éprouver sa dureté : le diamant devant mordre dessus s'il était verre, et demeurer impuissant s'il était d'émeraude. Heureusement pour monsieur de la Condamine, qui, peut-être, au reste, ignorait cette loi, le prêtre s'aperçut à temps de son intention et releva le Sacro-Cattino, au moment même où l'indiscret visiteur tirait son diamant. Le moine en fut quitte pour la peur, et monsieur de la Condamine resta dans le doute.

Les juifs de Gênes étaient moins incrédules que le savant français, car ils prêtèrent pendant le siége quatre millions sur ce gage. Les quatre millions furent probablement remboursés, car le *Sacro-Cattino* fut transporté à Paris en 1809, et y resta jusqu'en 1815, époque à laquelle il fut rendu à la ville, avec les différens objets d'art que nous lui avions empruntés en même temps que lui. Le voyage fut fatal à la sainte relique, car elle fut brisée entre Gênes et Turin, et un morceau même en fut perdu; de sorte qu'aujourd'hui le Sacro-Cattino est non-seulement privé de ses honneurs, de ses gardes et de son mystère, mais encore il est ébréché, comme une simple assiette de porcelaine.

Jadin demanda la permission d'en faire un dessin, permission qui lui fut accordée sans aucune difficulté.

Il résulte de tout cela que Gênes ne croit plus que le Sacro-Cattino soit une émeraude.

— Gênes ne croit plus que cette émeraude ait été donnée par la reine de Saba à Salomon; — Gênes ne croit plus que dans cette émeraude Jésus-Christ ait mangé l'agneau pascal. Si aujourd'hui Gênes reprenait Césarée, Gênes demanderait sa part du butin, et laisserait aux Pisans le Sacro-Cattino, qui n'est que de verre.

Mais aussi Gênes n'est plus libre, Gênes a une citadelle toute hérissée de canons dont les bouches verdâtres s'ouvrent sur chacune de ses rues. — Gênes n'est plus marquise, Gênes n'a plus de doge, Gênes n'a plus de griffon qui étouffe dans ses serres l'aigle impériale et le renard pisan. — Gênes a un roi; elle est tout bonnement la seconde ville du royaume.

La force n'est bien souvent autre chose que la foi. Peut-être Gênes serait-elle encore libre, si elle croyait toujours que le Sacro-Cattino est une émeraude.

Nous revînmes à notre hôtel par le Port-Franc, espèce de ville à part dans la ville, avec ses institutions, ses lois, et sa population à elle. Cette population, toute bergamasque, fut fondée en 1340 par la banque de Saint-Georges, qui, sous le nom arabe de Caravane, fit venir douze portefaix de la vallée de Brembana. Ces douze portefaix avaient leurs femmes qui venaient accoucher au Port-Franc, ou qui retournaient accoucher aux villages de Piazza et de Zugno, pour donner à leurs enfans le privilège de succéder à leurs pères. La compagnie s'est ainsi perpétuée depuis cinq cents ans, s'élevant jusqu'au nombre de deux cents membres, et se laissant de père en fils de telles traditions de probité, que jamais, de mémoire de police, une seule plainte n'a été portée contre un portefaix bergamasque. Les *Caravanas* sans enfans peuvent vendre leurs charges à leurs compatriotes; il y a de ces charges qui valent jusqu'à dix et douze mille francs.

Pendant toute notre course et à chaque coin de rue nous avions trouvé des affiches annonçant en grande pompe la représentation, au théâtre Diurne, de *la Mort de Marie-Stuart*, avec costumes nouveaux. Nous n'eûmes garde, comme on le comprend bien, de manquer une si belle occasion : nous nous donnâmes un coup de brosse, et nous nous rendîmes au bureau, qui s'ouvrait à deux heures et demie.

Le théâtre Diurne est une tradition des cirques antiques : comme les spectateurs grecs ou romains, les spectateurs modernes sont assis sur des gradins circulaires, à peu près comme chez Franconi. La seule différence, c'est que l'édifice n'a d'autre voûte que le ciel : il en résulte que, comme il est bâti dans un quartier assez fréquenté, au milieu de charmantes villas, et ombragé par des peupliers et des platanes, il y a autant de spectateurs sur les arbres et aux fenêtres qu'il y en a dans le théâtre, qui ne doit pas laisser que de faire un certain tort à la recette. Comme on le comprend bien, nous ne tentâmes aucune économie sur les douze sous que coûtait le billet d'entrée, et nous nous exécutâmes bravement, Jadin et moi, de nos soixante centimes par tête.

Au fait, le spectacle valait bien cela. Comme l'annonçait le programme, les costumes étaient nouveaux; un peu trop nouveaux même, pour l'an 1585 où se passe l'action, car les costumes remontaient tout bonnement à 1812.

Hélas ! c'était la défroque tout entière de quelque pauvre petite cour impériale en Italie, peut-être celle de cette gracieuse et spirituelle grande-duchesse Élisa. Il y avait les robes de velours vert brochées d'or, avec leurs tailles sous les épaules, et leurs longues queues traînantes; il y avait les costumes de princes et de pairs avec leurs chapeaux à plume à la Henri IV et leurs manteaux à la Louis XIII; seulement les culottes avaient manqué, à ce qu'il paraît, et les acteurs intelligens y avaient suppléé par des pantalons de soie rose et bleue, auxquels ils avaient, pour leur donner l'air étranger, fait des ligatures au dessous des genoux et au-dessus des chevilles. Quant à Leicester, au lieu d'une jarretière, il en avait deux, façon ingénieuse d'indiquer sans doute le crédit dont il jouissait près de la reine.

La représentation se passa sans accident, et à la vive satisfaction des spectateurs; seulement au moment où la reine allait signer l'arrêt de sa rivale, un coup de vent emporta la sentence des mains d'Élisabeth. Élisabeth qui, comme on le sait, aimait assez à faire ses affaires elle-même, au lieu de sonner quelque page ou quelque huissier, se mit à courir après, mais un second coup de vent envoya la sentence dans le parterre. Nous fûmes au moment, Jadin et moi, de crier grâce, en voyant que le ciel se déclarait aussi ouvertement pour la pauvre Marie, mais en ce moment un spectateur ramassa le papier et le présenta à la reine, qui lui fit une révérence en signe de remerciment; alla se rasseoir à la table, et le signa aussi gravement que s'il n'était rien arrivé. Marie Stuart, définitivement condamnée, fut exécutée sans miséricorde à l'acte suivant.

Nous rentrâmes à l'hôtel où nous attendait notre dîner, que nous mangeâmes tout en philosophant sur les misères humaines. Au dessert on m'annonça qu'un homme de la police désirait me parler. Comme je ne croyais pas qu'il y eût de secrets entre moi et la police sarde, je fis prier l'émissaire du *buon governo* de se donner la peine d'entrer. L'émissaire me salua avec une grande politesse, me présenta mon passe-port visé pour Livourne, et me dit que le roi Charles-Albert ayant appris mon arrivée de la veille dans la ville de Gênes, m'invitait à en sortir le lendemain. Je priai l'émissaire du *buon governo* de remercier de ma part le roi Charles-Albert de ce qu'il voulait bien m'accorder vingt-quatre heures, ce qu'il ne faisait pas pour tout le monde, et je lui exprimai combien j'étais flatté d'être connu de son roi, que je connaissais bien pour un roi guerrier, mais non pas pour un roi littéraire. L'émissaire du *buon governo* me demanda s'il n'y avait rien pour boire. Je lui donnai quarante sous, tant j'étais flatté que ma réputation fût parvenue au pied du trône de S. M. sarde, et l'émissaire du *buon governo* se retira en me baisant les mains.

Quand Alberto Nota est venu en France, nous lui avons donné une médaille d'or.

Quoique je connaisse bien la devise littéraire du roi Charles-Albert, qui est : *poco di Dio, niente del re*, c'est-à-dire parlez peu de Dieu, et pas du tout du roi; et peut-être même parce que je connaissais bien cette devise, je ne comprenais rien à la bonté qu'il avait eu de s'occuper ainsi de moi. J'ai peu écrit sur Dieu dans ma vie, mais ce peu n'a peut-être pas été inutile à la religion. J'ai parlé du roi Charles-Albert, c'est vrai, mais c'était pour faire l'éloge de son courage comme prince de Carignan, et il n'y avait point là de quoi me faire chasser de ses États. Je lui avais bien, trois ans auparavant, brûlé, moi septième, une forêt, mais nous l'avions payée, il n'y avait donc rien à dire; et comme les bons comptes font les bons amis, et que le compte avait été bon, je me croyais, à juste titre, un des bons amis du roi Charles-Albert.

J'eus grand peur que cet événement n'enflât fort le prix de la carte payante, vu l'impression qu'il avait dû procurer sur l'esprit de l'hôte des *Quatre Nations*, qui nécessairement devait me prendre pour quelque prince constitutionnel déguisé. Heureusement j'avais affaire à un brave homme, qui n'abusa point de ma position, et qui me fit payer à peu près comme tout le monde.

Le lendemain matin l'émissaire du *buon governo* eut la bonté de venir en personne me prévenir que le bateau français le *Sully*, partant à quatre heures, le roi Charles-Albert verrait avec plaisir que je choisisse la voie de mer au lieu de la voie de terre. Cela s'accordait à merveille avec mes intentions, attendu que par la voie de terre je rencontrais les États du duc de Modène, que je ne me souciais pas de rencontrer ; aussi je fis remercier Sa Majesté de cette nouvelle prévenance, et je donnai à son représentant ma parole qu'à quatre heures moins un quart je serais à bord du *Sully*. L'émissaire du *buon governo* me demanda s'il n'y avait rien pour la bonne-main ; je lui donnai vingt sous, et il s'en alla en m'appelant *excellence*.

Nous allâmes faire un dernier tour dans la *strada Balbi*, la *strada Nuovissima*, et la *strada Nuova* ; Jadin prit une vue de la place des Fontaines amoureuses, puis nous tirâmes notre montre : il n'était que midi. Nous visitâmes alors les palais Balbi et Durazzo, que nous avions oubliés dans notre première tournée, et cela nous fit encore passer deux heures. Puis je me rappelai qu'il y avait, à l'ancien palais des Pères du Commun, une certaine table de bronze antique, contenant une sentence rendue, l'an 695 de la fondation de Rome, par deux jurisconsultes romains, à propos de quelques différends survenus entre les gens de Gênes et de Langasco, et trouvée par un paysan qui piochait la terre dans la *Poluvera* ; et nous nous rendîmes à l'ancien palais des Pères du Commun : cela nous prit encore une demi-heure. Je copiai le jugement, non pas, Dieu merci ! pour l'offrir à mes lecteurs, mais pour faire quelque chose, car le temps que m'avait accordé le roi Charles-Albert commençait à me paraître long, et cela nous fit gagner encore un quart-d'heure. Enfin, comme il ne nous restait plus qu'une heure un quart pour faire nos paquets et nous rendre au bateau, nous regagnâmes l'hôtel, nous réglâmes nos comptes, et nous montâmes dans une barque, partageant parfaitement l'avis de ce bon et spirituel président Desbrosses, qui prétend que, parmi les plaisirs que Gênes peut procurer, les voyageurs oublient ordinairement de mentionner le plus grand, qui est celui d'en être dehors.

La première personne que j'aperçus en montant à bord du *Sully*, fut mon émissaire du *buon governo* qui venait s'assurer, par ses propres yeux, si je quittais bien réellement Gênes. Nous nous saluâmes comme de vieux amis, et j'eus l'avantage d'être honoré de sa conversation jusqu'au moment où la cloche du paquebot sonna. Alors il m'exprima tout son regret de se séparer de moi, et me tendit la main. J'y déposai généreusement une pièce de dix sous. L'émissaire du *buon governo* m'appela monseigneur et descendit dans sa chaloupe, en m'envoyant toutes sortes de bénédictions.

Gênes est vraiment magnifique, vue du port. A l'aspect de ces splendides maisons bâties en amphithéâtre, avec leurs jardins suspendus comme ceux de Sémiramis, on ne peut s'imaginer quelles ruelles infectes rampent à leurs pieds de marbre. Si au lieu de me faire sortir de Gênes, Charles-Albert m'avait empêché d'y entrer, je ne m'en serais jamais consolé.

Je m'éloignais donc avec un sentiment profond de reconnaissance pour Sa Majesté sarde, lorsque je sentis que malgré la conversation attachante de mon voisin, monsieur le marquis de R..., qui me racontait la première de ses trois émigrations en 92, un autre sentiment moins pur venait s'y mêler. La mer était grosse, et le vent contraire, de sorte que le bâtiment, outre cette odieuse odeur d'huile chaude, que tout paquebot se croit le droit d'exhaler, avait encore un roulis dont chaque mouvement me remuait le cœur. Je regardai autour de moi, et vis que quoique nous fussions partis depuis deux heures à peine et qu'il fit encore grand jour, le pont était presque vide. Je cherchai des yeux Jadin, et je l'aperçus fumant sa quatrième pipe et marchant à grands pas suivi de Milord, qui ne comprenait rien à cette agitation inaccoutumée de son maître. Je crus remarquer que, malgré la fermeté de la démarche, son teint devenait pâle, son œil vitreux. Je compris cependant que le mouvement devait être une réaction bienfaisante contre l'engourdissement qui commençait à s'emparer de moi, et je demandai à monsieur le marquis de R... s'il ne pouvait pas continuer son récit en marchant. Il paraît que peu importait au narrateur pourvu qu'il narrât, car, sans s'interrompre, il se mit aussitôt sur ses jambes. Je voulus en faire autant, mais je sentis que la

tête me tournait : je retombai sur le banc en demandant d'une voix plaintive un citron. Cette demande fut répétée avec une basse-taille magnifique par le marquis de R..., qui se rassit auprès de moi, et passa de sa première à sa seconde émigration.

On m'apporta le citron ; je voulus mordre dedans, mais pour mordre il faut ouvrir la bouche : ce fut ce qui me perdit.

Celui qui n'a jamais souffert du mal de mer ne sait pas ce que c'est que de souffrir.

Quant à moi, j'avais la tête complètement étourdie, j'entendais mon émigré qui, dans tous les intervalles de mieux que j'éprouvais, continuait son récit. J'aurais voulu le battre, j'aurais même donné bien des choses pour cela, mais je n'avais pas la force de lever le petit doigt. Cependant je fis un effort violent et je me retournai. J'aperçus alors Jadin, dans une position non équivoque, et Milord le regardant avec de gros yeux hébétés. Tout cela m'apparaissait comme à travers une vapeur, quand un corps opaque vint se placer entre moi et Jadin. C'était mon diable de marquis, qui ne voulait pas perdre le récit de sa troisième émigration et qui, voyant que je m'étais retourné, venait de nouveau se mettre à ma portée.

La réunion de ces deux supplices me sauva, l'un me donna de la force contre l'autre. Un matelot passant à ma portée en ce moment, je le saisis au bras en demandant ma chambre. Le matelot avait l'habitude de ces sortes de demandes ; il me prit je ne sais par où, m'emporta je ne sais comment, et je me trouvai couché. J'entendis qu'il me disait que du thé me ferait du bien, et je répétai machinalement :

— Oui, du thé.

— Combien ? me demanda-t-il.

— Beaucoup, répondis-je.

Puis je ne me souviens plus de rien, si ce n'est que de cinq minutes en cinq minutes j'avalai force liquide, et que cette inglutition dura quatre ou cinq heures ; enfin, moulu, brisé, rompu, je m'endormis à peu près de la même façon dont on doit mourir.

Quand je me réveillai le lendemain, nous étions dans le port de Livourne ; j'avais dévoré trois citrons, bu pour 28 francs de thé, et entendu raconter les trois émigrations au marquis de R...

Je montai sur le pont pour chercher Jadin, et je le trouvai dans un coin, insensible aux caresses de Milord et aux consolations d'Onésime, tant il était humilié d'avoir rendu les nations étrangères témoins de sa faiblesse.

Quant à moi, je ne pus toucher un citron de six semaines, je ne pus boire du thé de six mois, et je ne pourrai revoir le marquis de R... de ma vie.

LIVOURNE.

J'ai visité bien des ports, j'ai parcouru bien des villes, j'ai eu affaire aux portefaix d'Avignon, aux *facchini* de Malte, et aux aubergistes de Messine, mais je ne connais pas de coupe-gorge comme Livourne.

Dans tous les autres pays du monde, il y a moyen de défendre son bagage, de faire un prix pour le transporter à l'hôtel, et, si l'on ne tombe pas d'accord, on est libre de le charger sur ses épaules, et de faire sa besogne soi-même. A Livourne, rien de tout cela.

La barque qui vous amène n'a pas encore touché terre qu'elle est envahie ; les commissionnaires pleuvent, vous ne savez pas d'où : ils sautent de la jetée, ils s'élancent des barques voisines, ils se laissent glisser des cordages des bâtimens. Comme vous voyez que votre canot va chavirer sous le poids, vous pensez à votre propre sûreté, vous vous cramponnez au môle, comme Robinson à son rocher; puis, après bien des efforts, votre chapeau perdu, vos genoux en sang et vos ongles retournés, vous arrivez sur la jetée. Bien, voilà pour vous; quant à votre bagage, il est déjà divisé en autant de lots qu'il y a de pièces: vous avez un portefaix pour votre malle, un portefaix pour votre nécessaire, un portefaix pour votre carton à chapeau, un portefaix pour votre parapluie, et un portefaix pour votre canne; si vous êtes deux, cela vous fait dix portefaix; si vous êtes trois, cela en fait quinze. Comme nous étions quatre, nous en eûmes vingt; un vingt-unième voulut prendre Milord. Milord, qui n'entend pas raillerie, lui prit le mollet: il fallut lui mordre la queue pour qu'il desserrât les dents. Le portefaix nous suivit en criant que notre chien l'avait estropié, et qu'il nous ferait condamner à une amende. Le peuple s'ameuta, et nous arrivâmes à la pension suisse avec vingt portefaix devant nous et deux cents personnes par derrière.

Il nous en coûta quarante francs pour quatre malles, trois ou quatre cartons à chapeau, deux ou trois nécessaires, un ou deux parapluies et une canne; plus, dix francs pour le portefaix mordu, c'est-à-dire cinquante francs pour faire cinquante pas à peu près, juste autant (thé à part) qu'il nous en avait coûté pour venir de Gênes.

Je suis retourné trois fois à Livourne; les deux dernières, j'étais prévenu, j'avais pris mes précautions, je me tenais sur mes gardes; chaque fois, j'ai payé plus cher. En arrivant à Livourne, il faut faire, comme en traversant les marais Pontins, la part des voleurs. La différence est qu'en traversant les marais Pontins, on en réchappe quelquefois, souvent même; à Livourne, jamais.

Ce ne serait encore rien si, en arrivant à Livourne, au lieu de descendre dans une de ces infâmes tavernes qui usurpent le nom respectable d'auberge, on faisait venir un voiturin, on montait dedans, et, n'importe à quel prix, on partait pour Pise ou pour Florence; mais non: puisqu'on est à Livourne, on veut voir Livourne. Or, ce n'est guère la peine, car il n'y a que trois choses à voir dans cette ville: les galériens, la statue de Ferdinand Ier, et la madone de Montenero.

Les galériens sont mêlés à la population, et s'occupent de toutes sortes de travaux: ils balaient, ils écarrissent des planches, ils traînent des brouettes; ils sont vêtus d'un pantalon jaune, d'un bonnet rouge et d'une veste brune dont il serait difficile de spécifier la couleur primitive. Sur le dos de cette veste est indiqué le crime pour lequel le premier propriétaire de l'habit a été condamné; mais, comme il arrive souvent que le bagne use le criminel avant que le criminel use l'habit, la veste passe avec son étiquette sur le dos de celui qui lui succède. Il en résulte que, pour les galériens toscans, la veste est une grande affaire; c'est une demi-grâce ou une double condamnation. Comme les galériens sont les seuls à Livourne qui demandent et qui ne prennent pas, la question pour l'industriel est d'avoir une veste qui éveille la commisération publique. Or, il y a des crimes que tout le monde méprise, tandis qu'il y en a d'au-[tres que tout le monde plaint: personne ne fait l'aumône à un voleur ou à un faussaire; chacun donne à un assassin par amour. Aussi celui à qui tombe une pareille veste n'a plus à s'occuper de rien que de la brosser: chacun l'arrête pour lui faire raconter son aventure. Nous en vîmes un qui faisait pleurer à chaudes larmes deux Anglaises, et peut-être nous allions pleurer comme elles, lorsque son camarade, à qui il avait refusé probablement un intérêt dans sa recette, nous le dénonça comme un voleur avec effraction. Le véritable *assasino per amore* était mort il y avait huit ans, et sa veste avait déjà fait la fortune de trois de ses successeurs. Je donnai un demi-paul à ce brave homme, qui portait écrit en grosses lettres sur le dos le mot voleur, hasard qui l'avait ruiné, car il avait beau dire qu'il était incendiaire, personne ne voulait le croire; aussi, dans sa reconnaissance d'une aubaine aussi inattendue et aussi rare, promit-il bien de prier Dieu pour moi. Je revins sur mes pas pour l'enga-

ger à n'en rien faire, présumant que mieux valait pour moi arriver au ciel sans recommandation qu'avec la sienne.

C'est sur la place de la Darse que s'élève la statue de Ferdinand Ier. Comme je n'ai pas grand'chose à dire sur Livourne, j'en profiterai pour raconter l'histoire de ce second successeur du Tibère toscan, ainsi que celle de François Ier, son frère, et de Bianca Capello sa belle-sœur. Il y a plus d'un roman moins étrange et moins curieux que cette histoire.

Sur la fin du règne de Cosme le Grand, c'est-à-dire vers le commencement de l'an 1563, un jeune homme nommé Pierre Bonaventuri, issu d'honnête mais pauvre famille, était venu chercher fortune à Venise. Un de ses oncles, qui portait le même nom que lui, et qui habitait la ville sérénissime depuis une vingtaine d'années, le recommanda à la maison de banque des Salviati, dont il était lui-même un des gérants. Le jeune homme était de haute mine, possédait une belle écriture, chiffrait comme un astrologue: il fut reçu sans discussion comme troisième ou quatrième commis, avec promesse que, s'il se conduisait bien, il pourrait, outre sa nourriture, dans trois ou quatre ans, arriver à gagner 150 ou 200 ducats. Une pareille promesse dépassait tout ce que le pauvre Bonaventuri avait jamais pu rêver dans ses songes les plus ambitieux. Il baisa les mains de son oncle et promit aux Salviati de se conduire de manière à être le modèle de toute la maison. Le pauvre Pietro avait bonne envie de tenir parole; mais le diable se mêla de ses affaires et vint se jeter au travers de toutes ses bonnes intentions.

En face de la banque de Salviati logeait un riche seigneur vénitien, chef de la maison Capello, lequel avait un fils et une fille. Le fils était un beau jeune homme, à la barbe pointue, à la moustache retroussée, à la parole leste et insolente; ce qui faisait que trois ou quatre fois par mois il tirait l'épée à propos de jeu ou de femmes, car de la politique il ne s'en mêlait aucunement, trouvant la chose trop sérieuse pour être discutée par d'autres que par des barbes grises: si bien qu'on avait déjà rapporté deux fois à la maison paternelle Giovannino perforé de part en part; mais, attendu sans doute que le diable aurait trop perdu à sa mort, Giovannino en était revenu. Cependant, comme le père était un homme de sens, et qu'il avait pensé qu'il n'aurait peut-être pas toujours le même bonheur, il avait renoncé à l'idée qu'il avait eue d'abord de faire sa fille religieuse afin de doubler la fortune de son fils: il craignait qu'en passant une belle nuit de ce monde à l'autre, Giovannino ne laissât à la fois sans fils et sans fille.

Quant à Bianca, c'était une charmante enfant de quinze à seize ans, au teint blanc et mat, sur lequel, à toute émotion, le sang passait comme un nuage rosé; aux cheveux de ce blond puissant dont Raphaël venait de faire une beauté, aux yeux noirs et pleins de flamme, à la taille souple et flexible, mais de cette souplesse et de cette flexibilité qu'on sent pleine de force, toute prête à l'amour comme Juliette, qui n'attendait que le moment où quelque beau Roméo se trouverait sur son chemin pour dire comme la jeune fille de Vérone: Je serai à toi ou à la tombe.

Elle vit Pietro Bonaventuri; la fenêtre de la chambre du jeune homme s'ouvrait sur la chambre de la jeune fille. Ils échangèrent d'abord des regards, puis des signes, puis des promesses d'amour. Arrivés là, la distance seule les empêchait d'y ajouter les preuves: cette distance, Bianca la franchit.

Chaque nuit, quand tout le monde était couché chez le noble Capello, quand la nourrice qui avait élevé Bianca était retirée dans la chambre voisine, quand la jeune fille, debout contre la cloison, s'était assurée que ce dernier argus s'était endormi, elle passait une robe brune afin de n'être point vue dans la rue, descendait à tâtons et légère comme une ombre les escaliers de marbre du palais paternel, entr'ouvrait la porte en dedans et traversait la rue; sur le seuil de la porte opposée, elle trouvait son amant. Tous deux alors, avec de douces étreintes, montaient l'escalier qui conduisait à la petite chambre de Pietro. Puis, lorsque le jour était sur le point de paraître, Bianca redescendait et rentrait dans sa chambre, où sa nourrice, le matin, la trouvait endormie de ce sommeil de la volupté qui ressemble tant à celui de l'innocence.

Une nuit que Bianca était chez son amant, un garçon boulanger qui venait de chauffer un four dans les environs trouva une porte entr'ouverte et crut bien faire de la fermer; dix minutes après, Bianca descendit et vit qu'il lui était impossible de rentrer chez son père.

Bianca était une de ces âmes fortes dont les résolutions se prennent en un instant, et une fois prises sont inébranlables : elle vit tout son avenir changé par un accident, et elle accepta sans hésiter la vie nouvelle que cet accident lui faisait.

Bianca remonta chez son amant, lui raconta ce qui venait d'arriver, lui demanda s'il était prêt de tout sacrifier pour elle comme elle tout pour lui, et lui proposa de profiter des deux heures de nuit qui leur restaient pour quitter Venise et se mettre à l'abri des poursuites de ses parens. Pietro Bonaventuri accepta. Les deux jeunes gens sautèrent dans une gondole et se rendirent chez le gardien du port. Là, Pietro Bonaventuri se fit reconnaître, et dit qu'une affaire importante pour la banque des Salviati le forçait à partir à l'instant même de Venise pour Rimini. Le gardien donna l'ordre de laisser tomber la chaîne, et les fugitifs passèrent; seulement, au lieu de prendre la route de Rimini, ils prirent en toute hâte celle de Ferrare.

On devine l'effet que produisit dans le noble palais Capello la fuite de Bianca. Pendant un jour tout entier on attendit sans faire aucune recherche; on espérait toujours que la jeune fille allait revenir; mais la journée s'écoula sans apporter de nouvelles de la fugitive. Il fallut donc s'informer; on apprit la fuite de Pietro Bonaventuri. On rapprocha mille faits qui avaient passé sans être aperçus, et qui maintenant se représentaient dans toute leur importance. Le résultat de ce rapprochement fut la conviction que les deux jeunes gens étaient partis ensemble.

La femme de Capello, belle-mère de Bianca, était sœur du patriarche d'Aquilée; elle intéressa son frère à sa vengeance. Le patriarche était tout puissant; il se présenta au conseil des Dix avec son beau-frère, déclara la noblesse tout entière insultée en leurs noms, et demanda que Pietro Bonaventuri fût mis au ban de la république, comme coupable de rapt. Cette première demande accordée, il exigea que Jean Baptiste Bonaventuri, oncle de Pierre, qu'il soupçonnait d'avoir prêté les mains à cette évasion, fût arrêté. Cette seconde demande lui fut accordée comme la première. Le pauvre Jean-Baptiste, appréhendé au corps par les shires de la sérénissime république, fut jeté dans un cachot, où on l'oublia attendu la grande quantité de personnages bien autrement considérables dont avait à s'occuper le conseil des Dix, et où il mourut, au bout de trois mois, de froid et de misère.

Quant à Giovannino, il fouilla pendant huit jours tous les coins et tous les recoins de Venise, disant que, s'il trouvait Pietro et Bianca, tous les deux ne mourraient que de sa main.

Le lecteur se demande peut-être ce qu'ont de commun ces jeunes amans fuyant la nuit de Venise, et poursuivis par toute une famille outragée, avec Ferdinand, second fils de Cosme le Grand, et alors cardinal à Rome. Il le saura bientôt.

Cependant les fugitifs étaient arrivés à Florence sans accident, mais, comme on le pense bien, avec grande fatigue, et s'étaient réfugiés chez le père de Bonaventuri, qui habitait un petit appartement au second sur la place Saint-Marc : c'est chez les pauvres parens que les enfans sont surtout les bien venus. Bonaventuri et sa femme reçurent leur fils et sa fille à bras ouverts. On renvoya la servante, pour économiser une bouche inutile, et à charge ou à craindre désormais, soit qu'elle s'ouvrît pour manger, soit qu'elle s'ouvrît pour parler. La mère se chargea des soins du ménage; Bianca, dont les blanches mains ne pouvaient descendre à ces soins vulgaires, commença à broder de véritables tapisseries de fée. Le père de Pietro, qui vivait de copies qu'il faisait pour les officiers publics, annonça qu'il avait pris un commis, et se chargea de double besogne. Dieu bénit le travail de tous, et la petite famille vécut.

Il va sans dire que communication de la sentence rendue par le tribunal des Dix avait été faite au gouvernement florentin, lequel avait autorisé Capello et le patriarche d'Aquilée à faire les recherches nécessaires, non seulement à Florence, mais encore dans toute la Toscane; ces recherches avaient été inutiles. Chacun avait trop d'intérêt à garder son propre secret.

Trois mois se passèrent ainsi, sans que la pauvre Bianca, habituée à toutes les caresses du luxe, laissât échapper une seule plainte sur sa misère. Sa seule distraction était de regarder dans la rue en soulevant doucement sa jalousie; mais on ne lui entendait pas même envier, à elle, pauvre prisonnière, la liberté de ceux qui passaient ainsi, joyeux ou attristés.

Parmi ceux qui passaient, était le jeune grand-duc, qui, de deux jours l'un allait voir son père à son château de la Petraja. C'était ordinairement à cheval que Francesco faisait ce petit voyage; puis, comme il était jeune, galant et beau cavalier, chaque fois qu'il passait sur quelque place où il pensait pouvoir être vu par de beaux yeux, il faisait fort caracoler sa monture. Mais ce n'était ni sa jeunesse, ni sa beauté, ni sa ét gance, qui préoccupaient Bianca lorsqu'elle le voyait passer : c'était l'idée que ce gentil prince, aussi puissant qu'il était gracieux, n'avait qu'à dire un mot pour que le ban fût levé et pour que Bonaventuri fût libre et heureux. A cette idée, les yeux de la jeune vénitienne lançaient une flamme qui en doublait l'éclat. Tous les deux jours, à l'heure où elle savait que devait passer le prince, elle ne manquait donc point de se mettre à sa fenêtre et de soulever sa jalousie. Un jour, le prince leva les yeux par hasard et vit briller, dans l'ombre projetée par la jalousie, les yeux ardens de la jeune fille. Bianca se retira vivement, si vivement qu'elle laissa tomber un bouquet qu'elle tenait à la main. Le prince descendit de cheval, ramassa le bouquet, s'arrêta un instant pour voir si la belle vision n'apparaîtrait pas de nouveau; puis, voyant que la jalousie restait baissée, il mit le bouquet dans son pourpoint, et continua sa route au pas, en tournant la tête deux ou trois fois avant de disparaître.

Le surlendemain, il repassa à la même heure; mais, quoique Bianca fût toute tremblante derrière la jalousie, la jalousie resta fermée, et pas la plus petite fleur ne se glissa à travers ses barreaux.

Deux jours après, le prince passa encore; mais la jalousie fut inexorable, quelque prière intérieure que le prince lui adressât.

Alors il pensa qu'il devait prendre un autre moyen. Il rentra chez lui, fit venir un gentilhomme espagnol nommé Mondragone, qui avait été placé près de lui par son père, dont il avait fait son complaisant; il lui posa la main sur l'épaule, le regarda en face, et lui dit :

— Mondragone, il y a sur la place Saint-Marc, au second, dans la maison qui fait le coin entre la place de Santa-Croce et la via Larga, une jeune fille que je n'ai pas reconnue pour être de Florence : elle est belle, elle me plaît; d'ici à huit jours il me faut une entrevue avec elle.

Mondragone savait qu'il y a certaines circonstances où la première qualité d'un courtisan est d'être laconique.

— Vous l'aurez, monseigneur, répondit-il.

Et il alla trouver sa femme, et lui raconta tout joyeux l'honneur que venait de lui faire le prin e en le choisissant pour son confident. La Mondragone était savante en ces sortes d'intrigues; elle dit à son mari de continuer son service auprès du prince, et qu'elle se chargeait de tout. Le même jour, elle alla aux informations, et apprit que l'étage qu'elle désignait était habité par deux ménages, l'un jeune, l'autre vieux; que la vieille femme sortait tous les matins pour aller à la provision; que les deux hommes sortaient tous les soirs pour aller reporter les copies qu'ils avaient faites dans la journée, mais que, quant à la jeune femme, elle ne sortait jamais.

La Mondragone résolut d'aller chercher la jeune fille jusque dans la maison, puisqu'on lui disait qu'il était impossible de l'attirer dehors.

Le lendemain, la Mondragone s'embusqua dans sa voiture, à vingt cinq ou trente pas de la porte, puis, quand la vieille sortit comme d'habitude, elle ordonna à son cocher de partir au galop et de s'arranger de manière, au tournant de la rue, à accrocher cette femme tout en lui faisant le moins de mal possible. Ce n'était peut-être pas le moyen le moins dangereux, mais c'était le plus court. Il faut bien que les petits risquent quelque chose quand ils ont l'honneur d'avoir affaire aux grands.

Le cocher était un homme fort adroit; il culbuta la bonne femme sans lui faire autre chose que deux ou trois contusions. La bonne femme jeta les hauts cris, mais la Mondragone sauta à bas de sa voiture, calma la populace, en disant que son cocher recevrait, en rentrant, vingt-cinq coups de bâton, prit la blessée dans ses bras, la fit mettre dans sa voiture par ses gens, et déclara qu'elle la voulait reconduire chez elle et ne la quitterait que lorsque le médecin lui aurait donné la certitude que cet accident n'aurait aucune suite. Peu s'en fallut que la Mondragone ne fût portée en triomphe par le peuple.

On arriva chez les Bonaventuri. Du premier coup d'œil, la Mondragone vit qu'elle avait affaire à de pauvres gens, et, comme d'habitude, elle estima la vertu de la jeune femme à la valeur de l'appartement qu'elle habitait.

Bianca lui fut présentée. A sa vue, la Mondragone, tout habile qu'elle fût, ne sut plus trop que penser : c'est qu'il y avait dans Bianca, de quelque habit qu'elle fût revêtue, toute la hauteur du regard des Capello. D'ailleurs, ses termes étaient élégans et choisis. La grande dame se révélait de tous les côtés sous l'extérieur de la pauvre fille. La Mondragone se retira sans comprendre autre chose à tout ceci, qu'il y avait là l'étoffe d'une maîtresse de prince, et sa fortune, à elle, si elle réussissait.

Elle revint le lendemain prendre des nouvelles de la bonne femme; elle allait tout à fait bien, et était on ne pouvait plus reconnaissante de ce qu'une aussi grande dame daignait s'occuper d'elle. La Mondragone avait compris son monde : elle était trop adroite pour offrir de l'argent, mais elle laissa voir quelle position son mari tenait à la cour, et elle offrit ses services. La mère et la fille échangèrent un coup d'œil : ce fut assez pour la Mondragone sût que les services offerts seraient acceptés.

Le surlendemain, elle revint une troisième fois, et cette fois elle fut plus gracieuse que les deux autres. Elle avait dès la veille laissé voir à Bianca qu'elle n'était pas dupe de l'incognito dont elle cherchait à s'envelopper, et qu'elle la reconnaissait pour être de race. Elle fit un appel à sa confiance. La jeune femme n'avait aucun motif pour se défier d'elle : elle lui raconta tout. La Mondragone écouta la confidence avec une bienveillance charmante; mais la confidence achevée, elle dit à Bianca que, comme la situation était plus grave qu'elle ne l'avait pensé d'abord, c'était à son mari qu'il fallait raconter tout cela; que, du reste, la chose s'arrangerait certainement, Mondragone ayant toute la confiance du prince, et possédant sur lui la double influence d'un gouverneur et d'un ami. En conséquence, elle lui offrit de la venir prendre le lendemain avec sa belle-mère, et de la conduire chez son mari. Bianca, effrayée de sortir ainsi pour la première fois depuis trois ou quatre mois qu'elle habitait Florence, et menacée comme elle était par l'arrêt du conseil des Dix, essaya de s'excuser sur la simplicité de sa mise, qui ne lui permettait pas de se présenter devant un grand seigneur comme le comte de Mondragone. C'était là que l'attendait la tentatrice : elle s'approcha d'elle, reconnut qu'elles étaient à peu près toutes deux de la même taille, et ajouta que, s'il n'y avait d'autre obstacle à l'entrevue que la simplicité de la mise de Bianca, l'obstacle était facile à lever; car elle apporterait le lendemain un costume complet qu'on lui avait envoyé de la ville, costume qui, elle en était certaine, irait à Bianca comme s'il avait été fait pour elle.

Bianca consentit à tout : c'était le seul moyen d'obtenir le sauf-conduit; peut-être aussi le serpent de l'orgueil s'était-il déjà introduit dans le paradis de son amour.

Cependant Bianca raconta tout à son mari, excepté le bou-

quet tombé par la fenêtre et ramassé par le grand duc Francesco. D'ailleurs quel rapport ce bouquet avait-il avec le comte et la comtesse Mondragone? La situation pesait autant à Pietro qu'à Bianca, il consentit à tout; d'ailleurs, lui aussi avait son secret : depuis deux ou trois jours une belle dame voilée avait passé entre lui et sa femme. Quoique de basse condition, Bonaventuri avait tous les goûts d'un gentilhomme, et la fidélité, on le sait du reste, n'était point à cette époque la vertu dont la noblesse se piquait le plus.

La Mondragone arriva à l'heure dite et avec le costume promis. C'était un charmant habit de satin broché d'or, taillé à l'espagnole, et qui allait à Bianca comme s'il eût été fait pour elle. La jeune fille frémit de joie au toucher de ces étoffes aristocratiques dont avait été drapé son berceau. Il faut des robes de brocard et de velours pour balayer les escaliers de marbre des palais. Or, Bianca avait été élevée dans un palais. Un coup de vent funeste et inattendu l'avait poussée dans la mauvaise fortune : mais elle était jeune et belle, et le mal produit par le hasard, le hasard pourrait le réparer. La jeunesse a des horizons immenses et inconnus dans lesquels elle distingue des choses que l'enfance ne voit pas encore et que la vieillesse ne voit plus.

Quant à la mère de Bonaventuri, elle admirait sa fille à mains jointes, comme si elle s'était trouvée devant une madone.

Toutes trois montèrent en voiture et se rendirent au palais Mondragone, qui était situé via dei Carnescchi, près de Santa Maria-Novella. Mondragone venait de faire bâtir ce palais sur les dessins de l'Ammanato, et depuis un an à peine il l'habitait.

Comme la chose avait été convenue, la Mondragone présenta les deux femmes à son mari, et raconta en peu de mots les aventures de Bianca. Mondragone promit sa protection, et comme il se rendait à l'instant même chez le duc, qui l'avait envoyé quérir, il s'engagea à lui parler le jour même en faveur des deux jeunes gens.

Bianca ne pouvait cacher sa joie, elle se retrouvait dans un monde qui était le sien, ses mains touchaient de nouveau du marbre, ses pieds foulaient enfin des tapis; la toile et la serge avaient cessé pour un instant d'attrister ses yeux; elle se retrouvait dans le velours et dans la soie. Il lui semblait n'avoir jamais quitté le palais de son père, et que tout ce qu'elle voyait était à elle.

Aussitôt Mondragone sorti, la belle-mère de Bianca voulut se retirer, mais la comtesse dit qu'elle ne laisserait pas partir sa protégée sans lui faire voir son palais en détail, attendu qu'elle voulait savoir d'elle s'il approchait de ces magnifiques fabriques vénitiennes qu'elle avait tant entendu vanter. Elle pria donc la bonne femme, qu'une pareille visite eût fatiguée, de se reposer en les attendant, puis la comtesse et Bianca, s'étant prises sous le bras, comme deux anciennes amies, sortirent de la chambre et traversèrent deux ou trois appartemens, dans chacun desquels la comtesse fit remarquer à Bianca quelque meuble merveilleusement incrusté, ou quelque tableau précieux de ces grands maîtres qui venaient de mourir. Enfin elles arrivèrent dans un délicieux petit boudoir dont les fenêtres donnaient sur un jardin; là elle força la jeune fille à s'asseoir, et tirant d'un stipo tout marqueté d'ivoire une parure complète de diamans, elle lui montra toutes ces richesses féminines qui, du temps de Cornélie déjà, avaient perdu tant de cœurs de femmes; puis, les lui mettant sur les genoux, et poussant sa chaise devant une des plus grandes glaces qui eussent été faites à Venise : Essayez tout cela, lui dit-elle, moi je vais vous chercher un costume que je viens de faire faire à la mode de votre pays, et sur lequel je désire avoir votre opinion. — Et à ces mots, sans attendre la réponse de Bianca, elle sortit vivement.

Une femme n'est jamais seule quand elle est avec des bijoux, et la Mondragone laissait Bianca en tête à tête avec les plus beaux diamans qu'elle eût jamais vus. Le serpent connaissait son métier, et savait quelle pomme il fallait offrir à cette fille d'Ève pour qu'elle y mordît.

Aussi à peine la comtesse fut-elle sortie, que Bianca se

mit à l'œuvre. Bracelets, pendants d'oreilles, diadèmes, tout trouva sa place; elle achevait d'agrafer un superbe collier à son cou, lorsqu'elle vit derrière elle une autre tête réfléchie dans la glace; elle se leva vivement et se trouva en face du grand-duc Francesco, qui venait d'entrer par une porte dérobée.

Alors, avec cette rapidité d'esprit qui la caractérisait, elle comprit tout : rougissant de honte, elle porta les mains à son front, et se laissant tomber sur ses deux genoux :

— Monseigneur! lui dit-elle, je suis une pauvre femme qui n'ai pour tout bien que mon honneur, qui n'est même plus à moi, mais à mon mari : au nom du ciel, ayez pitié de moi!

— Madame, dit le duc en la relevant, qui vous a donné de moi cette cruelle idée? Rassurez-vous, je ne suis point venu pour porter atteinte à votre honneur, mais pour vous consoler et vous aider dans votre infortune. Mondragone m'a dit quelque chose de vos aventures; racontez-les-moi tout entières, et je vous promets de vous écouter avec autant d'intérêt que de respect.

Bianca était prise : reculer, c'était paraître craindre, et paraître craindre, c'était avouer qu'on pouvait céder : d'ailleurs cette occasion qu'elle avait tant désirée, de faire lever le ban de son mari, venait se présenter d'elle-même ; c'eût donc été mériter sa proscription que de ne pas en profiter.

Bianca voulait rester debout devant le prince, mais ce fut lui qui la fit asseoir et qui demeura appuyé sur son fauteuil, la regardant et l'écoutant. La jeune femme n'eut besoin que de laisser parler ses souvenirs pour être intéressante : elle lui raconta tout, depuis ses jeunes et fraîches amours jusqu'à son arrivée à Florence. Là elle s'arrêta ; en allant plus loin, elle eût été forcée de parler au prince de lui-même, et il y avait certaine histoire d'un bouquet tombé par la fenêtre qui, tout innocente qu'elle était, n'aurait pas laissé de lui causer quelque embarras.

Le prince était trop heureux pour ne pas tout promettre. Le sauf-conduit tant désiré fut accordé à l'instant même, mais à la condition cependant que Bianca viendrait le prendre elle-même. C'eût été perdre une grande faveur pour une bien petite formalité. Bianca promit à son tour ce que demandait le prince.

Francesco connaissait trop bien les femmes pour avoir parlé le premier jour d'autre chose que de l'intérêt qu'il éprouvait pour Bianca. Ses yeux avaient bien quelque peu démenti sa bouche, mais le moyen d'en vouloir à des yeux qui vous regardent parce qu'ils vous trouvent belle!

A peine le prince fut-il sorti que la comtesse rentra. Bianca, en l'apercevant, courut à elle et se jeta à son cou. La Mondragone n'eut pas besoin d'autre explication pour comprendre que sa petite trahison lui était pardonnée.

Le lecteur voit que nous nous approchons du cardinal Ferdinand, puisque nous en sommes déjà à son frère.

La belle-mère ne sut rien de ce qui s'était passé, et Bonaventuri sut seulement qu'il aurait le sauf-conduit. Cette nouvelle parut lui causer une si grande joie, que, certes, si Bianca eût su le rendre heureux à ce point, elle n'eût pas trouvé que c'était l'acheter trop cher que d'être forcée de le recevoir elle-même des mains d'un jeune et beau prince. Elle attendit donc avec impatience le moment où elle reverrait le grand-duc, tant elle se fit une fête de rapporter de cette entrevue le bienheureux papier que Pietro estimait si haut prix. Hélas! ce papier n'était si fort désiré par Pietro que parce qu'il lui donnait la liberté de suivre le jour la dame voilée qu'il n'avait encore pu suivre que la nuit.

Il arriva ce qui devait arriver. Pietro fut l'amant de la dame voilée, et Bianca fut la maîtresse du duc. Cependant, attendu que Cosme Ier négociait à cette époque le mariage du grand-duc François avec l'archiduchesse Jeanne d'Autriche, il fut convenu entre les deux amans que l'intrigue resterait secrète : en attendant on donna à Pietro Bonaventuri un emploi qui suffisait pour répandre le bien-être dans toute sa pauvre famille.

Le mariage désiré se fit : le jeune grand-duc donna une année aux convenances, ne visitant Bianca que la nuit, et

sortant toujours de son palais seul et déguisé; mais au bout d'un an, ayant reçu du grand-duc son père une lettre qui lui disait que de pareilles promenades étaient dangereuses pour un prince, il donna à Pietro un emploi dans le palais Pitti, et acheta pour Bianca la charmante maison qui se voit encore aujourd'hui *via Maggio*, surmontée des armes des Médicis. Ainsi, Bianca se trouva tellement rapprochée de Francesco, qu'il n'avait besoin, pour ainsi dire, que de traverser la place Pitti, et qu'il se trouvait chez elle.

On sait les dispositions qu'avait Pietro à la dissipation et à l'insolence. Sa nouvelle position leur donna une nouvelle force. Il se jeta à plein corps dans les orgies, dans le jeu et dans les aventures galantes, se fit force ennemis des buveurs vaincus, des joueurs à sec et des maris trompés, si bien qu'un beau matin on le trouva percé de cinq ou six coups de poignard, dans une impasse, à l'extrémité du pont Vieux.

Il y avait trois ans que les deux amans étaient partis de Venise en jurant de s'aimer toujours, et il y avait deux ans que chacun de son côté avait oublié sa promesse. Il en résulta que Pietro fut peu regretté, même de sa femme, pour laquelle depuis longtemps il n'était qu'un étranger. Il n'y avait eu que la bonne vieille mère qui mourut de chagrin de voir ainsi mourir son fils.

La pauvre Jeanne d'Autriche, de son côté, n'était pas heureuse : elle était grande-duchesse de nom, mais Bianca Capello l'était de fait. Pour les emplois, pour les grâces, pour les faveurs, c'était à la Vénitienne qu'on s'adressait. La Vénitienne était toute puissante; elle avait des pages, une cour, des flatteurs : les pauvres seuls allaient à la grande-duchesse Jeanne. Or, Jeanne était une femme pieuse et sévère comme le sont ordinairement les princesses de la maison d'Autriche; elle offrit religieusement ses chagrins à Dieu abaissa les yeux vers elle, vit ce qu'elle souffrait, et la retira de ce monde.

On attribua cette mort à ce que, le frère de la Bianca étant venu à Florence, Francesco lui fit si grande fête qu'il n'eût pas fait davantage pour un roi régnant, ce qui, selon le peuple, causa tant de peine à la malheureuse Jeanne, que sa grossesse tourna à mal ; si bien qu'au lieu d'un second fils que Florence comptait accompagner joyeusement au baptistère, il n'y eut que deux cadavres qu'elle conduisit tristement au tombeau.

Le grand-duc Francesco n'était point méchant; il était faible, voilà tout. Cette sourde et lente douleur qui minait sa femme lui causait de temps en temps des tristesses qui ressemblaient à des remords. Au moment de mourir, Jeanne essaya de tirer parti de ce sentiment; elle fit venir à son chevet le grand-duc, qui, depuis qu'elle était tombée malade, s'était montré excellent pour elle. Sans lui faire de reproches sur ses amours passées, elle le supplia de vivre plus religieusement à l'avenir. Francesco, tout en baignant ses mains de larmes, lui promit de ne point revoir Bianca. Jeanne sourit tristement, secoua la tête d'un air de doute, murmura une prière, dans laquelle le grand-duc entendit plusieurs fois revenir son nom, et mourut.

Elle laissait de son mariage trois filles et un fils.

Pendant quatre mois Francesco tint parole ; pendant quatre mois Bianca fut non pas exilée, mais du moins éloignée de Florence. Mais Bianca connaissait sa puissance ; elle laissa le temps passer sur la douleur, sur les remords et sur le serment du grand-duc ; puis, un jour, elle se plaça sur son chemin : douleurs, remords, serment, tout fut alors oublié.

Elle avait pour confesseur un capucin adroit et intrigant comme un jésuite : elle le donna au prince. Le prince lui confia ses remords ; le capucin lui dit que le seul moyen de les calmer était d'épouser Bianca. Le grand-duc y avait déjà pensé. Son père, Cosme-le-Grand, lui avait donné le même exemple, en épousant dans sa vieillesse Camilla Martelli. On avait fort crié quand ce mariage avait eu lieu, mais enfin on avait fini par se taire. Francesco pensa qu'il en serait pour lui comme il en avait été pour Cosme ; et, toujours poussé par le capucin, il se décida enfin à mettre d'accord sa conscience et ses désirs.

Depuis longtemps les courtisans, qui avaient vu que le vent soufflait de ce côté, avaient parlé devant le grand-duc de ces sortes d'unions comme des choses les plus simples, et avaient cité tous les exemples que leur mémoire avait pu leur fournir de princes choisissant leur femme dans une famille non princière. Une dernière flatterie décida Francesco : Venise, qui, dans ce moment, avait besoin de Florence, déclara Bianca Capello fille de la république; si bien que, tandis que le cardinal Ferdinand, qui se doutait des résolutions de son frère, lui cherchait une femme dans toutes les cours de l'Europe, celui-ci épousait secrètement la Bianca dans la chapelle du palais Pitti.

Il avait été arrêté que le mariage resterait secret, mais ce n'était point l'affaire de la grande-duchesse; elle n'était pas arrivée si haut pour s'arrêter en chemin, et six mois ne s'étaient pas passés, qu'en public comme en secret, sur le trône comme dans le lit, elle avait repris la place de la pauvre Jeanne d'Autriche.

Ce fut vers cette époque que Montaigne, dissuadé par un Allemand qui avait été volé à Spolette de se rendre à Rome par la marche d'Ancône, prit la route de Florence et fut admis à la table de Bianca.

« Cette duchesse, dit-il, est belle à l'opinion italienne, un visage agréable et impérieux, le corsage droit et les tétins à souhait ; elle me sembla bien avoir la suffisance d'avoir enjôlé ce prince et de le tenir à sa dévotion depuis longtemps. Le grand-duc mettait assez d'eau dans son vin, mais elle quasi point. »

Qu'on mette ce portrait à côté de celui du Bronzino, et l'on verra que tous deux se ressemblent ; seulement il y a dans le tableau du sombre peintre toscan un caractère de fatalité qui ne se trouve pas sous la plume du naïf moraliste français.

Trois ans après le mariage de Francesco et de Bianca, c'est-à-dire au commencement de l'année 1583, le jeune archiduc mourut, laissant le trône de Toscane sans héritier direct ; or, à défaut d'héritier direct, le cardinal Ferdinand devenait grand-duc à la mort de son frère.

En 1576, le grand-duc Francesco avait eu un fils de Bianca ; mais ce fils étant adultérin ne pouvait succéder à son père; d'ailleurs on racontait de singulières choses sur sa naissance. On racontait que la Bianca, voyant qu'elle n'aurait jamais probablement d'autre enfant qu'une petite fille qu'elle avait eue de son mari, et qui s'appelait Pellegrina, avait résolu d'en supposer un. En conséquence, elle s'était entendue avec une gouvernante bolonaise dans laquelle elle avait toute confiance ; et voilà, disait-on, ce qui était arrivé.

Bianca avait feint toutes les indispositions, symptômes ordinaires d'une grossesse; bientôt à ces indispositions s'étaient joints des signes extérieurs, si bien que le grand-duc, n'ayant plus aucun doute, avait annoncé lui-même à ses plus intimes que Bianca allait le rendre père. Dès lors le crédit de la favorite avait doublé, on avait été au devant de tous ses désirs, et tous les courtisans, plus empressés que jamais autour d'elle, lui avaient prédit un fils.

La nuit du 29 au 30 août 1576 fut choisie pour être celle de l'accouchement; vers les onze heures du soir, Bianca annonça donc à son mari qu'elle commençait à éprouver les premières douleurs. Francesco, tremblant et joyeux à la fois, déclara qu'il ne la quitterait point qu'elle ne fût délivrée. Ce n'était point là l'affaire de Bianca; aussi, vers les trois heures, les douleurs commencèrent à s'apaiser, et la sage-femme déclara qu'elle croyait que la patiente n'accoucherait que dans trois ou quatre heures. Alors Bianca insista pour que Francesco, fatigué de la veille, allât prendre quelque repos; Francesco céda à la condition qu'on le réveillerait aussitôt que sa bien-aimée Bianca recommencerait à souffrir. Bianca le lui promit, et sur cette promesse, le grand-duc se retira.

Deux heures après, on alla le réveiller en effet, mais pour lui annoncer qu'il était père d'un garçon. Il courut à la chambre de Bianca qui, du plus loin qu'elle l'aperçut, lui présenta son enfant. Le grand-duc pensa devenir fou de joie, et l'enfant fut baptisé sous le nom de don Antoine, Bianca ayant déclaré que c'était aux prières de ce saint qu'elle devait la première conception qui les rendait tous si heureux à cette heure.

Dix-huit mois après l'accouchement de Bianca, on renvoya dans sa patrie la Bolonaise qui avait conduit toute cette intrigue. La gouvernante partit sans défiance et comblée de présens ; mais, en traversant les montagnes, sa voiture fut attaquée par des hommes masqués qui tirèrent sur elle et la laissèrent pour morte, blessée de trois coups d'arquebuse. Néanmoins, contre toute attente, elle reprit ses sens, et, comme le juge du village où elle avait été transportée l'interrogeait, elle déclara que, le masque d'un de ces hommes étant tombé, elle avait reconnu un sbire au service de la Bianca; qu'au reste, elle avait mérité cette punition (quoiqu'elle ne s'attendit point à la recevoir d'une semblable main), puisqu'elle avait aidé à tromper le grand-duc François en donnant à sa maîtresse le conseil de se faire passer pour enceinte, et, le projet adopté, en apportant elle-même dans un luth l'enfant dont une pauvre femme était accouchée la veille. Or, cet enfant n'était autre que celui qui était élevé sous le titre du jeune prince, et sous le nom de don Antonio. Cette confession faite, la femme expira. Aussitôt le procès-verbal en fut envoyé à Rome au cardinal Ferdinand de Médicis, qui en fit faire une copie qu'il adressa à son frère; mais il fut facile à Bianca de faire croire à son amant que tout cela n'était qu'une intrigue ourdie contre elle, et l'amour du grand-duc ne fit que s'augmenter de ce qu'il regardait comme une persécution dirigée contre sa maîtresse.

Cependant, l'affaire, on le comprend bien, avait fait trop de bruit pour que don Antonio pût prétendre à l'héritage de son père. Le trône revenait donc au cardinal, si la grande-duchesse n'avait pas d'autre enfant, et Francesco lui-même commençait à désespérer d'un tel bonheur, lorsque Bianca annonça une seconde grossesse.

Cette fois, le cardinal se promit bien de surveiller lui-même les couches de sa belle-sœur, afin de n'être pas dupe de quelque nouvel escamotage. En conséquence, il commença par se raccommoder avec son beau-frère François, en lui disant que cette nouvelle preuve de fécondité qu'allait donner la grande-duchesse, lui prouvait bien qu'il avait été trompé une première fois par un faux rapport. François, heureux de voir son beau-frère désabusé, revint à lui avec toute la franchise de son cœur. Le cardinal profita de ce rapprochement pour venir s'installer au palais Pitti.

L'arrivée du cardinal fut médiocrement agréable à Bianca, qui ne se méprenait pas à la véritable cause de cette recrudescence d'amour fraternel. Bianca sentait qu'elle avait dans le cardinal un espion de tous les instans; aussi de son côté, fit-elle si bien qu'il fut impossible de la prendre un seul instant en défaut. Le cardinal lui-même doutait. Si cette grossesse n'était pas une réalité, la comédie était habilement jouée; mais tant d'adresse le piqua au jeu, et il résolut de ne pas demeurer en reste d'habileté.

Le jour de l'accouchement arriva; le cardinal ne pouvait rester dans la chambre de Bianca, mais il se plaça dans la chambre voisine, par laquelle il fallait nécessairement passer pour arriver jusqu'à elle. Là il se mit à dire son bréviaire en marchant à grands pas. Au bout d'une heure de promenade, on vint le prier, de la part de la malade, de passer dans une autre chambre, attendu qu'il l'incommodait. — Qu'elle fasse son affaire, je fais la mienne, répondit le cardinal. — Et, sans vouloir rien entendre, il se remit à marcher et à prier.

Un instant après, le confesseur de la grande-duchesse entra. C'était un capucin à longue robe. Le cardinal alla à lui et le prit dans ses bras pour lui recommander sa sœur avec une affection toute particulière. Tout en embrassant le bon moine, le cardinal sentit ou crut sentir quelque chose d'étrange dans sa grande manche ; il y fourra la main, et en tira un gros garçon.

— Mon frère, dit le cardinal, me voici plus tranquille, et

je suis sûr du moins que ma belle-sœur ne mourra point en couches.

Le moine comprit que le mieux était d'éviter le scandale; il demanda au cardinal ce qu'il devait faire. Le cardinal lui dit d'entrer dans la chambre de la grande-duchesse, et de lui dire, tout en la confessant, ce qui venait d'arriver : selon qu'elle ferait, le cardinal devait faire. Le silence amènerait le silence, et le bruit amènerait le bruit.

La grande-duchesse vit que, pour cette fois, il lui fallait renoncer à donner un héritier à la couronne, et elle prit le parti de faire une fausse couche. Le cardinal, de son côté, tint parole, et ne révéla rien de cette tentative avortée.

Il en résulta que rien ne troubla la bonne harmonie qui régnait entre les deux frères. L'automne suivant, le cardinal fut même invité par François à venir passer les deux mois de *villegiatura à Poggia à Cajano*. Il accepta, car il était grand amateur de chasse, et le château de *Poggio à Cajano* était une des réserves les plus giboyeuses du grand-duc François.

Le jour même de l'arrivée du cardinal, Bianca, qui savait que le cardinal aimait les tourtes confectionnées d'une certaine façon, voulut en préparer une elle-même. Le cardinal apprit par le grand-duc Francesco cette attention de sa belle-sœur, et comme il n'avait pas une confiance bien profonde dans sa réconciliation avec elle, cette gracieuseté de sa part ne laissa pas de l'inquiéter. Heusement le cardinal possédait une opale qui lui avait été donnée par le pape Sixte-Quint, et dont la propriété était de se ternir quand on l'approchait d'une substance empoisonnée. Le cardinal ne manqua point d'en faire l'épreuve sur la tourte préparée par Bianca. Ce qu'il avait prévu arriva. En approchant de la tourte, l'opale se ternit, et le cardinal déclara que toute réflexion faite, il ne mangerait pas de tourte. Le duc insista un instant. Voyant que ses instances étaient inutiles : —Eh bien! dit-il en se retournant vers sa femme, puisque mon frère ne mange pas de son plat favori, j'en mangerai, moi, afin qu'il ne soit pas dit qu'une grande-duchesse se sera faite pâtissière inutilement, —et il se servit un morceau de la tourte.

Bianca fit un mouvement pour l'en empêcher, mais elle s'arrêta. La position était horrible : il fallait ou qu'elle avouât son crime, ou qu'elle laissât son mari mourir empoisonné. Elle jeta un coup d'œil rapide sur sa vie passée, elle vit qu'elle avait épuisé toutes les joies de la terre, et atteint toutes les grandeurs de ce monde. Sa décision fut rapide, comme elle l'avait été le jour où elle avait fui de Venise avec Pietro : elle coupa un morceau de tourte pareil à celui qu'avait pris le grand-duc, lui tendit une main, et mangea de l'autre en souriant le morceau empoisonné.

Le lendemain, Francesco et Bianca étaient morts. Un médecin ouvrit leurs corps par ordre de Ferdinand, et déclara qu'ils avaient succombé à une fièvre maligne. Trois jours après, le cardinal jeta la barette aux orties et monta sur le trône.

Voici l'histoire de celui dont la statue s'élève sur la place de la *Darsena* à Livourne. La carrière du cardinal fut encore marquée par beaucoup d'autres actes, témoin les quatre esclaves enchaînés qui ornent le piédestal de sa statue; mais nous croyons avoir raconté la partie de sa vie la plus curieuse et la plus intéressante, et pour le reste nous renverrons nos lecteurs à Galuzzi.

Comme sur la place, outre la statue, il y a force fiacres, nous montâmes dans l'une de ces voitures, et nous nous fîmes conduire à l'église de Montenero.

Cette église renferme une des madones les plus miraculeuses qui existent. Une tradition populaire veut que cette sainte image, native du mont Eubée dans le Négrepont, se soit lassée un jour de sa patrie. Cédant à un désir de locomotion bien flatteur pour l'Occident, elle apparut à un prêtre et lui ordonna de la transporter au Montenero. Le prêtre s'informa de la partie du monde où se trouvait cette montagne, et apprit que c'était aux environs de Livourne. Aussitôt il se mit en marche, portant la sainte image avec lui, et, après un voyage de deux mois, arriva à sa destination, qui lui fut indiquée par un miracle des plus concluans : la

madone s'alourdit tout à coup, au point qu'il fut impossible au prêtre de faire un pas de plus. Le prêtre comprit qu'il était arrivé à sa destination ; il s'arrêta donc, et, avec les aumônes des fidèles, il fonda l'oratoire de Montenero.

Un an après, le capitaine d'un vaisseau livournais ayant fait un voyage au mont Eubée, déclara avoir pris, dans la montagne même qu'avait habitée la madone pendant deux ou trois siècles, la mesure de la place qu'elle occupait ; cette mesure s'accordait ligne pour ligne avec sa largeur et avec sa hauteur.

Dès lors il n'y eut plus de doute sur la réalité du miracle, que pour les artistes, qui reconnurent la madone pour être une peinture de Margaritone, un des contemporains de Cimabué, le même Margaritone qui crut avoir récompensé dignement Farinata des Uberti en lui envoyant lorsqu'il eut sauvé Florence, après la bataille de Monte Aperto, un crucifix peint de sa main. Dieu punit son orgueil : le pauvre vieillard mourut de chagrin en voyant les progrès que Cimabué avait fait faire à l'art.

Nous recommandons aux artistes la madone de Montenero comme un curieux monument de la peinture grecque au XIIIe siècle.

Le soir, en rentrant, nous fîmes prix avec un voiturin, et le lendemain matin à neuf heures nous partîmes pour Florence.

RÉPUBLIQUES ITALIENNES.

Un mot d'histoire sur cette Italie que nous allons parcourir ; en faisant d'abord le tour du tronc, nous verrons mieux ensuite dans quelle direction s'étendent tous les rameaux.

Dieu mit six jours à sa genèse ; l'Italie six siècles à la sienne.

Ce furent surtout les villes des côtes, qui, les premières, se trouvèrent mûres pour la liberté. Déjà, du temps de Solon, on avait remarqué que les marins étaient les plus indépendans des hommes. Ainsi que les déserts, la mer est un refuge contre la tyrannie; l'homme qui se trouve sans cesse entre le ciel et l'eau, riche et puissant de l'espace qu'il a devant lui, a bien de la peine à reconnaître d'autre maître que Dieu.

Il en résultait que Gênes et Pise relevaient bien de l'empire comme les villes de l'intérieur, mais, plus que celles-ci cependant, elles s'étaient peu à peu soustraites à sa domination. Dans les expéditions qu'elles faisaient pour leur propre compte dans les îles de Corse et de Sardaigne, elles traitaient depuis longtemps de la paix et de la guerre, des rançons et des tributs, et cela selon leur bon plaisir et sans en rendre compte à personne. Grâce à cet acheminement vers l'indépendance, ces deux villes étaient déjà, sur la fin du Xe siècle, dans un si grand état de prospérité, qu'en 982, Othon envoya sept de ses barons pour obtenir de la marine pisane un renfort de galères qui le secondât dans son expédition de Calabre. Pendant qu'ils étaient à Pise, Othon mourut. Cette mort rendait leur voyage inutile; mais ce n'était pas sans envier le sort des Toscans qu'ils avaient vu la fertilité de leur plaines et la richesse de leurs cités. Séduits par les promesses d'avenir que le ciel avaient fait à ce beau pays, ils obtinrent de la municipalité le titre de citoyens, et de l'évêque l'inféodation de quelques châteaux. Ce fut la tige des sept familles pisanes qui demeurèrent trois siècles à la tête de la faction guelfe ou gibeline. Ils se nommaient Visconti, Godimari, Orlandi, Vecchionesi, Gualandi, Sismondi, Lanfranchi.

De son côté, Gênes, couchée aux pieds de ses montagnes arides, qui la séparent comme une muraille de la Lombardie, fière de l'un des plus beaux ports de l'Europe, déjà peuplé de vaisseaux au Xe siècle, tirant de sa situation le bénéfice d'être isolée du siége de l'empire, se livrait dans toute l'ardeur de sa jeune existence au commerce et à la marine. Pillée en 936 par les Sarrasins, moins d'un siècle après, c'était elle qui se liguait avec les Pisans pour aller leur reporter en Sardaigne le fer et le feu qu'ils étaient venus apporter en Ligurie; et Caffaro, auteur de sa première chronique commencée en 1101 et achevée en 1164, nous apprend qu'à cette époque Gênes avait déjà des magistrats suprêmes, que ces magistrats portaient le titre de consuls, qu'ils siégeaient alternativement au nombre de quatre ou de six, et qu'ils restaient en place trois ou quatre ans.

Quant aux villes du centre de l'Italie, elles étaient demeurées en retard. L'esprit de liberté qui avait soufflé sur les côtes avait bien passé sur Milan, sur Florence, sur Pérouse et sur Arezzo; mais n'ayant point la mer pour y lancer leurs vaisseaux, ces villes avaient continué d'obéir aux empereurs: lorsque le moine Hildebrand fut appelé, en 1075, au pontificat, sous le nom de Grégoire VII; Henri IV régnait alors.

Trois ans à peine s'étaient écoulés depuis l'exaltation du nouveau pape, dans lequel devait se personnifier la démocratie du moyen-âge, qu'en jetant les yeux sur l'Europe, et en voyant le peuple poindre partout comme les blés en avril, il avait compris que c'était à lui, successeur de Saint-Pierre, de recueillir cette moisson de liberté qu'avait semée la parole du Christ. Dès 1076, il publia donc une décrétale qui défendait à ses successeurs de soumettre leur nomination à la puissance temporelle: de ce jour la chaire pontificale fut placée au même étage que le trône de l'empereur, et le peuple eut son César.

Cependant Henri IV n'était pas plus de caractère à renoncer à ses droits, que Grégoire VII n'était d'esprit à s'y soumettre; il répondit à la décrétale par un rescrit. Son ambassadeur vint en son nom à Rome ordonner au souverain pontife de déposer la thiare, et aux cardinaux de se rendre à sa cour, afin de désigner un autre pape. La lance avait rencontré le bouclier, le fer avait repoussé le fer.

Grégoire VII répondit en excommuniant l'empereur.

À la nouvelle de cette mesure, les princes allemands se rassemblèrent à Terbourg, et comme l'empereur dans sa colère avait dépassé ses droits, qui s'étendaient à l'investiture et non à la nomination, ils menaçaient de le déposer en vertu du même droit qui l'avait élu, si, dans le terme d'une année, il ne s'était pas réconcilié avec le saint-siége.

Henri fut forcé d'obéir: il apparut en suppliant au sommet de ces Alpes qu'il avait menacé de franchir en vainqueur; et par un hiver rigoureux, il traversa l'Italie pour aller, à genoux et pieds nus, demander au pape l'absolution de sa faute. Asti, Milan, Pavie, Crémone et Lodi le virent ainsi passer; et, fortes de sa faiblesse, elles saisirent le prétexte de son excommunication pour se délier de leur serment. De son côté, Henri IV, craignant d'irriter encore le pape, ne tenta point même de les faire rentrer sous son obéissance et ratifia leur liberté: ratification dont elles auraient à la rigueur pu se passer, comme le pape de l'investiture. Ce fut de cette division entre le saint-siége et l'empereur, entre le peuple et la féodalité, que se formèrent les factions guelfe et gibeline.

Pendant ce temps, et comme pour préparer la liberté de Florence, Godefroy de Lorraine, marquis de Toscane, et Béatrix sa femme mouraient l'un et l'autre en 1076, laissant la comtesse Mathilde héritière et souveraine du plus grand fief qui ait jamais existé en Italie. Mariée deux fois, la première avec Godefroy le jeune, la seconde avec Guelfe de Bavière, elle se sépara successivement de ses deux époux et mourut sans héritier, léguant ses biens à la chaire de saint Pierre.

Cette mort laissa Florence à peu près libre d'imiter les autres villes d'Italie. Elle s'érigea donc en république, donnant à son tour l'exemple qu'elle avait reçu, à Sienne, à Pistoia et à Arezzo.

Cependant la noblesse florentine, sans rester indifférente à la grande querelle qui divisait l'Italie, n'y était point entrée avec la même ardeur que celle des autres villes; elle restait divisée, il est vrai, en deux partis, mais non en deux camps. Chacun de ces partis s'observait avec plus de défiance que de haine, et si ce n'était déjà plus la paix, ce n'était du moins pas encore là guerre.

Parmi les familles guelfes, une des plus nobles, des plus puissantes et des plus riches, était celle des Buondelmonti. L'aîné de cette maison était fiancé avec une jeune fille de la famille des Amadei, alliée aux Uberti, et connue pour ses opinions gibelines Buondelmonte des Buondelmonti était seigneur de Monte-Buono, dans le val d'Arno supérieur, et habitait un superbe palais situé sur la place de la Trinité.

Un jour que, selon son habitude, il traversait, à cheval et magnifiquement vêtu, les rues de Florence, une fenêtre s'ouvrit sur son passage, et il s'entendit appeler par son nom.

Buondelmonte se retourna; mais, voyant que celle qui l'appelait était voilée, il continua son chemin.

La dame l'appela une seconde fois, et leva son voile. Alors Buondelmonte la reconnut pour être de la maison des Donati, et arrêtant son cheval, il lui demanda avec courtoisie ce qu'elle avait à lui dire.

— Je n'ai qu'à te féliciter sur ton prochain mariage, Buondelmonte, reprit la dame d'un ton railleur; je ne veux qu'admirer ton dévouement, qui te fait aller à une maison si fort au-dessous de la tienne. Sans doute un ancêtre des Amadei aura rendu quelque grand service à un des tiens, et tu t'acquittes d'une dette de famille.

— Vous vous trompez, noble dame, répondit Buondelmonte; si quelque distance existe entre nos deux maisons, ce n'est point la reconnaissance qui l'efface, mais bien l'amour. J'aime Lucrezia Amadei, ma fiancée, et je l'épouse parce que je l'aime.

— Pardon, seigneur Buondelmonte, continua la Gualdrada; mais il me semblait que le plus noble devait épouser la plus riche, la plus riche le plus noble, et le plus beau la plus belle.

— Mais jusqu'à présent, répondit Buondelmonte, il n'y a que le miroir que je lui ai fait venir de Venise qui m'ait montré une figure comparable à celle de Lucrezia.

— Vous avez mal cherché, monseigneur, ou vous vous êtes lassé trop vite. Florence perdrait bientôt son nom de ville des fleurs, si elle ne comptait dans son parterre de plus belle rose que celle que vous allez cueillir.

— Florence a peu de jardins que je n'aie visités, peu de fleurs dont je n'aie admiré les couleurs ou respiré le parfum, et il n'y a guère que les marguerites et les violettes qui aient pu échapper à mes yeux en se cachant sous l'herbe.

— Il y a encore le lis qui pousse au bord des fontaines et grandit à l'ombre des saules, qui baigne ses pieds dans le ruisseau pour conserver sa fraîcheur, et qui cache sa beauté dans la solitude pour garder sa pureté.

— La signora Gualdrada aurait-elle dans le jardin de son palais quelque chose de pareil à me faire voir?

— Peut-être, si le seigneur Buondelmonte daignait me faire l'honneur de le visiter.

Buondelmonte jeta la bride de son cheval aux mains de son page et s'élança dans le palais Donati.

La Gualdrada l'attendait au haut de l'escalier; elle le guida par des corridors obscurs jusqu'à une chambre retirée. Elle ouvrit la porte, souleva la tapisserie, et Buondelmonte aperçut une jeune fille endormie.

Buondelmonte demeura saisi d'admiration: rien d'aussi beau, d'aussi frais et d'aussi pur ne s'était encore offert à sa vue. C'était une de ces têtes blondes si rares en Italie que Raphaël en a fait le type de ses vierges; c'était un teint si blanc qu'on aurait dit qu'il s'était épanoui au pâle soleil du nord; c'était une taille si aérienne que Buondelmonte craignait de respirer, de peur que cet ange, en se réveillant, ne remontât au ciel!

La Gualdrada laissa retomber le rideau. Buondelmonte fit un mouvement pour la retenir, elle lui arrêta la main.

— Voici la fiancée que je t'avais gardée, solitaire et pure;

lui dit-elle ; mais tu t'es hâté, Buondelmonte, tu as offert ton cœur à une autre. Va ! c'est bien ! va, et sois heureux.

Buondelmonte interdit, gardait le silence.

— Eh bien ! continua la Gualdrada, oublies-tu que la belle Lucrezia t'attend ?

— Écoute, lui dit Buondelmonte en lui prenant la main, si je renonçais à cette alliance, si je rompais les engagemens pris, si j'offrais d'épouser ta fille, me la donnerais-tu ?...

— Et quelle serait la mère assez vaine et assez insensée pour refuser l'alliance du seigneur de Monte-Buono !

Alors Buondelmonte leva la portière, s'agenouilla près du lit de la jeune fille, dont il prit la main, et comme la dormeuse entr'ouvrait les yeux : « Réveillez-vous, ma belle fiancée, lui dit-il. » Puis se retournant vers la Gualdrada : « Envoyez chercher le prêtre, ma mère ; et si votre fille m'accepte pour époux, conduisez-nous à l'autel ! »

Le même jour, Buondelmonte épousa Lucia Gualdrada, de la maison des Donati.

Le lendemain, le bruit de ce mariage se répandit. Les Amadei doutèrent quelque temps de l'outrage qui leur avait été fait, mais un moment vint où ils n'en purent plus douter. Alors ils convoquèrent leurs parens, les Uberti, les Fifanti, les Lamberti et les Gualdalandi ; et lorsqu'ils furent rassemblés, leur exposèrent la cause de cette réunion. Dans ces temps d'honneur irascible et de prompte vengeance, un pareil affront ne pouvait se laver que dans le sang. Mosca proposa la mort de Buondelmonte, et sa mort fut résolue à l'unanimité.

Le matin de Pâques, Buondelmonte venait de traverser le vieux pont, et descendait Longo-l'Arno, lorsque plusieurs hommes à cheval, comme lui, débouchèrent de la rue de la Trinité, et marchèrent à sa rencontre. Arrivés à une certaine distance, ils se séparèrent en deux troupes, afin de l'attaquer de deux côtés. Buondelmonte reconnut ceux qui venaient à lui pour des ennemis ; mais soit confiance dans leur loyauté ou dans son courage, il continua son chemin sans donner aucune marque de défiance ; loin de là, en arrivant près d'eux, il les salua avec courtoisie. Alors Schazetto des Uberti sortit de dessous son manteau son bras armé d'une masse, et d'un seul coup il renversa Buondelmonte de cheval. Au même moment, Addo Arrighi mettant pied à terre, de peur qu'il ne fût qu'étourdi, lui ouvrit les veines avec son couteau. Buondelmonte se traîna jusqu'au pied de Mars, protecteur païen de Florence, dont la statue était encore debout, et y expira. Le bruit de ce meurtre ne tarda point à retentir dans la ville. Tous les parens de Buondelmonte se rassemblèrent dans la maison mortuaire, firent atteler un char, et y placèrent dans une bière découverte le corps de la victime. La jeune veuve s'assit sur le bord du cercueil, appuya la tête fracassée de son époux sur sa poitrine ; les plus proches parens l'entourèrent, et le cortège se mit en marche par les rues de Florence, précédé du vieux père de Buondelmonte, qui, vêtu de deuil, et monté sur un cheval caparaçonné de noir, criait de temps en temps d'une voix sourde : Vengeance ! vengeance ! vengeance !

A la vue de ce cadavre ensanglanté, à la vue de cette belle veuve pleurante et les cheveux épars, à la vue de ce père qui précédait le cercueil de l'enfant qui aurait dû suivre le sien, les esprits s'exaltèrent et chaque maison noble prit parti selon son opinion, son alliance ou sa parenté. Quarante-deux familles du premier rang se firent Guelfes, c'est-à-dire Papistes, et prirent le parti de Buondelmonte ; vingt-quatre se déclarèrent Gibelins, c'est-à-dire Impérialistes, et reconnurent les Uberti pour leurs chefs. Chacun rassembla ses serviteurs, fortifia ses palais, éleva ses tours, et pendant trente-trois ans la guerre civile, se renfermant dans les murs de Florence, courut échevelée par ses rues et par ses places publiques.

Cependant les Gibelins qui, comme on l'a vu, étaient numériquement les plus faibles de près de moitié, désespérant de vaincre s'ils étaient réduits à leurs propres forces, s'adressèrent à l'empereur, qui leur envoya seize cents cavaliers allemands. Cette troupe s'introduisit furtivement dans la ville par une des portes appartenant aux Gibelins, et la nuit

de la Chandeleur 1248, le parti guelfe vaincu fut forcé d'abandonner Florence.

Alors les vainqueurs, maîtres de la ville, se livrèrent à ces excès qui éternisent les guerres civiles. Trente-six palais furent démolis et leurs tours abattues ; celle des Toringhi, qui dominait la place du vieux Marché, et qui s'élevait, toute couverte de marbre, à la hauteur de cent vingt brassées, minée par sa base, croula comme un géant foudroyée. Le parti de l'empereur triompha donc en Toscane, et les Guelfes restèrent exilés jusqu'en 1251, époque de la mort de Frédéric II.

Cette mort produisit une réaction ; les Guelfes furent rappelés, et le peuple reprit une partie de l'influence qu'il avait perdue. Un de ses premiers réglemens fut l'ordre de détruire les forteresses derrière lesquelles les gentilshommes bravaient les lois. Un rescrit enjoignit aux nobles d'abaisser les tours de leurs palais à la hauteur de cinquante brasses, et les matériaux résultant de cette démolition servirent à élever des remparts à la ville, qui n'était point fortifiée du côté de l'Arno. Enfin, en 1252, le peuple, pour consacrer le retour de la liberté à Florence, frappa avec l'or le plus pur cette monnaie qu'on appela florin, du nom de la ville qui lui donna naissance, et qui depuis 700 ans est restée à la même effigie, au même poids et au même titre, sans qu'aucune des révolutions qui suivirent celle à laquelle le florin devait sa naissance ait osé changer son empreinte populaire, ou altérer son or républicain.

Cependant les Guelfes, plus généreux ou plus confians que leurs ennemis, avaient permis aux Gibelins de rester dans la ville : ceux-ci profitèrent de cette liberté pour ourdir une conspiration qui fut découverte. Les magistrats leur firent alors porter l'ordre de venir justifier leur conduite ; mais ils repoussèrent les archers du podestat à coups de pierres et de flèches. Tout le peuple se souleva aussitôt, on vint attaquer les ennemis dans leurs maisons, on fit le siège des palais et des forteresses ; en deux jours tout fut fini. Schazetto des Uberti, le même qui avait assommé Buondelmonte, mourut les armes à la main. Un autre Uberti et un Infangati eurent la tête tranchée sur la place du vieux Marché, et ceux qui échappèrent au massacre ou à la justice, guidés par Farinata des Uberti, sortirent de la ville et allèrent demander à Sienne un asile qu'elle leur accorda.

Farinata des Uberti était un de ces hommes de la famille du baron des Adrets, du connétable Bourbon, et de Lesdiguières, qui naissent avec un bras de fer et un cœur de bronze, dont les yeux s'ouvrent dans une ville assiégée et se ferment sur le champ de bataille : plantes arrosées de sang et qui portent des fleurs et des fruits sanglans !

La mort de l'empereur lui ôtait la ressource ordinaire aux Gibelins, qui était de s'adresser à l'empereur. Il envoya alors des députés à Manfred, roi de Sicile. Ces députés demandaient une armée. Manfred offrit cent hommes. Les ambassadeurs étaient sur le point de refuser cette offre qu'ils regardaient comme dérisoire ; mais Farinata leur écrivit : « Acceptez toujours, l'important est d'avoir la bannière de Manfred parmi les nôtres, et quand nous l'aurons, j'irai la planter dans un tel lieu qu'il faudra bien qu'il nous envoie un renfort pour aller la reprendre. »

Cependant l'armée guelfe poursuivit les Gibelins, et vint établir son camp devant la porte de Camoglia, dont la poussière était si douce à Alfieri (1). Après quelques escarmouches sans conséquence, Farinata, ayant reçu les cent hommes d'armes que lui envoyait Manfred, ordonna une sortie, et leur fit distribuer les meilleurs vins de la Toscane, puis lorsqu'il vit le combat engagé entre les Guelfes et les Gibelins, sous prétexte de dégager les siens, il se mit à la tête de ses auxiliaires allemands, et leur fit faire une charge tellement profonde, que lui et ses cent hommes d'armes se trouvèrent enveloppés par les ennemis. Les Allemands se battirent en désespérés, mais la partie était trop inégale pour que le courage y pût quelque chose. Tous tombèrent. Farinata, seul et par miracle, s'ouvrit un chemin et regagna les siens,

(1) A Camoglia mi godo il pulverone. *Sonnet* CXII.

couvèrt du sang de ses ennemis, las de tuer, mais sans blessure.

Son but était atteint, les cadavres des soldats de Manfred criaient vengeance par toutes leurs plaies; l'étendard royal, envoyé à Florence, avait été traîné dans la boue et mis en pièces par la populace. Il y avait affront à la maison de Souabe, et tache à l'écusson impérial. Une victoire pouvait seule venger l'une et effacer l'autre. Farinata des Uberti écrivit au roi de Sicile en lui racontant la bataille : Manfred lui répondit en lui envoyant deux mille hommes.

Alors le lion se fit renard pour attirer les Florentins dans une mauvaise position. Farinata feignit d'avoir à se plaindre des Gibelins. Il écrivit aux Anziani pour leur indiquer un rendez-vous à un quart de lieue de la ville. Douze hommes s'y attendirent; lui s'y rendit seul. Il leur offrit, s'ils voulaient faire marcher une puissante armée contre Sienne, de leur livrer la porte de San-Vito dont ils avaient la garde. Les chefs guelfes ne pouvaient rien décider sans l'avis du peuple, ils retournèrent vers lui et assemblèrent le conseil. Farinata rentra dans la ville.

L'assemblée fut tumultueuse; la masse était d'avis d'accepter, mais quelques-uns plus clairvoyans craignaient une trahison. Les Anziani, qui avaient entamé la négociation et qui devaient en tirer honneur, l'appuyaient de tout leur pouvoir, et le peuple appuyait les Anziani. Le comte Guido Guerra et Tegghiaio Aldobrandini essayèrent en vain de s'opposer à la majorité; le peuple ne voulut pas les écouter. Alors Luc des Guerardini, connu par sa sagesse et son dévouement à la patrie, se leva et essaya de se faire entendre; mais les Anziani lui ordonnèrent de se taire. Il n'en continua pas moins son discours, et les magistrats le condamnèrent à cent florins d'amende. Guerardini consentit à les payer, si à ce prix il obtenait la parole. L'amende fut doublée, Guerardini accepta cette nouvelle punition en disant qu'on ne pouvait acheter trop cher le bonheur de donner un bon avis à la république. Enfin, on porta l'amende jusqu'à la somme de quatre cents florins sans qu'on pût lui imposer silence. Ce dévouement, qu'on prit pour de l'obstination, exalta les esprits, la peine de mort fut proposée et adoptée contre celui qui osait s'opposer ainsi à la volonté du peuple. La sentence fut aussitôt signifiée à Guerardini, il l'écouta tranquillement, puis se levant une dernière fois : « Faites dresser l'échafaud, dit-il, mais laissez-moi parler pendant qu'on le dressera. » Au lieu de tomber aux pieds de cet homme, ils l'arrêtèrent et le firent conduire en prison. Alors comme il était à peu près le seul opposant, et que d'ailleurs aucun n'était de cœur à suivre un pareil exemple, une fois Guerardini hors de l'assemblée, la proposition passa. Florence envoya demander aussitôt du secours à ses alliées. Lucques, Bologne, Pistoie, Le Prato, San Miniato et Volterra répondirent à son appel. Au bout de deux mois, les Guelfes avaient rassemblé trois mille cavaliers et trente mille fantassins.

Le lundi 3 septembre 1260, cette armée sortit nuitamment des murs de Florence, et marcha vers Sienne. Au milieu d'une garde choisie parmi les plus braves, roulait pesamment le Carroccio. C'était un char doré attelé de huit bœufs couverts de caparaçons rouges, et au milieu duquel s'élevait une antenne surmontée d'un globe doré; au-dessous de ce globe flottait l'étendard de Florence, qui, au moment du combat, était confié à celui qu'on estimait le plus brave. Au-dessous, un Christ en croix semblait bénir l'armée de ses bras étendus. Une cloche, suspendue près de lui, rappelait vers un centre commun ceux que la mêlée dispersait; et le pesant attelage, ôtant au Carroccio tout moyen de fuir, forçait l'armée, soit à l'abandonner avec honte, soit à la défendre avec acharnement. C'était une invention d'Eribert, archevêque de Milan, qui, voulant relever l'importance de l'infanterie des communes, afin de s'opposer à la cavalerie des gentilshommes, en avait fait usage pour la première fois dans la guerre contre Conrad-le-Salique. Aussi était-ce au milieu de l'infanterie, dont le pas se réglait sur celui des bœufs, que roulait cette lourde machine. Celui qui la conduisait était un vieillard de soixante-dix ans, nommé Jean

Tornaquinci ; et sur la plate-forme du Carroccio, réservée aux plus vaillans, étaient ses sept fils, auxquels il avait fait jurer de mourir tous avant qu'un seul ennemi touchât cette arche d'honneur du moyen-âge. Quant à la cloche, elle avait été bénie, disait-on, par le pape Martin, et en l'honneur de son parrain elle s'appelait Martinella.

Le 4 septembre, au point du jour, l'armée se trouva sur le monte Aperto, colline située à cinq milles de Sienne, vers la partie orientale de la ville : elle découvrit alors dans toute son étendue la cité qu'elle espérait surprendre. Aussitôt un évêque presque aveugle monta sur la plate-forme du Carroccio, et dit la messe, que toute l'armée écouta solennellement à genoux et la tête découverte ; puis le saint sacrifice achevé, il détacha l'étendard de Florence, le remit aux mains de Jacopo del Vacca de la famille des Pazzi, et revêtant lui-même une armure, il alla se placer dans les rangs de la cavalerie ; il y était à peine que la porte de San-Vito s'ouvrit suivant la promesse faite. La cavalerie allemande en sortit la première, derrière elle venait celle des émigrés florentins, commandée par Farinata ; ensuite parurent les citoyens de Sienne avec leurs vassaux formant l'infanterie, en tout 13,000 hommes. Les Florentins virent qu'ils étaient trahis ; ils comparèrent aussitôt leur armée à celle qui se développait sous leurs yeux, et songeant qu'ils étaient trois contre un, ils poussèrent de grands cris d'insulte et de provocation, et firent face à l'ennemi.

En ce moment, l'évêque qui avait dit la messe et qui, comme tous les homme privés d'un sens avait exercé les autres à le remplacer, entendit du bruit derrière lui, se retourna, et ses yeux, tout affaiblis qu'ils étaient, crurent apercevoir entre lui et l'horizon une ligne qui, un instant auparavant, n'existait pas. Il frappa sur l'épaule de son voisin et lui demanda si ce qu'il voyait était une muraille ou un brouillard. « Ce n'est ni l'un ni l'autre, dit le soldat, ce sont les boucliers des ennemis. » En effet, un corps de cavalerie allemande avait tourné le Monte Aperto, passé Arbia à gué, et attaquait les derrières de l'armée florentine, tandis que le reste des Siennois lui présentait le combat de face.

Alors Jacopo del Vacca, pensant que l'heure était venue d'engager la bataille, éleva au-dessus de toutes les têtes l'étendard de Florence qui représentait un lion, et cria : — En avant ! Mais au même instant Bocca degli Abatti, qui était Gibelin dans l'âme, tira son épée du fourreau et abattit d'un seul coup la main et l'étendard ; puis s'écriant : A moi les Gibelins ! il se sépara avec trois cents nobles du même parti de l'armée guelfe pour aller rejoindre la cavalerie allemande.

Cependant la confusion était grande parmi les Florentins : Jacopo del Vacca élevait son poignet mutilé et sanglant, en criant : — Trahison ! Nul ne pensait à ramasser l'étendard foulé aux pieds des chevaux, et chacun, en se voyant chargé par celui qu'un instant auparavant il croyait son frère, au lieu de s'appuyer sur son voisin, s'éloignait de lui, craignant encore l'épée qu'il devait défendre que celle qui le devait attaquer. Alors le cri de trahison proféré par Jacopo del Vacca passa de bouche en bouche, et chaque cavalier, oubliant le salut de la patrie pour ne penser qu'au sien, tira du côté qui lui semblait le moins dangereux, confiant sa vie à la vitesse de son cheval, et laissant son honneur expirer à sa place sur le champ de bataille, si bien que de ces 5,000 hommes, qui étaient tous de la noblesse, trente-cinq vaillans restèrent seuls, qui ne voulurent pas fuir et qui moururent.

L'infanterie, qui était composée du peuple de Florence et de gens venus des villes alliées, fit meilleure contenance et se serra autour du Carroccio : ce fut donc sur ce point que se concentra le combat et le grand carnage qui, au dire de Dante, teignit l'Arbia en rouge (1).

Mais, privés de leur cavalerie, les Guelfes ne pouvaient tenir, puisque les seuls qui fussent restés sur le champ de

---

(1)   ... La strazio e'l grande scempio
       Che fece l'Arbia colorata in rosso.
                     Inferno. x.

bataille étaient, comme nous l'avons dit, des gens du peuple qui, armés au hasard de fourches et de hallebardes, n'avaient à opposer à la longue lance et à l'épée à deux mains des cavaliers que des boucliers de bois, des cuirasses de buffle ou des justaucorps matelassés ; les hommes et les chevaux bardés de fer entraient donc facilement dans ces masses et y faisaient des trouées profondes ; et cependant, animées par le bruit de Martinella, qui ne cessait de sonner, trois fois ces masses se refermèrent repoussant de leur sein la cavalerie allemande, qui en ressortit trois fois sanglante et ébréchée comme un fer d'une blessure.

Enfin, à l'aide de la diversion que fit Farinata à la tête des émigrés florentins et du peuple de Sienne, les cavaliers parvinrent jusqu'au Carroccio. Alors se passa à la vue des deux armées une action merveilleuse : ce fut celle de ce vieillard à la garde duquel nous avons dit que le Carroccio était confié, et qui avait fait jurer à ses sept fils de mourir au poste où il les avait placés.

Pendant tout le temps qu'avait déjà duré le combat, les sept jeunes gens étaient restés sur la plate-forme du Carroccio, d'où ils dominaient l'armée, et trois fois ils avaient tourné les yeux impatiemment vers leur père ; mais d'un signe le vieillard les avait retenus ; enfin, l'heure était arrivée où il fallait mourir ; le vieillard cria à ses fils : Allons !

Les jeunes gens sautèrent à bas du Carroccio, à l'exception d'un seul, que son père retint par le bras : c'était le plus jeune et par conséquent le plus aimé ; il avait dix-sept ans à peine et s'appelait Arnolfo.

Les six frères armés comme des chevaliers, c'est-à-dire de jacques de fer, aussi reçurent-ils vigoureusement le choc des Gibelins. Pendant ce temps le père, de la main qui ne tenait pas Arnolfo, sonnait la cloche de ralliement. Les Guelfes reprirent courage, et les cavaliers allemands furent une quatrième fois repoussés. Le vieillard vit revenir à lui quatre de ses fils ; deux s'étaient couchés déjà pour ne plus se relever.

Au même instant, du côté opposé, on entendit pousser de grands cris et on vit la foule s'ouvrir : c'était Farinata des Uberti à la tête des émigrés florentins ; il avait poursuivi la cavalerie guelfe jusqu'à ce qu'il se fût assuré qu'elle ne reviendrait plus au combat, comme fait un loup qui écarte les chiens avant de se jeter sur les moutons.

Le vieillard, qui dominait la mêlée, le reconnut à son panache, à ses armes, et encore plus à ses coups. L'homme et le cheval paraissaient ne faire qu'un, et semblaient un monstre couvert des mêmes écailles. Ce qui tombait sous les coups de l'un était foulé à l'instant sous les pieds de l'autre ; tout s'ouvrait devant eux. Le vieillard fit signe à ses quatre fils, et Farinata vint se heurter contre une muraille de fer ! Aussitôt ces masses se serrèrent autour d'eux et le combat se rétablit.

Farinata était seul parmi les gens de pied qu'il dominait de toute la hauteur de son cheval, car il avait laissé les autres cavaliers gibelins et allemands bien loin derrière lui. Le vieillard pouvait suivre des yeux son épée flamboyante qui se levait et s'abaissait avec la régularité d'un marteau de forgeron ; il pouvait entendre le cri de mort qui suivait chaque coup porté, deux fois il crut reconnaître la voix de ses fils, cependant il ne cessa point de sonner la cloche, seulement de l'autre main il serrait avec plus de force le bras d'Arnolfo.

Farinata recula enfin, mais comme recule un lion, déchirant et rugissant ; il dirigea sa retraite vers les cavaliers florentins qui chargeaient pour le secourir. Pendant le moment qui s'écoula avant qu'il les rejoignît, le vieillard vit revenir deux de ses fils. Pas une larme ne coula de ses yeux, pas une plainte ne s'échappa de son cœur, seulement il serra Arnolfo contre sa poitrine.

Mais Farinata, les émigrés florentins et les cavaliers allemands s'étaient réunis, et tandis que toute l'armée siennoise chargeait de son côté infanterie contre infanterie, ils se préparèrent à charger du leur.

La dernière attaque fut terrible : trois mille hommes à cheval et couverts de fer s'enfoncèrent au milieu de dix ou douze mille fantassins qui restaient encore autour du Carroccio : ils entrèrent dans cette masse, la sillonnant tel qu'un immense serpent, dont l'épée de Farinata était le dard. Le vieillard vit le monstre s'avancer en roulant ses anneaux gigantesques ; il fit signe à ses deux fils. Ils s'élancèrent au-devant de l'ennemi avec toute la réserve. Arnolfo pleurait de honte de ne pas suivre ses frères.

Le vieillard les vit tomber l'un après l'autre ; alors il remit la corde de la cloche aux mains d'Arnolfo, et sauta au bas de la plate-forme. Le pauvre père n'avait pas eu le courage de voir mourir son septième enfant.

Farinata passa sur le corps du père comme il avait passé sur le corps des fils. Le Carroccio fut pris, et comme Arnolfo continuait à sonner Martinella, malgré les injonctions contraires qu'il recevait, Della Presa monta sur la plate-forme, et lui brisa la tête d'un coup de masse d'armes.

Du moment où les Florentins n'entendirent plus la voix de Martinella, ils n'essayèrent même plus de se rallier. Chacun s'enfuit de son côté ; quelques-uns se réfugièrent dans le château de Monte Aperto, où ils furent pris le lendemain. Dix mille hommes restèrent, dit-on, sur la place du combat.

La perte de la bataille de Monte Aperto est restée pour Florence un de ces grands désastres dont le souvenir se perpétue à travers les âges. Après cinq siècles et demi, le Florentin montre encore avec tristesse aux voyageurs le lieu du combat, et cherche dans les eaux de l'Arbia cette teinte rougeâtre que leur avait donnée le sang de ses ancêtres. De leur côté les Siennois s'enorgueillissent encore aujourd'hui de leur victoire. Les antennes du Caroccio qui vit tomber tant d'hommes autour de lui dans cette fatale journée, sont précieusement conservées dans la Basilique, comme Gênes conserve à ses portes les chaînes du port de Pise, comme Pérouse garde, à la fenêtre du palais municipal, le lion de Florence ; pauvres villes, auxquelles il ne reste de leur antique liberté que les trophées qu'elles se sont enlevés les unes aux autres ! pauvres esclaves, à qui leurs maîtres, par dérision sans doute, ont cloué au front leurs couronnes de reine !

Le 27 septembre, l'armée gibeline se présenta devant Florence dont elle trouva toutes les femmes en deuil ; car, dit Villani, il n'en était pas une seule qui n'eût perdu un fils, un frère ou un mari. Les portes en étaient ouvertes, et nulle opposition ne fut faite. Dès le lendemain toutes les lois guelfes furent abolies, et le peuple, cessant d'avoir part au conseil, rentra sous la domination de la noblesse.

Alors une diète des cités gibelines de la Toscane fut convoquée à Empoli ; les ambassadeurs de Pise et de Sienne déclarèrent qu'ils ne voyaient d'autres moyens d'éteindre la guerre civile qu'en dé ruisant complétement Florence, véritable ville des Guelfes, et qui ne cesserait jamais de favoriser ce parti. Les comtes Guidi et Alberti, les Santafior et les Ubaldini, appuyèrent cette proposition. Chacun y applaudit, soit par ambition, soit par haine, soit par crainte. La motion allait passer, lorsque Farinata des Uberti se leva.

Ce fut un discours sublime que celui que prononça ce Florentin pour Florence, ce fils plaidant en faveur de sa mère, ce victorieux demandant grâce pour les vaincus, offrant de mourir pour que la patrie vécût, commençant comme Coriolan et finissant comme Camille.

La parole de Farinata l'emporta au conseil, comme son épée à la bataille. Florence fut sauvée : les Gibelins y établirent le siège de leur gouvernement, et le comte Guido Novello, capitaine des gendarmes de Manfred, fut nommé gouverneur de la ville.

Ce fut la cinquième année de cette réaction impériale que naquit, à Florence, un enfant qui reçut de ses parens le nom d'Alighieri, et du ciel celui de Dante.

Les choses durèrent ainsi depuis 1260 jusqu'en 1266.

Mais, un matin, on apprit à Florence que Manfred, ce grand protecteur du parti gibelin, avait été tué à la bataille de Grandella, et que celui-là qui avait fait trembler l'Italie n'avait plus d'autre tombeau que la pierre qu'en passant avait jetée sur son cadavre chaque soldat de l'armée française; encore sut-on bientôt que l'archevêque de Cosence, lui ayant envié cette sépulture improvisée par la piété de ses ennemis, avait fait enlever son corps et l'avait fait jeter sur les frontières du royaume, aux bords de la rivière Verde.

On comprend le changement que cette nouvelle apporta dans la contenance du parti guelfe. Le peuple manifesta sa joie par des cris et des illuminations; les exilés se rapprochèrent de la ville, n'attendant plus que le moment d'y rentrer, et Guido Novello et ses quinze cents gendarmes, c'est tout ce qui lui en était resté après la bataille de Monte Aperto, se trouva comme un naufragé sur une roche, et qui voit, à chaque instant, la marée qui monte.

Au lieu de faire bravement face au danger, et de maintenir Florence par la terreur, ce qui lui était possible encore avec ses quinze cents hommes, Guido crut qu'il apaiserait les esprits en faisant aux partis de ces concessions qui leur donnent la mesure de leur force. Il fit venir de Bologne, pour être ensemble podestats de Florence, car les podestats, on le sait, devaient toujours être étrangers, deux chevaliers d'un ordre nouveau qui venait de s'élever, et qui, dispensé des vœux de chasteté et de pauvreté, faisait seulement serment de défendre les veuves et les orphelins. De ces deux chevaliers, l'un était Gibelin, l'autre était Guelfe. On leur composa un conseil de trente-six prud'hommes, divisés politiquement de la même façon; on autorisa les citoyens à se réunir en corporations, on forma douze corps d'arts et métiers (1); on accorda aux sept arts majeurs des enseignes, sous lesquelles devaient se ranger les autres en cas d'alarme, et l'on espéra que du contact naîtrait une fusion.

Il en résulta tout le contraire. Du contact naquit une émeute, à la suite de laquelle Guido et ses quinze cents hommes d'armes furent forcés de quitter Florence et de se retirer à Prato.

Cette retraite fut le signal de la réaction guelfe. Les Gibelins, se sentant incapables de lutter, quittèrent la partie et abandonnèrent la ville, et le gouvernement, d'aristocratique qu'il était, redevint, du jour au lendemain, populaire.

Où était Farinata des Uberti dans cette grande circonstance? son nom n'est point prononcé dans cette nouvelle catastrophe. Le géant disparait comme un fantôme, et on ne le retrouve que quarante ans après, dans l'enfer de Dante, où plongé jusqu'à la ceinture dans un tombeau rougi par les flammes, il se plaint, non pas de la douleur qu'il éprouve, mais de l'acharnement avec lequel les Florentins poursuivent son nom et sa famille (2).

En effet, les Florentins, qui n'avaient point oublié la défaite de Monte Aperto, avaient porté une loi qui ordonnait que le palais de Farinata des Uberti serait rasé, que la charrue passerait sur ses fondemens, et que jamais aucun édifice public ni particulier ne s'élèverait sur le terrain où avait été conçu, dans un jour de colère céleste, le moderne Coriolan.

La même loi portait que les Uberti seraient à jamais exceptés de toutes les amnisties que l'on pourrait accorder dans l'avenir aux Gibelins.

Nous nous sommes étendus sur Florence plus que sur

aucune autre ville, parce que c'est Florence que nous allons visiter d'abord, et nous nous sommes arrêtés à cette année 1266, parce que c'est de cette époque à peu près que datent les plus vieux monumens que nous ferons visiter à nos lecteurs. Quant au reste de son histoire, nous la trouverons écrite sur ses palais, sur ses statues et sur ses tombeaux, et nous la heurterons à chaque pas que nous ferons par ses rues et ses places publiques.

ROUTE DE LIVOURNE A FLORENCE.

Nous avions pris un voiturin pour nous conduire de Livourne à Florence : c'est à peu près le seul mode de communication qui existe entre les deux villes. Il y a bien une voiture publique qui dit qu'elle marche; mais, moins heureuse que le philosophe grec, elle ne peut pas en donner la preuve.

Cette inaction de la diligence tient à un reste de cet esprit populaire si répandu en Toscane, que les différens gouvernemens qui s'y sont succédé n'ont jamais pu effacer cette vieille teinte guelfe répandue partout. Encore aujourd'hui, non-seulement les individus, mais encore les palais et les murailles ont une opinion, les créneaux pleins sont guelfes, les créneaux évidés sont gibelins.

Or, les voiturins étant l'expression du commerce populaire, et les diligences le résultat de l'industrie aristocratique, les voiturins l'ont emporté tout naturellement sur les diligences auxquelles le gouvernement, toujours guidé par cet esprit démocratique qui veut le bien-être du plus grand nombre, impose des conditions telles qu'au bout d'un certain temps l'entreprise s'aperçoit qu'elle ne peut plus tenir.

D'ailleurs les diligences partent à heure fixe et attendent les voyageurs; les voiturins partent à toute heure et courent après les pratiques. Ce sont nos cochers de Sceaux et de Saint-Denis. A peine a-t-on mis le pied hors de la barque qui vous conduit du bateau à vapeur au port, que l'on est assailli, enveloppé, assourdi par vingt cochers qui vous regardent comme leur marchandise, vous traitent en conséquence, et finiraient par vous emporter sur leurs épaules si on les laissait faire; des familles ont été séparées ainsi sur le port de Livourne, et n'ont pu se réunir qu'à Florence.

On a beau monter dans un fiacre, ils sautent devant, dessus, derrière, et à la porte de l'hôtel on se retrouve, comme sur le port, au milieu de huit ou dix drôles qui n'en crient que plus fort pour avoir attendu.

Il est bon de dire alors qu'on vient à Livourne pour affaire de commerce, que l'on compte y passer huit jours. Il faut en conséquence demander au gardien de l'hôtel, devant les honorables industriels dont vous voulez vous débarrasser, s'il y a un appartement libre pour une semaine; alors quelquefois ils vous croient, abandonnent la proie qu'ils comptent rattraper plus tard, et retournent à toutes jambes au port pour happer d'autres voyageurs, et vous êtes libre.

Cela n'empêche point qu'en sortant une heure après, on trouve une ou deux sentinelles à la porte. Ceux-là sont les familiers de l'hôtel; ils ont été prévenus par le garçon, auquel ils ont fait une remise à cet effet, que ce n'est point dans huit jours que vous partez, mais le jour même ou le lendemain.

Il faut se hâter de rentrer avec ceux-là. Si on avait l'imprudence de sortir, cinquante de leurs confrères accourraient à leurs cris, et la scène du port recommencerait.

Ils demanderont dix piastres par voiture; soixante francs pour faire seize lieues! Il faut leur en offrir cinq, et encore à la condition qu'on changera trois fois de chevaux et qu'on

---

(1) De là la dénomination d'arts majeurs et d'arts inférieurs qu'on retrouve si souvent dans l'histoire de Florence. Les arts majeurs étaient:

1° Les jurisconsultes; 2° les marchands de drap étranger; 3° les banquiers; 4° les fabricans de laine; 5° les médecins; 6° les fabricans de soie et merciers; 7° les pelletiers.

Les arts mineurs étaient:

1° Les détailleurs; 2° les bouchers; 3° les cordonniers; 4° les maçons et les charpentiers; 5° les ferriers et les serruriers.

(2) Dis-moi cependant, dis-moi, et puisses-tu retourner dans le monde de la lumière, dis-moi pourquoi ce peuple est si cruel envers les miens, qu'il les poursuit encore dans chacune de ses lois. — Et moi je répondis : ce grand carnage qui teignit les eaux de l'Arbia en rouge, leur conseille ces tristes résolutions. — Et lui, en secouant la tête : Je n'étais pas seul à la bataille, dit-il, et ce serait justice, et ce me semble, de me traiter comme les autres. Mais j'étais seul à l'assemblée où l'on décida que Florence serait détruite, et seul je la défendis à visage découvert.

ne changera pas de voiture. Ils jetteront les hauts cris; on les mettra à la porte. Au bout de dix minutes, il en rentrera un par la fenêtre, et on fera prix avec lui pour trente francs.

Ce prix fait, vous êtes sacré pour tout le monde; en cinq minutes, le bruit se répand que vous êtes accordé. Vous pouvez dès lors aller partout où bon vous semblera, chacun vous salue et vous souhaite un bon voyage; vous vous croiriez au milieu du peuple le plus désintéressé de la terre.

A l'heure dite, le *legno* est à la porte. En Italie, le mot *legno* s'applique à tout ce qui transporte; c'est aussi bien une barque qu'un carrosse à six chevaux, un cabriolet qu'un bateau à vapeur : *legno* est le mâle de *robba*, *legno* et *robba* sont le fond de la langue. Le *legno* est une infâme brouette; il ne faut point y faire attention : il n'y en a pas d'autres dans les écuries du *padrone*. D'ailleurs on n'y sera pas plus mal que dans une diligence. La seule question dont il reste à s'occuper, est celle de la *buona mano*, c'est-à-dire du pourboire.

C'est là une grande affaire, et elle demande à être conduite sagement. Du *pourboire* dépend le temps qu'on restera en voyage; ce temps varie au gré du cocher, de six à douze heures. Un prince russe de nos amis, qui avait oublié de se faire donner des renseignemens à ce sujet, est même resté vingt-quatre heures en route, et a passé une fort mauvaise nuit.

Voici l'histoire; nous reviendrons ensuite à la *buona mano*.

Le prince C... était arrivé avec sa mère et un domestique allemand à Livourne. Comme tout voyageur qui arrive à Livourne, il avait cherché aussitôt les moyens de partir le plus vite possible. Or, ainsi que nous l'avons dit, les moyens viennent au devant de vous, il ne s'agit que de savoir en faire usage.

Les *vetturini* avaient su des *facchini* qui avaient porté les malles qu'ils avaient affaire à un prince. En conséquence, ils lui avaient demandé douze piastres au lieu de dix; et de son côté, au lieu de leur en offrir cinq, le prince leur avait répondu : — C'est bon, je vous donnerai douze piastres; mais je ne veux pas être ennuyé à chaque relai par les cochers, et vous vous chargerez de la *buona mano*. — *Va bene,* avait répondu le *vetturino.* En conséquence, le prince C... avait donné ses douze piastres, et le legno était parti au galop, l'emportant, lui et toute sa robba. Il était neuf heures du matin; selon son calcul, le prince devait être à Florence vers trois ou quatre heures de l'après-midi.

A un quart de lieue de Livourne, les chevaux s'étaient ralenti tout naturellement et avaient pris le pas. Quant au cocher, il s'était mis à chanter sur son siége, ne s'interrompant que pour causer avec ses connaissances; mais bientôt, comme on cause mal en marchant, il s'arrêta toutes les fois qu'il trouva l'occasion de causer.

Le prince supporta ce manége pendant une demi-heure ou trois quarts d'heure; mais, au bout de ce temps, calculant qu'il avait fait à peu près un mille, il mit la tête à la portière, en criant dans le plus pur toscan : *Avanti! avanti! tirate via.*

— Combien donnerez-vous de bonne main? demanda le cocher dans le même idiome.

— Que venez-vous me parler de bonne main? dit le prince. J'ai donné douze piastres à votre maître, à condition qu'il se chargerait de tout.

— La bonne main ne regarde pas les maîtres, répondit le cocher. Combien donnerez-vous de bonne main?

— Pas un sou, j'ai payé.

— Alors, s'il plaît à Votre Excellence, nous irons au pas.

— Comment, nous irons au pas; mais votre maître s'est engagé à me conduire en six heures à Florence.

— Où est le papier? demanda le cocher.

— Le papier? Est-ce qu'il y avait besoin de faire un papier pour cela?

— Vous voyez bien que, si vous n'avez pas de papier, vous ne pouvez pas me forcer.

— Ah! je ne puis pas te forcer, dit le prince.

— Non, Votre Excellence.

— Eh bien! c'est ce que nous allons voir.

— C'est ce que nous allons voir, répéta tranquillement le cocher; et il remit son attelage au pas.

— Frantz, dit en saxon le prince à son domestique, descendez et donnez une volée à ce drôle.

Frantz descendit de la voiture sans faire la moindre observation, enleva le cocher de son siége, le rossa avec une gravité toute allemande, le remit sur son siége; puis, lui montrant le chemin : *Vor tcaests,* lui dit-il, et il se rassit près de lui.

Le cocher se remit en route; seulement il marcha un peu plus doucement qu'auparavant.

On se lasse de tout, même de battre un cocher. Le prince, convaincu que d'une façon ou de l'autre il finirait toujours par arriver, invita sa mère à s'endormir, et s'enfonçant dans son coin, il lui donna l'exemple.

Le cocher mit six heures pour aller de Livourne à Pontedera; c'était quatre heures de plus qu'il ne fallait; puis, arrivé à Pontedera, il invita le prince à descendre, en lui annonçant qu'il fallait changer de voiture.

— Mais, dit le prince, j'ai donné douze piastres à votre maître, à la condition expresse qu'on ne changerait pas de voiture.

— Où est le papier? demanda le cocher.

— Mais vous savez bien, drôle, que je n'en ai pas.

— Eh bien! si vous n'avez pas de papier, on changera de voiture.

Le prince avait grande envie de rosser cette fois le cocher lui-même; mais il vit aux mines de ceux qui entouraient la voiture que ce ne serait pas prudent. En conséquence, il descendit du legno; on jeta sa robba sur le pavé, et au bout d'une heure d'attente à peu près, on lui amena une mauvaise charrette disloquée, et deux chevaux qui n'avaient que le souffle.

En toute autre circonstance, le prince, qui est généreux à la fois comme un grand seigneur russe et comme un artiste français, aurait donné un louis de guides; mais il était tellement dans son droit que céder lui parut d'un mauvais exemple, et qu'il résolut de s'entêter. Il monta donc dans sa charrette, et comme le nouveau cocher était prévenu qu'il n'y avait pas de bonne main, il repartit au pas, au milieu des rires et presque des huées de tous les assistans.

Cette fois, les chevaux étaient si misérables que c'eût été conscience d'exiger qu'ils allassent autrement qu'au pas. Le prince mit donc six autres heures à aller de Pontedera à Empoli.

En entrant à Empoli, le cocher arrêta sa voiture et s'en vint à la portière.

— Son Excellence couche ici? dit-il au prince.

— Comment, je couche ici, est-ce que nous sommes à Florence?

— Non, Excellence; nous sommes à Empoli, une charmante ville.

— J'ai payé douze piastres à ton maître pour aller coucher à Florence et non à Empoli. J'irai coucher à Florence.

— Où est le papier, Excellence?

— Va-t'en au diable avec ton papier.

— Votre Excellence n'a pas de papier?

— Non.

— Bien, dit le cocher en remontant sur son siége.

— Que dis-tu? cria le prince.

— Je dis très bien, répondit le cocher en fouettant ses haridelles.

Et pour la première fois depuis Livourne, le prince se sentit emporté au petit trot.

L'allure lui parut de bon présage : il mit la tête à la portière. Les rues étaient pleines de monde et les fenêtres illuminées; c'était la fête de la madone d'Empoli, qui passe pour fort miraculeuse. En passant sur la grande place, il vit qu'on dansait.

Le prince était occupé à regarder ce monde, ces illuminations et ces danses, quand tout à coup il s'aperçut qu'il entrait sous une espèce de voûte; aussitôt la voiture s'arrêta.

— Où sommes-nous? demanda le prince.

— Sous la remise de l'auberge, Excellence.

— Pourquoi sous la remise?

— Parce que ce sera plus commode pour changer de chevaux.

— Allons! allons! dépêchons, dit le prince.

— *Subito*, répondit le cocher.

Le prince savait déjà qu'il y a certains mots dont il faut se défier en Italie, attendu qu'ils veulent toujours dire le contraire de ce qu'ils promettent. Cependant, voyant qu'on détachait les chevaux, il referma la glace de la voiture et attendit.

Au bout d'une demi-heure d'attente, il baissa la glace, et, se penchant hors de la voiture :

— Eh bien ? dit-il. Personne ne lui répondit.

— Frantz ! cria le prince, Frantz !

— Monseigneur, répondit Frantz en se réveillant en sursaut.

— Mais où diable sommes-nous donc?

— Je n'en sais rien, monseigneur.

— Comment, tu n'en sais rien ?

— Non ; je me suis endormi, et je me réveille.

— Oh ! mon Dieu ! s'écria la princesse, nous sommes dans quelque caverne de voleurs.

— Non, dit Frantz, nous sommes sous une remise.

— Eh bien ! ouvre la porte et appelle quelqu'un, dit le prince.

— La porte est fermée, répondit Frantz.

— Comment, fermée? s'écria à son tour le prince en sautant en bas de la voiture.

— Voyez plutôt, monseigneur.

Le prince secoua la porte de toutes ses forces, elle était parfaitement fermée. Le prince appela à tue-tête; personne ne répondit. Le prince chercha un pavé pour enfoncer la porte, il n'y avait pas de pavé.

Or, comme le prince était avant tout un homme d'un sens exquis, après s'être assuré qu'on ne pouvait pas ou qu'on ne voulait pas l'entendre, il résolut de tirer le meilleur parti possible de sa position, remonta dans la voiture, ferma les glaces, s'assura à tout hasard que ses pistolets étaient à sa portée, souhaita le bonsoir à sa mère, étendit ses jambes sur la banquette de devant et s'endormit. Frantz en fit autant sur son siége; il n'y eut que la princesse qui resta les yeux tout grands ouverts, ne doutant pas qu'elle ne fût tombée dans quelque guet-à-pens.

La nuit se passa sans alarmes. A sept heures du matin, on ouvrit la porte de la remise, et un voiturin parut à la porte avec deux chevaux :

— Eh ! n'y a-t-il pas ici des voyageurs pour Florence? demanda le voiturin avec un ton de bonhomie parfaite, et comme s'il faisait là une question toute naturelle.

Le prince ouvrit la portière et sauta hors de la voiture dans l'intention d'étrangler celui qui lui faisait cette question ; mais, voyant que ce n'était point son conducteur de la veille, il pensa qu'il pourrait bien châtier, sinon le bon pour le mauvais, du moins l'innocent pour le coupable ; il se contint donc.

— Où est le cocher qui nous a amenés ici? demanda-t-il tout pâle de colère, mais avec le plus grand sang-froid apparent, et répondant à une question par une autre question.

— Peppino, que Votre Excellence veut dire?

— Le cocher de Pontedera.

— Eh bien ! c'est Peppino.

— Alors où est Peppino ?

— Il est en route pour retourner chez lui.

— Comment? en route pour retourner chez lui ?

— Oui, oui. Comme c'était fête à Empoli, nous avons bu et dansé ensemble toute la nuit, et ce matin, il y a une heure, il m'a dit : Gaëtano, tu vas prendre les chevaux, et tu iras chercher deux voyageurs et un domestique qui sont sous la remise de la Croix d'Or ; tout est payé excepté la bonne main. Alors je lui ai demandé, moi, comment il se faisait qu'il y avait des voyageurs sous une remise, au lieu d'être dans une chambre. Ah bien ! ce sont des Anglais qu'il m'a dit, ils ont eu peur qu'on ne leur donne pas de draps blancs,

et ils ont mieux aimé coucher dans leur voiture. Comme je sais que les Anglais sont tous des originaux, j'ai dit : C'est bon. Alors j'ai vidé encore un *fiasco*, j'ai été chercher mes chevaux, et me voilà. Est-il de trop bonne heure ? Je reviendrai.

— Non, sacredieu ! dit le prince, attelez et ne perdons pas une minute ; il y a une piastre de bonne main si nous sommes dans trois heures à Florence.

— Dans trois heures, mon prince, dit le voiturin; oh! il ne faut pas tant que cela. Du moment qu'il y a une piastre de bonne main, j'espère bien que dans deux heures nous y serons.

— Dieu vous entende, mon brave homme! dit la princesse.

Le cocher tint parole : le prince sortit à sept heures sonnant d'Empoli, à neuf heures il descendait place de la Trinité.

Il avait mis juste vingt-quatre heures pour aller de Livourne à Florence.

Le premier soin du prince, après avoir déjeuné, car ni lui ni la princesse n'avaient mangé depuis la veille au matin, fut d'aller déposer sa plainte.

— Avez-vous un papier? demanda le chef du *buon governo*.

— Non, dit le prince.

— Eh bien ! je vous conseille de laisser la chose tomber à l'eau; seulement, la prochaine fois, ne donnez que cinq piastres au maître, et donnez une piastre et demie aux conducteurs; vous aurez cinq piastres et demie d'économie, et vous arriverez dix-huit heures plus tôt.

Depuis ce temps, le prince n'a pas manqué, chaque fois que l'occasion s'en est présentée, de suivre le conseil du président du *buon governo*, et il s'en est toujours bien trouvé.

La morale de ceci est, qu'en sortant de Livourne, il faut tirer sa montre, la mettre devant les yeux du cocher, et lui dire :

— Il y a cinq paoli de bonne main si nous sommes dans deux heures à Pontedera.

On y sera en deux heures.

On usera du même procédé en sortant de Pontedera et d'Empoli ; et, en six heures et demie au plus tard, on sera à Florence; on mettrait deux heures de plus en prenant la poste.

A moitié chemin de Livourne à Florence, s'élève comme une borne gigantesque la tour de San-Miniato-al-Tedesco.

San-Miniato-al-Tedesco est le berceau de la famille Bonaparte. C'est de cette aire qu'est partie cette volée d'aigles qui s'est abattue sur le monde; et, chose étrange! c'est à Florence, c'est-à-dire au pied de San-Miniato, que les Napoléon, grâce à l'hospitalité fraternelle du grand duc Léopold II, reviennent tous mourir.

Le dernier membre de la famille Bonaparte qui habita San-Miniato fut un vieux chanoine qui y mourut, je crois, en 1828; c'était un cousin de Napoléon. Napoléon fit tout ce qu'il put pour le décider à quitter son canonicat et accepter un évêché, mais il refusa constamment. En échange, il tourmenta toute sa vie l'empereur pour le décider à canoniser un de ses ancêtres; mais Bonaparte répondit à chaque fois que cette demande se renouvela, qu'il y avait déjà un saint Bonaparte, et que c'était assez d'un saint dans une famille.

Il ne se doutait pas à cette époque, et en faisant cette réponse, qu'il y aurait un jour un saint et un martyr du même nom.

Nous arrivâmes dans la capitale de la Toscane vers les dix heures du soir. Nous descendîmes dans le bel hôtel crénelé de madame Hombert ; et, comme nous comptions nous arrêter quelque temps à Florence, le lendemain nous nous mîmes en quête d'un logement en ville.

Le même jour nous en trouvâmes un dans une maison particulière, située *Porta alla Croce*.

Moyennant deux cents francs par mois, nous eûmes un palais, un jardin, avec des madones de Luca della Robbia, des grottes en coquillages, des berceaux de lauriers roses,

une allée de citronniers, et un jardinier qui s'appelait Dé-
métrius.

Sans compter que de notre balcon nous découvrions, sous
son côté le plus pittoresque, cette charmante petite basilique de San-Miniato-al Monte, les amours de Michel-Ange.
Comme on le voit, ce n'était pas cher.

FLORENCE.

Pendant l'été Florence est vide. Encaissée entre ses hau-
tes montagnes, bâtie sur un fleuve qui pendant neuf mois
ne roule que de la poussière, exposée sans que rien l'en ga-
rantisse à un soleil ardent que reflètent les dalles grisâtres
de ses rues et les murailles blanchies de ses palais, Florence, moins l'aria cattiva, devient comme Rome une vaste
étuve du mois d'avril au mois d'octobre; aussi y a-t-il deux
prix pour tout : prix d'été et prix d'hiver. Il va sans dire que
le prix d'hiver est le double du prix d'été; cela tient à ce qu'à
la fin de l'automne une nuée d'Anglais de tout rang, de tout
sexe, de tout âge, et surtout de toutes couleurs, s'abat sur
la capitale de la Toscane.

Nous étions arrivés dans le commencement du mois de
juin, et l'on préparait tout pour les fêtes de la Saint-Jean.

A part cette circonstance, où il est tout simple que la ville
tienne à faire honneur à son patron, les fêtes sont la grande
affaire de Florence. C'est toujours fête, demi-fête ou quart
de fête ; dans le moins de juin, par exemple, grâce à l'heureux accouchement de la grande-duchesse, qui eut lieu le
10 ou le 12, et qui par conséquent se trouva placé entre les
fêtes de la Pentecôte et de la Saint-Jean, il n'y eut que cinq
jours ouvrables. Nous étions donc arrivés au bon moment
pour voir les habitans, mais au mauvais pour visiter les édi-
fices, attendu que, les jours de fête, tout se ferme à midi.

Le premier besoin de Florence, c'est le repos. Le plaisir
même, je crois, ne vient qu'après, et il faut que le Florentin se fasse une certaine violence pour s'amuser. Il semble
que, lassée de ses longues convulsions politiques, la ville des
Médicis n'aspire plus qu'au sommeil fabuleux de la Belle
au bois dormant. Il n'y a que les sonneurs de cloches qui
n'ont de repos ni jour ni nuit. Je ne comprends point comment les pauvres diables ne meurent pas à la peine ; c'est
un véritable métier de pendu.

Il y a à Florence non-seulement un homme politique très-fort,
mais encore un homme du monde de beaucoup d'esprit, et
que Napoléon appelait un géant dans un entresol : c'est M. le
comte de Fossombroni, ministre des affaires étrangères et
secrétaire d'État. Chaque fois qu'on le presse d'adopter quelque innovation industrielle, ou de faire quelque changement
politique, il se contente de sourire et répond tranquillement:
Il mondo va da se; c'est-à-dire : Le monde va de lui-même.

Et il a bien raison pour son monde à lui, car son monde
à lui, c'est la Toscane, la Toscane où le seul homme de
progrès est le grand-duc. Aussi l'opposition que fait le
peuple est-elle une opposition étrange par le temps qui court.
Il trouve son souverain trop libéral pour lui, et il réagit
toujours contre les innovations que dans sa philanthropie
héréditaire il songe sans cesse à établir.

A Florence, en effet, toutes les améliorations sociales
viennent du trône. Le dessèchement des maremmes, l'opération du cadastre, le nouveau système hypothécaire, les
congrès scientifiques, et la réforme judiciaire, sont des idées
qui émanent de lui, et que l'apathie populaire, et la routine
démocratique, lui ont donné grand peine à exécuter. Der-
nièrement encore, il avait voulu régler les études universi-
taires sur le mode français, qu'il avait reconnu comme fort
supérieur au mode usité en Toscane.

Les écoliers refusèrent de suivre les cours des nouveaux
maîtres, et ils tirèrent si bien à eux, que l'enseignement retomba dans son ornière.

Florence est l'Eldorado de la liberté individuelle. Dans
tous les pays du monde, même dans la république des Etats-
Unis, même dans la république helvétique, même dans la république de Saint-Marin, les horloges sont soumises à une
espèce de tyrannie qui les force de battre à peu près en même
temps. A Florence, il n'en est pas ainsi; elles sonnent la
même heure pendant vingt minutes. Un étranger s'en plaignit à un Florentin : Eh ! lui répondit l'impassible Toscan,
que diable avez-vous besoin de savoir l'heure qu'il est?

Il résulte de cette apathie, ou plutôt de cette facilité de
vivre, toute particulière à Florence, qu'excepté la fabrica-
tion des chapeaux de paille, que les jeunes filles tissent tout
en marchant par les rues ou tout en voyageant par les grandes routes, l'industrie et le commerce sont à peu près nuls.
Et ici ce n'est point encore la faute du grand-duc ; tout
essai est encouragé par lui, soit de son argent, soit de sa faveur. A défaut de Toscans aventureux, il appelle des étrangers, et les récompense de leurs efforts industriels sans
exception aucune de nationalité. M. Larderel a été nommé
comte de Monte-Cerboli pour avoir établi une exploitation
de produits boraciques; M. Demidoff a été fait prince de
San-Donato pour avoir fondé une manufacture de soieries.
Et que l'on ne s'y trompe point, cela ne s'appelle pas vendre
un titre, cela s'appelle le donner, et le donner noblement,
pour le bien d'un pays tout entier.

On comprend qu'avec cette absence de fabriques indigènes, on ne trouve à peu près rien de ce dont on a besoin
chez les marchands toscans; les quelques magasins un peu
comfortablement organisés de Florence sont des magasins
français qui tirent tout de Paris; encore les élégans Florentins s'habillent-ils chez Blin, Humann ou Vaudeau, et les
lionnes Florentines se coiffent-elles chez mademoiselle Baudran.

Aussi à Florence faut-il tout aller chercher, rien ne vient
au devant de vous; chacun reste chez soi, toute chose demeure à sa place. Un étranger qui ne resterait qu'un mois dans
la capitale de la Toscane en emporterait une très-fausse idée.
Au premier abord, il semble impossible de se rien procurer
des choses les plus indispensables, ou celles qu'on se procure
sont mauvaises ; ce n'est qu'à la longue qu'on apprend, non
pas des habitans du pays, mais d'autres étrangers qui sont
depuis plus longtemps que vous dans la ville, où toute chose
se trouve. Au bout de six mois, on fait encore chaque jour
de ces sortes de découvertes; si bien que l'on quitte ordinairement la Toscane au moment où l'on allait s'y trouver à
peu près bien. Il en résulte que chaque fois qu'on y revient
on s'y trouve mieux, et qu'au bout de trois ou quatre voyages, on finit par aimer Florence comme une seconde patrie
et souvent par y demeurer tout à fait.

La première chose qui frappe, quand on visite cette ancienne reine du commerce, est l'absence de cet esprit com-
mercial qui a fait d'elle une des républiques les plus riches
et les plus puissantes de la terre. On cherche, sans la pouvoir trouver, cette classe intermédiaire et industrielle qui
peuple les rez-de-chaussées et les trottoirs des rues de Paris
et de Londres. A Florence, il n'y a que trois classes visibles : l'aristocratie, les étrangers et le peuple. Or, au premier coup d'œil, il est presque impossible de deviner comment et de quoi vit ce peuple. En effet, à part deux ou trois
maisons princières, l'aristocratie dépense peu et le peuple
ne travaille pas : c'est qu'à Florence l'hiver défraie l'été.
L'automne, vers l'époque où apparaissent les oiseaux de passage, des volées d'étrangers, Anglais, Russes et Français
s'abattent sur Florence. Florence connaît cette époque; elle
ouvre les portes de ses hôtels et de ses maisons garnies, et
y fait entrer pêle-mêle, Français, Russes et Anglais, et jusqu'au printemps elle les plume.

Ce que je dis est à la lettre, et le calcul est facile à faire.
Du mois de novembre au mois de mars, Florence compte un
surcroît de population de dix mille personnes; or, que chacune de ces dix mille personnes dépense, toutes les 24 heu-

res, trois piastres seulement, je cote au plus bas, trente mille piastres s'écoulent quotidiennement par la ville. Cela fait quelque chose comme cent quatre-vingt mille francs par jour ; soixante mille personnes vivent là dessus.

Aussi, c'est encore en ceci qu'éclate l'extrême sollicitude du grand-duc pour son peuple. Il a compris que l'étranger était une source de fortune pour Florence, et tout étranger est le bien venu à Florence : l'Anglais avec sa morgue, le Français avec son indiscrétion, le Russe avec sa réserve. Le premier janvier arrivé, le palais Pitti, ouvert tous les jours aux étrangers, à la curiosité desquels il offre sa magnifique galerie, s'ouvre encore une fois par semaine, le soir, pour leur donner des bals splendides. Là, tout homme que son ambassadeur juge digne de l'hospitalité souveraine est présenté, et noble ou savant, industriel ou artiste, reçu avec ce bienveillant sourire qui forme le caractère particulier de la physionomie pensive du grand-duc. Une fois présenté, l'étranger est invité pour toujours, et dès lors il vient seul à ces soirées princières, et cela avec plus de liberté qu'il n'irait à un bal de la Chaussée-d'Antin ; car, comme il est d'étiquette de point adresser la parole au grand-duc qu'il ne prenne l'initiative, et que, malgré son attentive affabilité, le grand-duc ne peut causer avec tout le monde, l'invité vient, boit, mange, et s'en va, sans être forcé de parler à personne ; c'est-à-dire, moins la carte, comme il ferait dans une magnifique hôtellerie.

Florence a donc deux aspects : son aspect d'été, son aspect d'hiver. Il faut en conséquence être resté un an à Florence, ou y être passé à deux époques opposées, pour connaître la ville des fleurs sous sa double face.

L'été, Florence est triste et à peu près solitaire : de huit heures du matin à quatre heures du soir, le vingtième de sa population à peine circule sous un soleil de plomb, dans ses rues aux portes et aux fenêtres fermées ; on dirait une ville morte, et visitée par des curieux seulement, comme Herculanum et Pompeia. A quatre heures, le soleil tourne un peu, l'ombre descend sur les dalles ardentes et le long des murailles rougies, quelques fenêtres s'entrebâillent timidement pour recueillir quelques souffles de brise. Les grandes portes s'ouvrent, les calèches découvertes en sortent toutes peuplées de femmes et d'enfans, et s'acheminent vers les *Cachines*. Les hommes, en général, s'y rendent à part, en tilbury, à cheval ou à pied.

Les *Cachines* (j'écris le mot comme il se prononce), c'est le bois de Boulogne de Florence, moins la poussière, et plus la fraîcheur. On s'y rend à la porte del Prato, en suivant une grande allée d'une demi-lieue à peu près, toute plantée de beaux arbres. Au bout de cette allée, se trouve un casino appartenant au grand-duc. Devant ce casino, une place qu'on appelle le Piazzonne ; quatre allées aboutissent à cette place, et offrent aux voitures des dégagemens parfaitement ménagés.

Les Cachines forment deux promenades : la promenade d'été, la promenade d'hiver. L'été, on se promène à l'ombre ; l'hiver au soleil ; l'été au Pré, l'hiver à *Longo-l'Arno*.

L'une et l'autre de ces promenades sont essentiellement aristocratiques ; le peuple n'y paraît même pas. Une des choses particulières encore aux Toscans, est cette distinction des rangs que les classes inférieures maintiennent avec soin, loin de chercher, comme en France, à les effacer éternellement.

La promenade d'été est un grand pré, d'un tiers de lieue de long à peu près et de cent pas de large, tout bordé, sur un côté, d'un rideau de grands arbres qui intercepte entièrement les rayons du soleil. Ces arbres, qui se composent de chênes verts, de pins, de hêtres garnis d'énormes lierres, sont des plus beaux que j'aie jamais vus, même dans les forêts de France et d'Allemagne ; c'est la remise d'une multitude de lièvres et de faisans qui se promènent pêle-mêle avec les promeneurs ; parmi ceux-ci on reconnaît les chasseurs : ils mettent le gibier en joue avec leurs cannes.

Au milieu de tout ce monde, et coudoyé par ceux qui ne le connaissent pas, vêtu avec une simplicité extrême, se promène le grand-duc accompagné de sa femme, de ses deux

filles, de sa sœur, et de la grande-duchesse douairière. Deux ou trois autres beaux enfans qui composent le reste de sa famille bondissent joyeusement à part sous la surveillance de leurs gouvernantes.

Le grand-duc est un homme de quarante à quarante-deux ans, aux cheveux déjà blanchis par le travail ; car le grand-duc, Toscan par le cœur, mais Allemand par l'esprit, travaille huit à dix heures par jour. Il porte habituellement, un peu inclinée, sur sa poitrine, sa tête que de dix pas en dix pas il relève pour saluer ceux qui passent. A chaque salut, sa figure calme et pensive s'éclaire d'un sourire plein d'intelligente bienveillance : ce sourire lui est particulier, et je ne l'ai vu qu'à lui.

La grande-duchesse lui donne ordinairement le bras : sa mise est simple, mais toujours parfaitement élégante. C'est une princesse de Naples, gracieuse comme sont en général les princesses de la maison de Bourbon, et qui serait belle partout, car sa beauté n'a point de type particulier ; c'est quelque chose à la fois de bon et de distingué : ses épaules et ses bras surtout pourraient servir de modèle à un statuaire.

Les deux jeunes princesses viennent derrière, causant presque toujours avec la grande-duchesse douairière qui a fait leur éducation, ou avec leur tante. Elles sont filles d'un premier mariage, ce qui se voit facilement, la grande-duchesse ayant l'air de leur sœur aînée. Elles sont belles toutes deux de cette beauté allemande dont le caractère principal est la douceur. Seulement, la taille frêle de l'aînée donne quelques craintes, dit-on, à la sollicitude paternelle. Mais Florence est une bonne et douce mère, Florence la bercera si bien à son beau soleil qu'elle la guérira.

Il y a quelque chose de touchant et de patriarcal à voir une famille souveraine mêlée ainsi à son peuple, s'arrêtant de vingt pas en vingt pas, pour causer avec les pères et pour embrasser les enfans. Cette vue me reportait en souvenir à notre pauvre famille royale, enfermée dans son château des Tuileries comme dans une prison, et tremblante, chaque fois que le roi sort, à l'idée que ses six chevaux, si rapide que soit leur galop, pourraient ne ramener qu'un cadavre.

Pendant qu'on se promène, les voitures attendent dans les allées adjacentes. Vers les six heures, chacun remonte dans la sienne, et, les cochers reprennent d'eux-mêmes, et sans qu'on leur dise, le chemin du Piazzonne ; là, ils s'arrêtent sans qu'on ait même besoin de leur faire signe.

C'est que le Piazzonne de Florence offre ce que n'offre peut-être aucune autre ville : une espèce de cercle en plein air, où chacun reçoit et rend ses visites ; il va sans dire, que les visiteurs sont les hommes. Les femmes restent dans les voitures, les hommes vont de l'une à l'autre, causent à la portière, ceux-ci à pied, ceux-là à cheval, quelques-uns plus familiers montés sur le marchepied.

C'est là que la vie se règle, que les coups d'œil s'échangent, que les rendez-vous se donnent.

Au milieu de toutes ces voitures passent des fleuristes vous jetant des bouquets de roses et de violettes, dont elles iront le lendemain matin, au café, demander le prix aux hommes en leur présentant un œillet. Au reste, ce lendemain venu, paie qui veut, les fleurs ne sont pas cher à Florence. Florence est le pays des fleurs ; demandez plutôt à Benvenuto Cellini.

On reste là jusqu'à huit heures. A huit heures, un léger brouillard s'élève au fond du pré. Ce brouillard, c'est la source de tout mal ; il renferme la goutte, les rhumatismes, la cécité ; sans ce brouillard, les Florentins seraient immortels. C'est ainsi qu'ils ont été punis, eux, du péché de notre premier père : aussi, à la vue de ce brouillard, chaque groupe se disperse, chaque colloque s'interrompt, chaque voiture détale, il ne reste que les trois ou quatre calèches d'étrangers, qui, n'étant pas du pays, ne connaissent pas ce formidable brouillard, ou qui le connaissant n'en ont cure pour eux.

A neuf heures, les retardataires quittent le *Piazzonne* et reviennent à leur tour vers la ville. A la porte del Prato, ils trouvent un second cercle : le brouillard ne vient pas jusque là. De la porte del Prato on le brave, on le nargue ; la chaleur que le soleil a communiquée aux pierres des remparts, et qu'elle conserve une partie de la nuit, le repousse. On reste là jusqu'à dix heures et demie ; seulement à dix heures les gens économes quittent la partie : à dix heures, la herse se baisse, et il faut donner dix sous pour la faire 'lever.

A onze heures, presque toujours les Florentins sont rentrés chez eux, à moins qu'il n'y ait fête chez la comtesse Nencini. Les étrangers seuls restent à courir la ville au clair de lune, jusqu'à deux heures du matin.

Mais s'il y a fête chez la comtesse Nencini, tout le monde s'y porte.

La comtesse Nencini a été une des plus belles femmes de Florence, et en est restée une des plus spirituelles : c'est une Pandolfini, c'est-à-dire une des plus grandes dames de la Toscane. Le pape Jules II a fait don à un de ses aïeux d'un charmant palais bâti par Raphaël. C'est dans ce palais qu'elle habite, et dans le jardin attenant qu'elle donne ses fêtes ; elles ont lieu les quatre dimanches de juillet. Chacun sait cela, chacun les attend, chacun s'y prépare ; si bien que, bon gré mal gré, elle est forcée de les donner ; il y aurait émeute si elle ne les donnait pas.

C'est qu'aussi ces quatre fêtes de nuit sont bien les plus charmantes fêtes qui se puissent voir. Qu'on se figure un délicieux palais, ni trop grand ni trop petit, comme chacun voudrait en avoir un, qu'on soit prince ou artiste, meublé avec un goût parfait, des plus beaux meubles de caprice qu'il y ait dans tout Florence, illuminé *a giorno*, comme on dit en Italie, et s'ouvrant par toutes ses portes et par toutes ses fenêtres sur un jardin anglais, dont chaque arbre porte, au lieu de fruits, des centaines de lanternes de couleur. Sous tous les berceaux de ce jardin, des groupes de chanteurs ou d'instrumentistes, et dans les allées cinq cents personnes qui se promènent, et qui vont tour à tour alimenter un bal, qu'on voit bondir joyeusement de loin dans une serre pleine d'orangers et de camélias.

A part quelques concerts à la Philharmonique, quelques soirées improvisées par un anniversaire de naissance ou une fête patronale, quelques représentations extraordinaires d'opéra à la Pergola, ou de prose au Cocomero, voilà Florence l'été quant à l'aristocratie. Quant au peuple, il a les églises, les processions, les promenades au Parterre, et ses causeries dans les rues et à la porte des cafés qui ne se ferment ni jour ni nuit ; s'accrochant au reste à tout ce qui a l'apparence d'une fête, avec un laisser-aller plein de paresse et de bonhomie ; saisissant chaque plaisir qui passe sans s'inquiéter de le fixer, et le quittant comme il l'a pris pour en attendre un autre. Un soir, nous entendîmes un grand bruit ; deux ou trois musiciens de la Pergola, en sortant du théâtre, avaient eu l'idée de s'en aller chez eux en jouant une valse ; la population éparse par les rues s'était mis à les suivre en valsant. Les hommes qui n'avaient point trouvé de danseuses valsaient entre eux. Cinq ou six cents personnes prirent ainsi le plaisir du bal depuis la place du Dôme jusqu'à la porte du Prato où demeurait le dernier musicien ; le dernier musicien rentré chez lui, les valseurs revinrent bras dessus, bras dessous, en chantant l'air sur lequel ils avaient valsé.

LA PERGOLA.

L'hiver, Florence prend un aspect tout particulier ; c'est une ville de bains, moins les eaux. La température se divise en deux phases bien distinctes et presque toujours parfaitement tranchées : ou il fait un soleil magnifique, ou il pleut à torrens. Ce temps couvert, brumeux et humide, qui fait le fond de notre atmosphère trois ou quatre mois de l'année, y est à peu près inconnu.

S'il fait beau, à une heure, toutes les voitures sortent, moins les voitures florentines, dont les maîtres craignent fort les variations hivernales, et se dirigent vers les Cachines. On ne s'aperçoit pas de l'absence des Florentins, car les voitures étrangères suffisent pour défrayer le Longchamps quotidien ; seulement, au lieu de descendre au Pré et à l'ombre, on laisse aux lièvres et aux faisans cette promenade trop froide et trop humide, et l'on descend *Longo-l'Arno*.

Longo-l'Arno est, comme l'indique son nom, une promenade le long de l'Arno. A gauche, on a le fleuve ; à droite, le rideau de chênes verts, de pins et de lierre, qui sépare cette promenade.

C'est là qu'on vient boire, au lieu d'une eau thermale infecte, ce doux soleil d'Italie, toujours tiède et souriant. Comme le chemin est très étroit, on se coudoie comme dans le passage de l'Opéra ou de la rue de Choiseul ; seulement, la population y est étrangement variée : chaque groupe qui vous croise ou que l'on dépasse parle une langue différente. Là cependant, contre leur habitude, les Anglais ne sont pas en majorité, les Russes l'emportent ; ce qui est une grande consolation pour les Français, qui peuvent se croire encore, en oubliant ce beau soleil et ce magnifique horizon de montagnes tout parsemé de villas, au milieu de la meilleure et de la plus élégante société des Tuileries.

Parmi ces nombreux promeneurs, mais seulement plus pressé, plus coudoyé, plus *saluant* que les autres, passe le grand-duc et sa famille ; toute sa garde consiste en deux ou trois valets qui le suivent d'assez loin pour ne pas entendre la conversation.

De Longo-l'Arno, on revient faire la station obligée au Piazzone. Là seulement on retrouve bravant ce qu'ils appellent les rigueurs de la saison, quelques Florentins francisés, trop amoureux pour craindre le froid, ou trop jeunes pour craindre les rhumatismes. Quant aux Florentines, il est rare d'en apercevoir plus de deux ou trois dans les plus beaux jours, encore ne font-elles qu'une station d'un instant, et juste ce qu'il faut pour prendre quelques petits arrangemens indispensables pour le soir, pour la nuit ou pour le lendemain.

C'est à la Pergola qu'on se retrouve. La Pergola, ce sont les Bouffes de Florence. Tout ce qu'il y a de Florentins ou d'étrangers dans la capitale de la Toscane, du mois d'octobre au mois de mars, loge à la Pergola ; c'est une chose dont on ne peut pas se dispenser. Dînez à table d'hôte, ou au restaurant de la Lune, mangez chez vous du macaroni et du *baccala*, personne ne s'en occupe, c'est votre affaire ; mais ayez une loge à l'un des trois rangs nobles, c'est l'affaire de tout le monde. Une loge et une voiture sont *les indispensabilités* de Florence. Qui a loge et voiture est un grand seigneur, qui n'a ni loge ni voiture, s'appelât-il Rohan ou Corsini, Poniatowski ou Noailles, n'est qu'un croquant. Réglez-vous là-dessus ; et, si vous venez à Florence, faites la bourse de la loge et de la voiture, comme en allant de Rome à Naples on fait la bourse des voleurs.

Au reste, voitures et loges ne sont pas cher, à Florence ; on a une voiture au mois pour deux cent cinquante francs, et une loge à la saison pour cent piastres. Ajoutez à cela que la loge à la Pergola vaut quatre fois son prix, non point pour le spectacle, personne ne s'occupe du spectacle à Florence ; mais pour la salle, j'entends par salle les spectateurs.

En effet, c'est à la Pergola que se croisent tous les feux de la coquetterie féminine. Là, comme à la promenade, les Florentines sont en minorité. La majorité se compose d'étrangères qui arrivent de Paris, de Londres et de Saint-Pétersbourg, espérant écraser leurs rivales sous le poids de tout ce qu'il y a de plus nouveau dans les trois capitales. Les Françaises, avec leur élégance simple ; les Anglaises, avec leurs plumes sans fin et leurs robes aux couleurs voyantes et criardes ; les Russes, avec leurs rivières de diamans et leurs fleuves de turquoises. Mais les Florentines ont de quoi faire face à tout ; elles tirent des vieilles armoires sculptées de leurs ancêtres, des flots de guipures, de point et d'Angleterre, des poignées de diamans princiers ou pontificaux transmis de pères en fils, de ces riches étoffes de brocard comme Véronèse en met à ses rois mages ; elles écrivent à mademoiselle Baudran de leur envoyer tout ce qu'elle chiffonnera pendant l'hiver, et elles attendent tranquillement le résultat de la campagne. Il en résulte qu'il y a peu de grandes capitales où l'on rencontre un luxe de toilette pareil à celui de Florence.

On comprend ce que devient le pauvre Opéra, au milieu de si graves intérêts : les lorgnettes vont d'une loge à l'autre ; vers la scène jamais. A moins qu'on ne joue quelque opéra nouveau et inconnu, on cause à peu près pendant tout le temps qu'il dure. Je ne connais que *Robert-le-Diable* qui soit venu mettre, pendant trente ou quarante représentations de suite, une trêve de Dieu entre les combattans.

En échange, on écoute religieusement le ballet ; il se compose de sixièmes ou septièmes danseuses parisiennes, mais ces demoiselles remédient à la faiblesse de leur talent par le peu de longueur de leurs robes. Elles dansent comme cela se trouve, tantôt sur la plante du pied, tantôt sur le talon, rarement sur la pointe, estropiant les pas, manquant les équilibres, mais raccommodant tout avec une pirouette. Une pirouette, c'est le fond de la danse, comme *legno* et *roba* sont le fond de la langue : plus elle dure, plus elle est applaudie. Aussi a-t-il peu de toupies et de tontons qui puissent rivaliser avec les danseuses florentines. Elles lasseraient un faquir.

Malheureusement le danseur est encore fort à la mode dans les ballets de la Pergola, et il ne le cède aux femmes, ni en mines gracieuses ni en pirouettes prolongées ; c'est peut-être très beau comme art, mais c'est certainement fort laid comme réalité.

Une autre singularité de la Pergola, c'est le privilége qu'ont les tanneurs, les corroyeurs, et en général tous les manipuleurs de cuir, de venir se casser le cou pour le plus grand plaisir des spectateurs. A quelle époque remonte ce privilége ? quelle circonstance y a donné lieu ? quelle belle action est-il chargé de récompenser ? C'est ce que j'ignore, mais le privilége existe, voilà le fait. En conséquence, pourvu qu'ils s'habillent à leur compte, ces étranges comparses peuvent venir figurer gratis, chose à laquelle ils ne manquent pas, tandis qu'on a toutes les peines du monde à avoir d'autres figurans payés. En vertu du même privilége, ils ne se mêlent point avec le vulgaire, ils entrent à part, restent entre eux, s'emparent d'un intermède tout entier, et exécutent des groupes, des combats et des cabrioles pareils à ceux des alcides, moins la force, et à ceux des bédouins moins la légèreté. Ces groupes, ces combats et ces cabrioles, au reste, sont toujours fort applaudis, et l'honorable corporation des tanneurs et corroyeurs emporte sa bonne part des applaudissemens de la soirée.

Parfois, au milieu d'une cavatine ou d'un pas de deux, une cloche au son aigu et déchirant se fait entendre : c'est la cloche de la Miséricorde. Écoutez bien : si elle sonne un coup, c'est pour un accident ordinaire ; si elle sonne deux coups, c'est pour un accident grave ; si elle sonne trois coups, c'est pour un cas de mort. Alors vous voyez les loges s'éclaircir, et il arrive souvent que celui avec qui vous causez, s'il est Florentin, s'excuse de vous laisser au milieu de la conversation, prend son chapeau et sort. Vous vous informez de ce que veut dire cette cloche et d'où vient l'effet qu'elle produit. Alors on vous répond que c'est la cloche de la Miséricorde, et que celui avec qui vous causiez étant frère de cet ordre, il se rend à son pieux devoir.

La confrérie de la Miséricorde est une des plus belles institutions qui existent au monde. Fondée en 1244, à propos des fréquentes pestes qui désolèrent le dix-huitième siècle, elle s'est perpétuée jusqu'à nos jours sans altération aucune, sinon dans ses détails, du moins dans son esprit. Elle se compose de soixante-douze frères, dits chefs de garde, lesquels sont de service tous les quatre mois. Ces soixante-douze frères sont divisés ainsi : dix prélats ou prêtres gradués, vingt prélats ou prêtres non gradués, quatorze gentilshommes et vingt-huit artistes. A ce noyau primitif, re-

présentant les classes aristocratiques et les arts libéraux, sont adjoints cent cinq journaliers pour représenter le peuple.

Le siége de la confrérie de la Miséricorde est place du Dôme. Chaque frère y a, marquée à son nom, une cassette renfermant une robe noire pareille à celle des pénitens, avec des ouvertures seulement aux yeux et à la bouche, afin que sa bonne action ait encore le mérite de l'incognito. Aussitôt que la nouvelle d'un accident quelconque parvient au frère qui est de garde, la cloche d'alarme sonne selon la gravité du cas, un, deux ou trois coups, et, au son de cette cloche, tout frère, quelque part qu'il se trouve, doit se retirer à l'instant même et courir au rendez-vous. Là il apprend quel est le malheur qui l'appelle où la souffrance qui le réclame, revêt sa robe, se coiffe d'un grand chapeau, prend un cierge à la main et va partout où une voix gémit. Si c'est un blessé, on le porte à l'hôpital ; si c'est un mort, on le porte à la chapelle ; grand seigneur et homme du peuple alors, vêtus de la même robe, s'attèlent à la même litière, et le chaînon qui réunit ces deux extrémités sociales est un pauvre malade qui, ne les connaissant ni l'un ni l'autre, prie également pour tous deux.

Puis quand les frères de la Miséricorde ont quitté la maison, les enfans dont ils viennent d'emporter le père, la femme dont ils viennent d'emporter le mari, n'ont qu'à regarder autour d'eux, et toujours sur quelque meuble vermoulu, ils trouveront une pieuse aumône déposée par une main inconnue.

Le grand-duc fait partie de l'association des frères de la Miséricorde, et l'on assure que plus d'une fois, à l'appel de la cloche fatale, il lui est arrivé de revêtir cet uniforme de l'humanité, et pénétrer inconnu, côte à côte d'un ouvrier, jusqu'au chevet de quelque pauvre mourant, chez lequel, après son départ, sa présence n'était trahie que par le secours qu'il avait laissé.

Les frères de la Miséricorde doivent encore accompagner les condamnés à l'échafaud ; mais comme depuis l'avénement au trône du grand-duc Ferdinand, père du souverain actuellement sur le trône, la peine de mort est à peu près abolie, ils sont délivrés de cette pénible partie de leurs fonctions.

Son devoir rempli, chaque frère revient place du Dôme, dépose dans la maison miséricordieuse robe, cierge, chapeau, et retourne à ses affaires ou à ses plaisirs, presque toujours allégé de quelque *francesconi*.

Revenons à la Pergola, dont nous a, pour un instant, écarté la cloche de la Miséricorde.

Le ballet fini, on chante le second acte, car en Italie, pour donner aux chanteurs le temps de se reposer, le ballet s'exécute entre les deux actes. Comme en général on s'occupe très peu de l'opéra, personne ne se plaint de cette solution de continuité, les étrangers seuls s'en étonnent d'acord, mais bientôt ils s'y accoutument ; d'ailleurs on n'habite pas trois mois Florence sans être déjà aux trois quarts toscanisé.

Florence est en tout temps ce qu'était Venise du temps de Candide, le rendez-vous des rois détrônés. A la première représentation des *Vêpres Siciliennes*, j'ai vu à la fois dans la salle : le comte de Laint-Leu, ex-roi de Hollande, le prince de Montfort, ex-roi de Westphalie, le duc de Lucques, ex-roi d'Étrurie, madame Christophe, ex-reine de Haïti, le prince de Syracuse, ex-vice-roi de Sicile, et peu s'en était fallu encore que cette illustre société de têtes découronnées ne fût complétée par Christine, l'ex-régente d'Espagne.

Il est vrai que l'opéra qu'on représentait était du prince Poniatowski, dont l'ancêtre était roi de Pologne.

Comme on le voit, la Toscane a enlevé à la France le privilége d'être l'asile des rois malheureux.

Après la Pergola, il y a toujours quelque soirée russe, anglaise ou florentine, où l'on va continuer sa nuit et achever une conversation commencée aux Cachines ou à la Pergola.

Voilà ce qu'est à Florence l'hiver pour l'aristocratie.

Quant au peuple toscan, plus heureux que le peuple parisien, l'hiver n'est pas pour lui une saison où il a froid et où il a faim ; c'est, comme pour la noblesse au contraire, une époque de plaisir. Comme les grands seigneurs, il a deux théâtres d'opéra, auxquels il va moyennant cinq sous, et où il entend du Mozart, du Rossini et du Meyerbeer, et de plus que les grands seigneurs, il a son Stentarello qu'il va applaudir pour deux crazi.

Stentarello est à Florence ce que Jocrisse est à Paris, ce que Cassandre est à Rome, ce que Polichinelle est à Naples et ce que Girolamo est à Milan, c'est-à-dire le comique national, éternel et inamovible, qui depuis trois cents ans a le privilège de faire rire les ancêtres, et qui trois cents ans encore, selon toute probabilité, aura l'honneur de faire rire les descendans. Stentarello enfin est de cette illustre famille des queues rouges, qui, à mon grand regret, a disparu en France au milieu de nos commotions politiques et de nos révolutions littéraires. Aussi va-t-on quelquefois en débauche à Stentarello comme on va à Paris aux Funambules.

Ce qui frappe encore à Florence, comme une coutume toute particulière à la ville, c'est l'absence du mari. Ne cherchez pas le mari dans la voiture ou dans la loge de sa femme, c'est inutile, il n'y est pas. Où est-il? Je n'en sais rien; dans quelque autre loge ou dans quelque autre voiture. A Florence, le mari possède l'anneau de Gygès, il est invisible. Il y a telle femme de la société que je rencontrais trois fois par jours pendant six mois, et qu'au bout de ce temps je croyais veuve, lorsque par hasard, dans la conversation, j'appris qu'elle avait un mari, que ce mari existait bien réellement et demeurait dans la même maison qu'elle. Alors je cherchai le mari, je le demandai à tout le monde, je m'entêtai à le voir. Peine perdue, il fallut partir de Florence sans avoir eu l'honneur de faire sa connaissance, espérant être plus heureux à un autre voyage.

Il n'en est point ainsi, au reste, pour les jeunes ménages: tout une génération s'avance qui s'écarte, sous ce point de vue, des traditions paternelles, et l'on cite, comme remontant à vingt-cinq ans, le dernier contrat de mariage où fut inscrite par les parens de la mariée cette étrange réserve qu'ils faisaient à leur fille du droit de choisir un *cavalier servant*.

Puisque voilà le mot lâché, il faut bien parler un peu du cavalier servant; d'ailleurs, si je n'en disais rien, on croirait peut-être qu'il y a trop à en dire.

Dans les grandes familles où les alliances, au lieu d'être des mariages d'amour, sont presque toujours des unions de convenances, il arrive, après un temps plus ou moins long, un moment de lassitude et d'ennui où le besoin d'un tiers se fait sentir: le mari est maussade et brutal, la femme est revêche et boudeuse; les deux époux ne se parlent plus que pour échanger des récriminations mutuelles; ils sont sur le point de se détester.

C'est alors qu'un ami se présente. La femme lui narre ses douleurs; le mari lui conte ses ennuis; chacun rejette sur lui une part de ses chagrins, et se sent soulagé de cette part dont il vient de charger un tiers; il y a déjà amélioration dans l'état des parties.

Bientôt le mari s'aperçoit que son grand grief contre sa femme était l'obligation contractée tacitement par lui de la mener partout avec lui; la femme, de son côté, commence à s'apercevoir que la société où la conduit son mari ne lui est insupportable que parce qu'elle est forcée d'y aller avec lui. Quand on en est là de chaque côté, on est bien près de se comprendre.

C'est alors que le rôle de l'ami se dessine: il se sacrifie pour tous deux; le dévoûment est sa vertu. Grâce à son dévoûment, le mari peut aller où il veut sans sa femme. Grâce à son dévoûment, la femme reste chez elle sans trop d'ennui; le mari revient en souriant et trouve sa femme souriante. A qui l'un et l'autre doivent-ils ce changement d'humeur? à l'ami; mais l'ami réduit à ce rôle pourrait bien s'en lasser, et on retomberait dans la position première, position reconnue parfaitement intolérable. Le mari a de vieux droits dont il ne se soucie plus et dont il ne sait que faire; il ne veut pas les donner, mais un à un il se les laisse prendre. A mesure que l'ami se substitue à lui, il se sent plus à son aise dans sa maison; l'ami devient cavalier servant en titre,

et le triangle équilatéral s'établit ainsi tout doucement à la satisfaction de chacun.

Ceci n'est point l'histoire de l'Italie particulièrement, c'est l'histoire de tous les pays du monde; seulement dans tous les pays du monde on le cache par hypocrisie ou par orgueil; en Italie, on le laisse voir par habitude et par insouciance.

Mais ce qui n'arrive qu'en Italie, par exemple, c'est que cette liaison devient le véritable mariage, et que presque toujours la fidélité trahie envers le premier est gardée au second. En effet, une fois la dame et son cavalier liés ainsi l'un à l'autre, plus cet arrangement a été public, plus il devient nécessairement durable. Maintenant, ne vaut-il pas mieux prendre publiquement un amant et le garder toute sa vie, que d'en changer clandestinement tous les huit jours, tous les mois, ou même tous les ans, comme c'est l'habitude dans un autre pays que je connais et que je ne nomme pas.

Mais les maris italiens, quels figures font-ils?

A ceci je répondrai par un petit dialogue:

— M. de ***, disait l'empereur à l'un de ses courtisans, on m'assure que vous êtes cocu; pourquoi ne me l'avez-vous pas dit?

— Sire, répondit M. de ***, parce que j'ai cru que cela n'intéressait ni mon honneur ni celui de Votre Majesté.

Les maris italiens sont de l'avis de M. de ***.

Malheureusement, ce petit arrangement intérieur, que je trouve pour mon compte, du moment que cela convient aux trois intéressés, tout simple, tout naturel, et je dirai presque tout moral, ne s'exécute qu'aux dépens de l'hospitalité. En effet, on comprend combien doit être gênant, plongeant du salon à l'alcôve, le coup d'œil investigateur d'un étranger, et surtout d'un Français, qui, avec sa légèreté et son indiscrétion habituelles, s'en ira, Florence à peine quittée, remercier par la publicité de leur vie privée les familles qui, sur la recommandation d'un ami, l'auront accueilli comme un ami. Lui, inconnu, n'aura cependant passé chez ceux qui l'ont reçu ainsi, que pour laisser le trouble en remerciement des gracieuses et attentives politesses qu'il en a réclamées. Il en résulte, oui, cela est vrai, que l'étranger, admirablement accueilli d'abord, ou sur la foi de son nom seul, ou sur la lettre qui lui sert d'introduction, après les invitations ordinaires aux dîners et aux bals, sent l'intimité se fermer devant lui, et demeurât-il un an à Florence, reste presque toujours un étranger pour les Florentins. De là, absence complète de ces bonnes et longues causeries auprès du feu, où, après toute une soirée passée à bavarder, on s'en va ignorant parfaitement ce qu'on a pu dire, mais sachant, par l'envie même qu'on a de les renouveler le lendemain, qu'on ne s'y est point ennuyé un instant.

Mais, encore une fois, si cela est ainsi, la faute n'en est certes pas aux Florentins, mais à l'indiscrétion, et je dirai presque à l'ingratitude française.

SAINTE-MARIE-DES-FLEURS.

Notre premier soin, en arrivant à Florence, avait été de déposer aux palais Corsini, Poniatowski et Martellini, les lettres de recommandation que nous avions pour leurs illustres maîtres. Le même jour des cartes nous étaient envoyées, avec des invitations ou de soirées, ou de bals ou de dîners. Le prince Corsini, entre autres, nous faisait inviter à venir voir du balcon de son casino la course des *Barberi*, et des salons de son palais l'illumination et les concerts sur l'Arno.

En effet, les fêtes de la Saint-Jean arrivaient, et l'on sentait sous le calme florentin poindre cette agitation joyeuse qui précède les grandes solennités. Néanmoins, comme il nous restait deux ou trois jours d'intervalle entre celui où nous nous trouvions et celui où les fêtes devaient commencer, nous résolûmes de les employer à visiter les principaux monumens de Florence.

Mes deux premières visites, en arrivant dans une ville, sont ordinairement pour la cathédrale et pour l'hôtel-de-ville. En effet, toute l'histoire religieuse et politique d'un peuple est ordinairement groupée autour de ces monumens. Muni de mon guide de Florence, de mon Vasari et de mes *Républiques italiennes* de Simonde de Sismondi, je donnai donc l'ordre à mon cocher de me conduire au Dôme. J'intervertissais tant soit peu l'ordre chronologique, la fondation du Dôme étant postérieure d'une douzaine d'années à celle du Palais-Vieux; mais à tout seigneur tout honneur, et il est bien juste que le seigneur du ciel passe avant les seigneurs de la terre.

Vers l'an 1294, la république de Florence se trouvait, grâce à une nouvelle constitution, jouir d'une tranquillité profonde. En même temps qu'elle faisait entourer la ville d'une nouvelle enceinte, revêtir de marbre le baptistère de Saint-Jean, bâtir son Palais-Vieux et élever la tour du Grenier Saint-Michel, elle résolut de faire réédifier avec une magnificence digne d'elle, et par conséquent sur de plus larges proportions, l'ancienne cathédrale dédiée d'abord au saint Sauveur, puis à sainte Reparata. En conséquence, la commune se rassembla et rendit ce décret:

« Attendu que la haute prudence d'un peuple de grande origine doit être de procéder dans ses affaires, de façon que l'on reconnaisse, d'après ce qu'il fait, qu'il est puissant et sage, nous ordonnons à Arnolfo, maître en chef de notre commune, de faire le modèle et le dessin de la reconstruction de Sainte-Reparata, avec la plus haute et la plus somptueuse magnificence qu'il pourra y mettre, afin que cette église soit aussi grande et aussi belle que le pouvoir et l'industrie des hommes le peuvent édifier; car il a été dit et conseillé par les plus sages de la ville en assemblée publique et privée, de ne point entreprendre les choses de la commune, si l'on n'est point d'accord de les porter au plus haut degré de grandeur, ainsi qu'il convient de faire pour le résultat des délibérations d'une réunion d'hommes libres, mus par une seule et même volonté, la grandeur et la gloire de la patrie. »

Arnolfo di Lapo avait à lutter contre un terrible prédécesseur, qui avait parcouru l'Italie, laissant partout des monumens puissans ou splendides. C'était Buono, sculpteur et architecte, l'un des premiers dont le nom soit prononcé dans l'histoire de l'art. En effet Buono, dès la moitié du douzième siècle, avait bâti à Ravenne force palais et églises, lesquels lui avaient fait une si grande et si noble réputation, qu'il avait été tour à tour appelé à Naples pour y élever le château Capouan et le château de l'OEuf; à Venise, pour y fonder le campanile de Saint-Marc; à Pistoie, pour y bâtir l'église de Saint-André; à Arezzo, pour y construire le palais de la Seigneurie; et à Pise, pour y fonder, de compte à demi avec Bonnanno, cette fameuse tour penchée qui fait encore aujourd'hui la terreur et l'étonnement des voyageurs.

Arnolfo ne s'effraya point du parallèle, et malgré cette envie naturelle à l'humanité qui grandit toujours la réputation des morts pour abaisser celle des vivans, encouragé par le succès que lui avait valu l'exécution de l'église de Sainte-Croix, qu'il venait d'achever, se mit hardiment à l'œuvre, et fit un modèle qui réunit si unanimement les suffrages, qu'il fut décidé qu'on le mettrait immédiatement à exécution. En effet, après des travaux préparatoires pour détourner des fondations des sources d'eaux vives auxquelles on attribuait les tremblemens de terre qui avaient secoué plusieurs fois l'ancienne basilique, la première pierre fut posée, en 1298, par le cardinal Valeriano, envoyé exprès par le pape Boniface VIII, le même qui, entré au pontificat comme un renard, devait, dit son biographe, s'y maintenir comme un lion et y mourir comme un chien.

La nouvelle cathédrale commença donc de s'élever, sous la gracieuse invocation de Sainte-Marie-des-Fleurs, nom qu'elle reçut, disent les uns, en souvenir du champ de roses sur lequel Florence fut bâtie, et, disent les autres, en honneur de la fleur de lis dont elle a fait ses armes. Alors on assure que, voyant sortir majestueusement son œuvre du sol, et prévoyant sa future grandeur, Arnolfo s'écria:

— Je t'ai préservée des tremblemens de terre, Dieu te préserve de la foudre!

L'architecte avait tout calculé pour l'exécution du dôme, excepté la brièveté de la vie. Deux ans après la première pierre posée, Arnolfo mourut, laissant sa bâtisse à peine commencée aux mains de Giotto, qui, au dessin primitif, ajouta le campanile. Puis les années s'écoulèrent encore; Thaddeo Gaddi succéda à Giotto, André Orgagna à Gaddi, et Philippe à André Orgagna, sans qu'aucun de ces grands entasseurs de marbres eût osé commencer l'exécution de la coupole. Le monument avait donc déjà usé cinq architectes, et restait encore inachevé, lorsqu'en 1417 Philippe Brunelleschi entreprit cette œuvre gigantesque qui n'avait de modèle dans le passé que Sainte-Sophie de Constantinople, et qui ne devait avoir de rivale dans l'avenir que Saint-Pierre de Rome; et l'œuvre réussit si bien aux mains du sublime ouvrier, que, cent ans après, Michel-Ange, appelé à Rome par le pape Jules II pour succéder à Bramante, dit en jetant un dernier coup d'œil sur cette coupole, en face de laquelle il avait retenu son tombeau, pour la voir même après sa mort:

— Adieu, je vais essayer de faire ta sœur, mais je n'espère pas faire ta pareille.

Le dôme ne fut jamais terminé. Baccio d'Agnolo était en train d'exécuter sa galerie extérieure, lorsqu'une raillerie de Michel-Ange la lui fit abandonner; enfin, au moment de plaquer de marbre la façade, on s'aperçut que l'argent manquait au trésor. Dix-huit millions avaient déjà passé à l'érection du monument. Les travaux s'interrompirent et ne furent jamais repris depuis lors. Seulement, à l'occasion du mariage de Ferdinand de Médicis avec Violente de Bavière, quelques peintres de Bologne couvrirent de peintures à fresques la façade blanche et nue. Ce sont ces peintures dont on voit aujourd'hui les restes presque entièrement effacés.

Tel qu'il est et tout inachevé que l'ont laissé les vicissitudes qui s'attachent aux monumens comme aux hommes, le dôme, tout incrusté de marbre blanc et noir, avec ses fenêtres ornées de colonnes en spirales, de pyramides et de statuettes, ses portes surmontées de sculptures de Jean de Pise et de mosaïques de Guirlandajo, n'en est pas moins un chef-d'œuvre, qu'à la prière de son premier architecte les tremblemens de terre et la foudre ont respecté. Son premier aspect est magnifique, imposant, splendide, et rien n'est beau comme de faire, au clair de la lune, le tour du colosse accroupi au milieu de sa vaste place comme un lion gigantesque.

L'intérieur du dôme ne répond point à l'extérieur; mais ici, les souvenirs historiques viennent dorer la pauvreté de ses murailles et la nudité de sa voûte.

A droite et à gauche en entrant, à une hauteur de vingt pieds à peu près, sont deux monumens: l'un peint sur la muraille par Paolo Uccello, l'autre exécuté en relief par Jacques Orgagna, et représentant les deux plus grands capitaines qu'ait eus à sa solde la république Florentine. La fresque est consacrée à Jean Aucud, célèbre condottiere anglais, qui passa du service de Pise à celui de Florence. Le bas-relief représente Pierre Farnèse, le célèbre général florentin, qui, élu le 27 mars 1363, gagna la même année, sur les Pisans, la célèbre bataille de San-Piero. Le moment choisi par le statuaire est celui où Pierre Farnèse, ayant eu son cheval tué sous lui, remonte sur un mulet, et l'épée à la main, à la tête de ses cuirassiers, charge porté par cette étrange monture.

Quant à Jean Aucud, comme prononcent les Italiens, ou plutôt à Jean Hawkwood, comme l'écrivent les Anglais, c'était, ainsi que nous l'avons dit, un célèbre condottiere à la solde du pape. Son engagement avec le saint-père honorablement fini, Aucud ayant trouvé son avantage à passer à la solde de la magnifique république, devint, en 1377, le plus ferme appui de ceux qu'il avait combattus jusque là, et qu'il servit jusqu'au 15 mars 1594, c'est-à-dire près de vingt ans. Pendant cette période, il avait si bien travaillé pour l'honneur et la prospérité de Florence, que, quoiqu'il fût mort de maladie dans une terre qu'il avait achetée près de Cortone, la seigneurie le fit ensevelir dans la cathédrale.

Comme on le pense bien, ce n'était point par des œuvres de sainteté que Jean Hawkwood avait mérité un pareil monument. Jean Hawkwood était au contraire assez peu respectueux envers les gens de sa religion, et d'avance sentait son hérétique d'une lieue. Un jour, deux frères convers étant allés lui faire une visite dans son château de Montecchio :

— Dieu vous donne la paix! lui dit un des deux moines.

— Le diable t'enlève ton aumône! lui répondit Hawkwood.

— Pourquoi nous faites-vous un si cruel souhait? demanda alors le pauvre frère tout ébouriffé d'une pareille réflexion.

— Eh! pardieu! répondit Hawkwood, ne savez-vous donc pas que je vis de la guerre? et que la paix que vous me souhaitez me ferait mourir de faim.

Un autre jour, ayant abandonné le sac de Faenza à ses gens, il entra dans un couvent au moment où deux de ses plus braves officiers, se disputant une pauvre religieuse agenouillée au pied d'un crucifix, venaient de mettre l'épée à la main pour savoir celui des deux auquel elle appartiendrait. Hawkwood n'essaya point de leur faire entendre raison ; il savait bien que c'était chose inutile avec les gens à qui il avait affaire. Il alla droit à la religieuse et la poignarda. Le moyen fut efficace, et à l'aspect du cadavre, les deux capitaines remirent leur épée au fourreau.

Aussi Paul Uccello, à qui la peinture qui devait surmonter la tombe avait été confiée, se garda bien de mettre le simulacre de l'illustre mort dans la posture du repentir ou de la prière ; il le planta bravement sur son cheval de bataille, à qui, au grand désappointement des savans, il fit lever à la fois le pied droit de devant et le pied droit de derrière. Pendant trois siècles et demi en effet, les savans discutèrent sur l'impossibilité de cette allure, qui, dirent-ils, dans tout le genre animal n'appartient qu'à l'ours. Ce ne fut qu'il y a quelques années, qu'un membre du Jockey-Club s'écria en apercevant la fresque de Paolo :

— Tiens! il marche l'amble!

Cette exclamation mit les savans d'accord.

A quelques pas en avant de Hawkwood est un portrait de Dante ; c'est l'unique monument que la république ait jamais consacré à l'Homère du moyen-âge.

Un mot sur lui. Nous aurons si souvent l'occasion de le citer, comme poète, comme historien ou comme savant, que notre lecteur nous permettra, je l'espère, de le prendre par la main et de lui faire faire le tour du colosse.

Dante naquit, comme nous l'avons dit, en 1265, la cinquième année de la réaction gibeline. C'était le rejeton d'une noble famille dont il a pris soin lui-même de tracer la généalogie dans le quinzième chant de son Paradis. La racine de cet arbre dont il fut le rameau d'or était Caccia Guida Hisci, qui, ayant pris pour femme une jeune fille de Ferrare, de la maison des Alighieri, ajouta à son nom et à ses armes le nom et les armes de sa femme, puis s'en alla mourir en terre sainte, chevalier dans la milice de l'empereur Conrad.

Jeune encore, il perdit son père. Elevé par sa mère que l'on appelait Bella, son éducation fut celle d'un chrétien et d'un gentilhomme. Brunetto Latini lui apprit les lettres latines ; quant aux lettres grecques, ce n'était fort heureusement point encore la mode, sans quoi, au lieu de sa divine comédie, Dante eût sans doute fait quelque poème comme l'Enéide ; quant au nom de son maître de chevalerie, il s'est perdu, quoique la bataille de Campoldino ait prouvé qu'il en avait reçu de nobles leçons.

Adolescent, il étudia la philosophie à Florence, Bologne et Padoue. Homme, il vint à Paris et y apprit la théologie,

puis il s'en retourna dans sa belle Florence, où déjà la peinture et la statuaire étaient nées, et où la poésie l'attendait pour naître.

Florence était alors en proie aux guerres civiles ; l'alliance de Dante avec une femme de la famille des Donati le jeta dans le parti guelfe. Dante était un de ces hommes qui se donnent corps et âme lorsqu'ils se donnent ; aussi le voyons-nous à la bataille de Campoldino, charger à cheval les Gibelins d'Arezzo, et dans la guerre contre les Pisans, monter le premier à l'escalade du château de Caprona.

Après cette victoire, il obtint les premières dignités de la république. Nommé quatorze fois ambassadeur, quatorze fois il mena à bien la mission qui lui était confiée. Ce fut au moment de partir pour l'une de ces ambassades, que, mesurant du regard les événemens et les hommes, et que trouvant les uns gigantesques et les autres petits, il laissa tomber ces paroles dédaigneuses :

— Si je reste, qui ira? Si je vais, qui restera?

Une terre labourée par les discordes civiles est prompte à faire germer une pareille semence : sa plante est l'envie et son fruit l'exil.

Accusé de concussion, Dante fut condamné, le 27 janvier 1502, par sentence du comte Gabriel Gubbio, podestat de Florence, à huit mille livres d'amende, à deux ans de proscription, et dans le cas de non paiement de cette amende, à la confiscation et dévastation de ses biens et à un exil éternel.

Dante ne voulut pas reconnaître le crime, en reconnaissant l'arrêt ; il abandonna ses emplois, ses maisons, ses terres, et sortit de Florence, emportant pour toute richesse l'épée avec laquelle il avait combattu à Campoldina, et la plume qui avait déjà écrit les sept premiers chants de l'Enfer. Peut-être est-ce ce moment que choisit le peintre, car on voit derrière l'exilé Florence, et près du poète une représentation des trois parties de sa Divine Comédie.

Alors ses biens furent confisqués et vendus au profit de l'État ; on passa la charrue à la place où avait été sa maison, et l'on y sema du sel ; enfin, condamné à mort par contumace, il fut brûlé en effigie sur la même place où, deux siècles plus tard, Savonarola devait l'être en réalité.

L'amour de la patrie, le courage dans le combat, l'ardeur de la gloire, avaient fait de Dante un brave guerrier ; l'habileté dans l'intrigue, la persévérance dans la politique, avaient fait de Dante un grand homme d'État. Le dédain, le malheur et la vengeance firent de lui un poète sublime. Privé de cette activité mondaine dont il avait besoin, son âme se jeta dans la contemplation des choses divines ; et, tandis que son corps demeurait enchaîné sur la terre, son esprit visitait le triple royaume des morts et peuplait l'enfer de ses haines et le paradis de ses amours. La Divine Comédie est l'œuvre de la vengeance. Dante tailla sa plume avec son épée.

Le premier asile qui s'offrit au fugitif fut le château de ce grand gibelin Cane della Scala. Aussi, dès les premiers chants de l'Enfer, le poète s'empressa d'acquitter la dette de sa reconnaissance (1) qu'il exprimera encore dans le XVIIe chant du Paradis (2).

Il trouva la cour de cet Auguste du moyen-âge peuplée de proscrits : l'un d'eux, Sagacius Mutius Ganata, historien de Reggio, nous a laissé des détails précieux sur la manière dont le seigneur de la Scala exerçait l'hospitalité envers ceux qui venaient demander un asile à son château féodal. « Ils avaient, dit-il, différens appartemens, selon leurs diverses conditions, et à chacun le magnifique seigneur avait donné des valets et une table splendide; les diverses chambres

(1) . . . . Infin che'l veltro
Verrà, che la farà morir di doglia,
Questi non ciberà terra nè peltro;
Ma sapienza, e amore, e virtuti,
E sua nazion sarà tra feltro e feltro.
Inf. Cant. 1º.

(2) Lo primo tuo rifugio e'l primo ostello
Sarà la cortesia del grand Lombardo
Che su la Scala porta il santo Uccello.
Per. Cant. XVII.

étaient indiquées par des devises et des symboles divins : la Victoire pour les guerriers, l'Espérance pour les proscrits, les Muses pour les poëtes, Mercure pour la peinture, le Paradis pour les gens d'église ; et pendant les repas, des bouffons, des musiciens et des joueurs de gobelets parcouraient les appartemens. Les salles étaient peintes par Giotto, et les sujets qu'il avait traités avaient rapport aux vicissitudes de la fortune humaine. De temps en temps le seigneur châtelain appelait à sa propre table quelqu'un de ses hôtes, et surtout Guido de Castello de Reggio, qu'à cause de sa franchise on appelait le simple Lombard, et Dante Alighieri, homme très-illustre alors, et qu'il vénérait à cause de son génie. »

Mais tout honoré qu'il était, le proscrit ne pouvait plier sa fierté à cette vie, et des plaintes profondes sortent à plusieurs reprises de sa poitrine. Tantôt c'est Farinata des Uberti qui, de sa voix altière, lui dit : « La reine de ces lieux n'aura pas rallumé cinquante fois son visage nocturne, que tu apprendras par toi-même combien est difficile l'art de rentrer dans sa patrie. » Tantôt c'est son aïeul Caccia Guida qui, compatissant aux peines de son descendant, s'écrie : « Ainsi qu'Hippolyte sortit d'Athènes, chassé par une marâtre perfide et impie, ainsi il te faudra quitter les choses les plus chères, et ce sera la première flèche qui partira de l'arc de l'exil ; alors tu comprendras ce que renferme d'amertume le pain de l'étranger, et combien l'escalier d'autrui est dur à monter et à descendre. Mais le poids le plus lourd à tes épaules sera cette société mauvaise et divisée, en compagnie de laquelle tu tomberas dans l'abîme. »

Ces vers, on le voit, sont écrits avec les larmes des yeux, et le sang du cœur.

Cependant, quelque douleur amère qu'il souffrît, le poëte refusa de rentrer dans sa patrie, parce qu'il n'y rentrait point par le chemin de l'honneur. En 1315, une loi rappela les proscrits à la condition qu'ils paieraient une certaine amende. Dante, dont les biens avaient été vendus et la maison démolie, ne put réaliser la somme nécessaire. On lui offrit de l'en exempter, mais à la condition qu'il se constituerait prisonnier, et qu'il irait recevoir son pardon à la porte de la cathédrale, les pieds nus, vêtu de la robe de pénitent, et les reins ceints d'une corde. Cette proposition lui fut transmise par un religieux de ses amis. Voici la réponse de Dante :

« J'ai reçu avec honneur et avec plaisir votre lettre, et, après en avoir pesé chaque parole, j'ai compris avec reconnaissance combien vous désirez du fond du cœur mon retour dans la patrie. Cette preuve de votre souvenir me lie d'autant plus étroitement à vous, qu'il est plus rare aux exilés de trouver des amis. Donc, si ma réponse n'était point telle que le souhaiterait la pusillanimité de quelques-uns, je la remets affectueusement à l'examen de votre prudence. Voilà ce que j'ai appris par une lettre de votre neveu, qui est le mien, et de quelques-uns de mes amis : D'après une loi récemment publiée à Florence sur le rappel des bannis, il paraît que, si je veux donner une somme d'argent, ou faire amende honorable, je pourrai être absous et retourner à Florence. Dans cette loi, ô mon père, il faut l'avouer, il y a deux choses ridicules et mal conseillées ; je dis mal conseillées par ceux qui ont fait la loi, car votre lettre, plus sagement conçue, ne contenait rien de ces choses.

« Voilà donc la glorieuse manière dont Dante Alighieri doit rentrer dans sa patrie après un exil de quinze ans ! Voilà la réparation accordée à une innocence manifeste à tout le le monde! Mes larges sueurs, mes longues fatigues m'auront rapporté ce salaire! Loin d'un philosophe cette bassesse digne d'un cœur de boue! Merci du spectacle où je serais offert au peuple comme le serait quelque misérable demi savant, sans cœur et sans renommée. Que, moi... exilé d'honneur, j'aille me faire tributaire de ceux qui m'offensent, comme s'ils avaient bien mérité de moi! Ce n'est point là le chemin de la patrie, ô père! mais s'il en est quelque autre qui me soit ouvert par vous et qui n'ôte point la renommée à Dante, je l'accepte. Indiquez-le moi, et alors, soyez certain, chaque pas sera rapide qui devra me rapprocher de Florence ; mais dès qu'on ne rentre pas à Florence par la rue de l'honneur, mieux vaut n'y pas rentrer. Le soleil et

les étoiles se voient par toute la terre, et par toute la terre on peut méditer les vérités du ciel. »

Dante, proscrit par les Guelfes, s'était fait Gibelin, et devint aussi ardent dans sa nouvelle religion qu'il avait été loyal dans l'ancienne. Sans doute il croyait que l'unité impériale était le seul moyen de grandeur pour l'Italie, et cependant Pise avait bâti sous ses yeux son Campo-Santo, son Dôme et sa Tour penchée. Arnolfo di Lapo avait jeté sur la place du Dôme les fondemens de Sainte-Marie-des-Fleurs ; Sienne avait élevé sa cathédrale au clocher rouge et noir, et y avait renfermé, comme un bijou dans un écrin, la chaire sculptée par Nicolas de Pise. Puis peut-être aussi le caractère aventureux des chevaliers et des seigneurs allemands lui semblait-il plus poétique que l'habileté commerçante de l'aristocratie génoise et vénitienne, et la fin de l'empereur Albert lui plaisait-elle davantage que la mort de Boniface XIII.

Lassé de la vie qu'il menait chez Cane della Scala, où l'amitié du maître ne le protégeait pas toujours contre l'insolence de ses courtisans et les facéties de ses bouffons, le poëte reprit sa vie errante. Il avait achevé son poëme de l'*Enfer* à Vérone, il écrivit le *Purgatoire* à Gagagnano, et termina son œuvre au château de Tolmino, en Frioul, par le *Paradis*. De là il vint à Padoue, où il passa quelque temps chez Giotto, son ami, à qui, par reconnaissance, il donna la couronne de Cimabué, enfin, il alla à Ravenne. C'est dans cette ville qu'il publia son poëme tout entier. Deux mille copies en furent faites à la plume, et envoyées par toute l'Italie. Chacun leva des yeux étonnés vers ce nouvel astre qui venait de s'allumer au ciel. On douta qu'un homme vivant encore eût pu écrire de telles choses, et plus d'une fois il arriva, lorsque Dante se promenait lent et sévère, dans les rues de Ravennes et de Rimini, avec sa longue robe rouge et sa couronne de laurier sur sa tête, que la mère, saintement effrayée, le montra du doigt à son enfant, en lui disant : « Vois-tu cet homme, il est descendu dans l'enfer !... »

En effet, Dante devait paraître un homme étrange et presque surnaturel. Et pour bien comprendre sous quel jour il devait apparaître à ses contemporains, il faut jeter un moment les yeux sur l'Europe du XIIIe siècle, et voir, depuis cent ans, quels événemens s'y accomplissaient. On sentira alors que l'on touche à cette époque où la féodalité, préparée par une guerre de huit siècles, commence le laborieux enfantement de la civilisation. Le monde païen et impérial d'Auguste s'était écroulé avec Charlemagne, en Occident, et avec Alexis Lange, en Orient ; le monde chrétien et féodal de Hugues-Capet lui avait succédé de la mer de Bretagne à la mer Noire, et le moyen-âge religieux et politique, déjà personnifié dans Grégoire VII et dans Louis IX, n'attendait plus, pour compléter cette magnifique trinité, que son représentant littéraire.

Il y a de ces momens où des idées vagues cherchent un corps pour se faire homme, et flottent au dessus des sociétés comme un brouillard à la surface de la terre. Tant que le vent le pousse sur le miroir des lacs ou sur le tapis des prairies, ce n'est qu'une vapeur sans forme, sans consistance et sans couleur. Mais s'il rencontre un grand mont, il s'attache à sa cime, la vapeur devient nuée, la nuée orage, et tandis que le front de la montagne ceint son auréole d'éclairs, l'eau qui filtre mystérieusement s'amasse dans ses cavités profondes, et sort à ses pieds, source de quelque fleuve immense, qui traverse, en s'élargissant toujours, la terre ou la société, et qui s'appelle le Nil, ou l'Iliade, le Danube, ou la Divine Comédie.

Dante, comme Homère, eut le bonheur d'arriver à une de ces époques où une société vierge cherche un génie qui formule ses premières pensées. Il apparut au seuil du monde au moment où saint Louis frappait à la porte du ciel. Derrière lui, tout était ruine ; devant lui, tout était avenir. Mais le présent n'avait encore que des espérances.

L'Angleterre, envahie depuis deux siècles par les Normands, opérait sa transformation politique. Depuis longtemps il n'y avait plus de combats réels entre les vainqueurs et les vaincus; mais il y avait toujours lutte sourde entre les intérêts du peuple conquis et ceux du peuple conquérant. Dans cette période de deux siècles, tout ce que l'Angleterre avait eu de grands hommes était né une épée à la main, et si quelque vieux barde portait encore une harpe pendue à son épaule, ce n'était qu'à l'abri des châteaux saxons, dans un langage inconnu aux vainqueurs, et presque oublié des vaincus, qu'il osait célébrer les bienfaits du bon roi Alfred, ou les exploits de Harold, fils de Godwin. C'est que, des relations forcées qui s'étaient établies entre les indigènes et les étrangers, il commençait à naître une langue nouvelle, qui n'était encore ni le normand ni le saxon, mais un composé informe et bâtard de tous deux, que cent quatre-vingts ans plus tard seulement, Thomas Morus, Steel et Spenser devaient régulariser pour Shakespeare.

L'Espagne, fille de la Phénicie, sœur de Carthage, esclave de Rome, conquise par les Goths, livrée aux Arabes par le comte Julien, annexée au trône de Damas par Tarik, puis séparée du kalifat d'Orient par Abdalrahman, à la tribu des Omniades, l'Espagne, mahométane du détroit de Gibraltar aux Pyrénées, avait hérité de la civilisation transportée par Constantin de Rome à Bysance. Le phare, éteint d'un côté de la Méditerranée, s'était rallumé de l'autre; et tandis que s'écroulaient sur la rive gauche le Parthénon et le Colysée, on voyait s'élever sur la rive droite Cordoue, avec ses six mille mosquées, ses neuf cents bains publics, ses deux cent mille maisons, et son palais de Zehra, dont les murs et les escaliers, incrustés d'acier et d'or, étaient soutenus par mille colonnes des plus beaux marbres de Grèce, d'Afrique et d'Italie.

Cependant, tandis que tant de sang infidèle et étranger s'injectait dans ses veines, l'Espagne n'avait point cessé de sentir battre, dans les Asturies, son cœur national et chrétien. Pélage, qui n'eut d'abord pour empire qu'une montagne, pour palais qu'une caverne, pour sceptre qu'une épée, avait jeté au milieu du kalifat d'Abdalrahman les fondemens du royaume de Charles-Quint. La lutte, commencée en 717, s'était continuée pendant cinq cents ans. Et lorsqu'au commencement du XIIIe siècle, Ferdinand réunit sur sa tête les deux couronnes de Léon et de Castille, c'étaient les Musulmans à leur tour qui ne possédaient plus en Espagne que le royaume de Grenade, une partie de l'Andalousie, et les provinces de Valence et de Murcie.

Ce fut en 1236 que Ferdinand fit son entrée à Cordoue, et qu'après avoir purifié la principale mosquée, le roi de Castille et de Léon alla se reposer de ses victoires dans le magnifique palais qu'Abdarahman III avait fait bâtir pour sa favorite. Entre autres merveilles, il trouva dans la capitale du kalifat une bibliothèque qui contenait six cent mille volumes. Ce que devint ce trésor de l'esprit humain, nul ne le sait. Origine, religion, mœurs, tout était différent entre les vainqueurs et les vaincus; ils ne parlaient la même langue ni aux hommes ni à Dieu. Les Musulmans emportèrent avec eux la clef qui ouvrait la porte des palais enchantés; et l'arbre de la poésie arabe, arraché de la terre de l'Andalousie, ne fleurit plus que dans les jardins du Généralif et de l'Alhambra.

Quant à la poésie nationale, dont le premier chant devait être la louange du Cid, elle n'était pas encore née.

La France, toute germanique sous ses deux premières races, s'était nationalisée sous sa troisième. Le système féodal de Hugues-Capet avait succédé à l'empire unitaire de Charlemagne. La langue que devait écrire Corneille et parler Bossuet, mélange de celtique, de teuton, de latin et d'arabe, s'était définitivement séparée en deux idiomes, et fixée aux deux côtés de la Loire. Mais, comme les productions du sol, elle avait éprouvé l'influence bienfaisante et active du soleil méridional. Si bien que la langue des Troubadours était déjà arrivée à sa perfection, lorsque celle des Trouvères, en retard comme les fruits de leur terre du nord, avait encore besoin de cinq siècles pour parvenir à sa maturité. Aussi la poésie jouait-elle un grand rôle au sud de la Loire. Pas une haine, pas un amour, pas une paix, pas une guerre, pas une soumission, pas une révolte,

qui ne fût chantée en vers. Bourgeois ou soldat, vilain ou baron, noble ou roi, tout le monde parlait ou écrivait cette douce langue; et l'un de ceux qui lui prêtaient ses plus tendres et ses plus mâles accens, était ce Bertrand de Born, le donneur de mauvais conseils, que Dante rencontra dans les fosses maudites, portant sa tête à la main, et qui lui parla avec cette tête (1).

La poésie provençale était donc arrivée à son apogée, lorsque Charles d'Anjou, à son retour d'Égypte, où il avait accompagné son frère Louis IX, s'empara, avec l'aide d'Alphonse, comte de Toulouse et de Poitiers, d'Avignon, d'Arles et de Marseille. Cette conquête réunit au royaume de France toutes les provinces de l'ancienne Gaule situées à la droite et à la gauche du Rhône. La vieille civilisation romaine, ravivée au IXe siècle par la conquête des Arabes, fut frappée au cœur, car elle se trouvait réunie à la barbarie septentrionale qui devait l'étouffer dans ses bras de fer. Cet homme, que, dans leur orgueil, les Provençaux avaient l'habitude d'appeler le roi de Paris, eux, à son tour, dans son mépris, les nomma ses sujets de la langue d'*Oc*, pour les distinguer des anciens Français d'outre-Loire, qui parlaient la langue d'*Oui*. Dès lors, l'idiome poétique du midi s'éteignit en Languedoc, en Poitou, en Limousin, en Auvergne et en Provence, et la dernière tentative qui fut faite pour lui rendre la vie est l'institution des Jeux Floraux, établie à Toulouse en 1323.

Avec elles périrent toutes les œuvres produites depuis le Xe jusqu'au XIIIe siècle, et le champ qu'avaient moissonné Arnault et Bertrand de Born resta en friche jusqu'au moment où Clément Marot et Ronsard y répandirent à peines mains la semence de la poésie moderne.

L'Allemagne, dont l'influence politique s'étendait sur l'Europe, presqu'à l'égal de l'influence religieuse de Rome, toute préoccupée de ces grands débats, laissait sa littérature se modeler insoucieusement sur celle des peuples environnans. Chez elle, toute la vitalité artistique s'était réfugiée dans ces cathédrales merveilleuses qui datent du XIe et du XIIe siècle. Le monastère de Bonn, l'église d'Andernach, et la cathédrale de Cologne s'élevaient en même temps que le Dôme de Sienne, le Campo-Santo de Pise, et le Dôme de Sainte-Marie-des-Fleurs. Le commencement du XIIIe siècle avait bien vu naître les Niebelungen, et mourir Albert-le-Grand. Mais les poëmes de chevalerie les plus à la mode étaient imités du provençal ou du français, et les Minnesingers étaient les élèves plutôt que les rivaux des Trouvères et des Troubadours. Frédéric lui-même, ce poëte impérial, renonçant quoique fils de l'Allemagne à formuler sa pensée dans sa langue maternelle, avait adopté la langue italienne, comme plus douce et plus pure, et prenait rang avec Pierre d'Aïle Vigne, son secrétaire, au nombre des poëtes les plus gracieux du XIIIe siècle.

Quant à l'Italie, nous avons assisté plus haut à sa genèse politique; nous avons vu ses villes se détacher les unes après les autres de l'empire; nous savons à quelle occasion les deux partis Guelfes et Gibelins avaient tiré l'épée dans les rues de Florence. Enfin, nous avons dit comment, Guelfe par naissance, Dante devint Gibelin par proscription et poëte par vengeance.

Aussi, lorsqu'il eut arrêté dans son esprit l'œuvre de sa haine, son premier soin fut-il, en regardant autour de lui, de chercher dans quel idiome il la formulerait pour la rendre éternelle. Il comprit que le latin était une langue morte comme la société qui lui avait donné naissance; le provençal, une langue mourante qui ne survivrait pas à la nationalité du midi; et le français, une langue naissante et bégayée à peine, qui avait besoin de plusieurs siècles encore pour arriver à sa maturité; tandis que l'italien, bâtard, vivace et populaire, né de la civilisation et allaité par la barbarie, n'avait besoin que d'être reconnu par un roi pour porter un jour la couronne. Dès lors son choix fut arrêté,

(1) Sappi ch'i son Bertram del Bornio, quelli
     Che diedi al de giovani i ma conforti.
                                   Inf. Cant. XXVIII.

et, s'éloignant des traces de son maître Brunetto Latini, qui avait écrit son Trésor en latin, il se mit, architecte sublime, à tailler lui-même les pierres dont il voulait bâtir le monument gigantesque auquel il força le ciel et la terre de mettre la main (1).

C'est qu'effectivement la Divine Comédie embrasse tout; c'est le résumé des sciences découvertes et le rêve des choses inconnues. Lorsque la terre manque aux pieds de l'homme, les ailes du poëte l'enlèvent au ciel; et l'on ne sait, en lisant ce merveilleux poëme, qu'admirer le plus, ou de ce que l'esprit sait ou de ce que l'imagination devine.

Dante est le moyen-âge fait poëte, comme Grégoire VII était le moyen-âge fait pape, comme saint Louis était le moyen-âge fait roi. Tout est en lui : croyances superstitieuses, poésie théologique, républicanisme féodal. On ne peut comprendre l'Italie littéraire du XIIIe siècle sans Dante, comme on ne peut comprendre la France du XIXe sans Napoléon. La Divine Comédie est, comme la Colonne, l'œuvre nécessaire de son époque.

Dante mourut à Ravenne, le 14 septembre 1321, à l'âge de 56 ans. Guido de Poleta, qui lui avait offert un asile, le fit ensevelir dans l'église des Frères-Mineurs, en grande pompe et en habit de poëte. Ses ossemens y restèrent jusqu'en 1481, époque à laquelle Bernard Bembo, podestat de Ravenne pour la république de Venise, lui fit élever un mausolée d'après les dessins de Pierre Lombardo. A la voûte de la coupole sont quatre médaillons, représentant Virgile son guide, Brunetto Latini son maître, Cangrande son protecteur, et Guido Cavalcante son ami.

Dante était de moyenne stature et bien pris dans ses membres; il avait le visage long, les yeux larges et perçans, le nez aquilin, les machoires fortes, la lèvre inférieure avancée et plus grosse que l'autre, la peau brune, et la barbe et les cheveux crépus; il marchait ordinairement grave et doux, vêtu d'habits simples, parlant rarement, et attendant presque toujours qu'on l'interrogeât pour répondre. Alors sa réponse était juste et concise, car il prenait le temps de la peser avec sagesse. Sans avoir une élocution facile, il devenait éloquent dans les grandes circonstances. A mesure qu'il vieillissait, il se félicitait d'être solitaire et éloigné du monde. L'habitude de la contemplation lui fit contracter un maintien austère, quoiqu'il fût toujours homme de premier mouvement et d'excellent cœur. Il en donna la preuve lorsque, pour sauver un enfant qui était tombé dans un de ces petits puits où l'on plongeait les nouveaux-nés, il brisa le baptistère de Saint-Jean, se souciant peu qu'on l'accusât d'impiété.

Dante avait eu, à l'âge de neuf ans, un de ces amours qui étendent leur enchantement sur toute la vie. Beatrix de Folto Portinari, en qui, chaque fois qu'il la revoyait, il trouvait une beauté nouvelle (2), passa un soir devant cet enfant au cœur de poëte, qui conserva son image et qui l'immortalisa lorsqu'il fut devenu homme. A l'âge de 25 ans, cette ange prêtée à la terre alla reprendre au ciel ses ailes et son auréole, et Dante la retrouva à la porte du paradis, où ne pouvait l'accompagner Virgile.

Florence, injuste pour le vivant, fut pieuse envers le mort, et tenta de rattirer les restes de celui qu'elle avait proscrit. Dès 1396, elle lui décrète un monument public. En 1429, elle renouvelle ses instances près des magistrats de Ravenne; enfin, en 1519, elle adresse une demande à Léon X, et parmi les signatures des pétitionnaires, on lit cette apostille :

« Moi, Michel-Ange, sculpteur, je supplie Votre Sainteté, pour la même cause, m'offrant de faire au divin poëte

(1) Nous ne voulons pas dire cependant que Dante soit le premier auteur qui ait écrit en italien. Dix volumes de rimes antiques (rime antiche) seraient la pour nous démentir si nous commettions une telle erreur. Mais presque toutes ces canzone sont érotiques, beaucoup de mots d'art, de politique, de science et de guerre manquaient à la poésie italienne : ce sont ces mots que Dante trouva, façonna au rhythme et assouplit à la rime.

(2)   Io non la vidi tante volte ancora
            Ch'il non trovassi in lei nuova bellezza.

une sculpture convenable et dans un lieu honorable de cette ville. »

Léon X refusa; c'eût cependant été une belle chose que le tombeau de l'auteur de la Divine Comédie, par le peintre du Jugement dernier.

Le seul monument que posséda Florence jusqu'au moment où le décret, rendu en 1596, fut exécuté de nos jours dans l'église de Sainte-Croix, aux frais d'une société, par le statuaire Etienne Ricci, fut donc le portrait de Dante, devant lequel nous venons de repasser toute la vie du grand poëte, et « qui fut, dit un manuscrit de Bartolomeo Celloni, exécuté à fresque par un auteur inconnu, sur la demande d'un certain maître Antoine, frère de Saint-François, lequel expliquait la Divine Comédie dans cette église, afin que cette effigie de l'illustre exilé rappelât sans cesse à ses concitoyens que les ossemens de l'auteur de la Divine Comédie reposaient sur une terre étrangère.

Il existe encore à Florence des descendans de Dante. Quelques jours après la visite que j'avais fait au portrait de leur ancêtre, on me présenta à eux : je les trouvai bien descendus.

A côté de ce grand souvenir littéraire, le Dôme conserve un terrible souvenir politique. Ce fut dans le chœur, à l'endroit même qui est entouré d'une balustrade de marbre, que s'accomplit la conspiration des Pazzi, et que Julien de Médicis fut assassiné.

Jetons un regard en arrière, afin de faire connaître à nos lecteurs les causes de la haine que les Pazzi avaient vouée aux Médicis; ils verront ainsi, après le soin que nous avons eu de leur faire connaître l'état politique de Florence, ce qu'il y avait d'égoïstique ou de désintéressé dans cette grande machination.

En 1291, le peuple, lassé des dissensions obstinées de la noblesse, de son refus éternel de se soumettre aux tribunaux démocratiques, et des violences journalières par lesquelles elle entravait le gouvernement populaire, avait rendu une ordonnance sous le nom d'Ordinamenti della Giustizia. Cette ordonnance excluait du priorat trente-sept familles des plus nobles et des plus considérables de Florence, et cela sans qu'il leur fût jamais permis, disait l'ordonnance, de reconquérir les droits de cité, soit en se faisant enregistrer dans un corps de métier, soit même en exerçant réellement une profession. De plus, la seigneurie fut autorisée à ajouter de nouveaux noms à ces trente-sept noms, chaque fois qu'elle croirait s'apercevoir que quelque nouvelle famille, disait encore l'ordonnance, en marchant sur les traces de la noblesse, méritait d'être punie comme elle. Les membres des trente-sept familles proscrites furent désignés sous le nom de magnats, titre qui, d'honorable qu'il avait été jusqu'alors, devint un titre infamant.

Cette proscription avait duré 143 années, lorsque Cosme l'Ancien, dont nous trouverons à son tour l'histoire écrite sur les murs du palais Riccardi, de proscrit étant devenu proscripteur, et ayant à son tour, en 1434, chassé de Florence Renaud des Albizzi et la noblesse populaire qui gouvernait avec lui, résolut de renforcer son parti de quelques-unes des familles exclues du gouvernement, en permettant à plusieurs d'entre elles de rentrer dans le droit commun, et de prendre, comme l'avaient fait autrefois leurs aïeux, une part active aux affaires publiques. Plusieurs familles acceptèrent ce rappel en revenant les bras ouverts à la patrie, sans songer quel motif personnel les y ramenait : la famille des Pazzi fut de ce nombre. Elle fit plus : oubliant qu'elle était de noblesse d'épée, elle adopta franchement sa position nouvelle, et ouvrit dans le beau palais qui aujourd'hui porte encore son nom, une maison de banque qui devint bientôt une des plus considérables et des plus considérées de l'Italie; si bien que les Pazzi, déjà supérieurs aux Médicis comme gentilshommes, devinrent leurs rivaux comme marchands. Il résulta de cette position reconquise que, cinq ans après, André de Pazzi, chef de la maison, siégea au milieu de la seigneurie, dont ses ancêtres avaient été exclus pendant un siècle et demi.

André eut trois fils : un de ces trois fils épousa la petite-fille du vieux Cosme, et devint le beau-frère de Laurent et de Julien. Tant que le sage vieillard avait vécu, il avait maintenu l'égalité entre ses enfans, traitant son gendre comme s'il eût été son fils ; car, voyant combien promptement cette famille des Pazzi était devenue puissante et riche, il avait voulu non-seulement s'en faire une alliée, mais encore une amie. En effet, la famille s'était accrue en hommes aussi bien qu'en richesses ; car les deux frères qui s'étaient mariés avaient eu, l'un cinq fils et l'autre trois. Elle grandissait donc de toutes façons, lorsque, contrairement à la politique de son père, Laurent de Médicis pensa qu'il était de son intérêt de s'opposer à un plus grand accroissement de richesse et de puissance. Or, une occasion de suivre cette nouvelle politique se présenta bientôt. Jean de Pazzi ayant épousé une des plus riches héritières de Florence, fille de Jean Borromée, Laurent, à la mort de celui-ci, fit rendre une loi par laquelle les neveux mâles étaient préférés même aux filles, et cette loi, non-seulement contre toutes les habitudes, mais encore contre toute justice, ayant été appliquée rétroactivement à la femme de Jean de Pazzi, elle perdit l'héritage de son père qui passa ainsi à des cousins éloignés.

Ce ne fut pas la seule exclusion dont Laurent de Médicis, pour signaler son naissant pouvoir, rendit les Pazzi victimes. Ils étaient dans la famille neuf hommes, ayant l'âge et les qualités requises pour exercer la magistrature, et cependant, à l'exception de Jacob, celui des fils d'André qui ne s'était jamais marié, et qui avait été gonfalonnier en 1469, c'est-à-dire du temps de Pierre le Goutteux, et de Jean, beau-frère de Laurent et de Julien, qui avait, en 1472, siégé parmi les prieurs, tous les autres avaient été écartés de la seigneurie. Un tel abus de pouvoir de la part d'hommes que la république n'avait nullement reconnus pour maîtres, blessa tellement François de Pazzi qu'il s'expatria volontairement, et s'en alla prendre à Rome la direction d'un de ses principaux comptoirs. Là, il devint banquier du pape Sixte IV et de Jérôme Riario, que les uns appelaient son neveu, et les autres son fils. Or, Sixte IV et Jérôme Riario étaient les deux plus grands ennemis que les Médicis eussent par toute l'Italie. Le résultat de ces trois haines réunies fut une conjuration dans le genre de celle sous laquelle, deux ans auparavant, c'est-à-dire en 1476, avait succombé Galéas Sforza dans le Dôme de Milan.

Une fois décidé à tout trancher par le fer, François Pazzi et Jérôme Riario se mirent à l'affût des complices qu'ils pourraient recruter. Un des premiers fut François Salviati, archevêque de Pise, auquel, par inimitié pour sa famille, les Médicis n'avaient pas voulu laisser prendre possession de son archevêché. Vint ensuite Charles de Montone, fils du fameux condottiere Braccio, qui était sur le point de s'emparer de Sienne, lorsque les Médicis l'en empêchèrent ; Jean-Baptiste de Montesecco, chef des sbires au service du pape ; le vieux Jacob de Pazzi, le même qui avait été autrefois gonfalonnier ; deux autres Salviati, l'un cousin, et l'autre frère de l'archevêque ; Napoléon Francesi et Bernard Bandini, amis et compagnons de plaisir des jeunes Pazzi ; enfin Etienne Bagnoni, prêtre et maître de langue latine, professeur d'une fille naturelle de Jacob Pazzi ; et enfin Antoine Maffei, prêtre de Volterra et scribe apostolique. Un seul Pazzi, Réné, neveu de Jacob et fils de Pierre, refusa obstinément d'entrer dans le complot, et se retira à la campagne afin qu'on ne pût pas même l'accuser de complicité.

Tout était donc arrêté, et la seule difficulté qui s'opposât à la réussite de la conjuration était de réunir, isolés de leurs amis, et dans un endroit public, Laurent et Julien. Le pape espéra faire naître cette occasion, en nommant cardinal Raphaël Riario, neveu du comte Jérôme, lequel était âgé de 18 ans à peine et étudiait à Pise.

En effet, une pareille nomination devait être l'occasion de fêtes extraordinaires, attendu qu'ennemis au fond du cœur de Sixte IV, les Médicis gardaient ostensiblement envers lui toutes les apparences d'une bonne et respectueuse amitié. Jacob des Pazzi invita donc le nouveau cardinal à venir dîner chez lui à Florence, et il porta sur la liste de ses convives Laurent et Julien. L'assassinat devait avoir lieu à la fin du

dîner, et sur un signe de Jacob ; mais Laurent vint seul. Julien, retenu par une intrigue d'amour, chargea son frère de l'excuser : il fallut donc remettre à un autre jour l'exécution du complot. Ce jour, on le crut bientôt arrivé ; car Laurent, ne voulant pas demeurer en reste de magnificence avec Jacob, invita à son tour le cardinal à venir à Fiesole, et avec lui tous ceux qui avaient assisté au repas donné par Jacob. Mais cette fois encore Julien manqua, il souffrait d'un mal de jambe ; force fut donc de remettre encore l'exécution du complot à un autre jour.

Ce jour fut enfin fixé au 26 avril 1478 selon Machiavel. Pendant la matinée de ce jour, qui était jour de fête, le cardinal Riario devait entendre la messe dans le Dôme de Sainte-Marie-des-Fleurs, et comme il avait fait prévenir Laurent et Julien de cette solennité, il était probable que ceux-ci ne pourraient pas se dispenser d'y assister. On prévint tous les conjurés de cette nouvelle disposition, et l'on distribua à chacun le rôle qu'il devait jouer dans cette sanglante tragédie.

François Pazzi et Bernard Bandini étaient les plus acharnés contre les Médicis, et comme ils étaient en même temps les plus forts et les plus adroits, ils réclamèrent pour eux, Julien, attendu que le bruit courait que, timide de cœur et faible de corps, Julien portait habituellement une cuirasse sous son habit, ce qui rendait plus difficile et par conséquent plus dangereux un assassinat sur lui, que sur un autre. D'un autre côté, le chef des sbires pontificaux, Jean-Baptiste de Montesecco, avait déjà reçu et accepté la commission de tuer Laurent dans les deux repas auxquels il avait assisté, et où l'absence de son frère l'avait sauvé. On ne doutait point, comme c'était un homme de résolution, qu'il ne se montrât cette fois d'aussi bonne volonté que les autres ; mais, au grand étonnement de tous, lorsqu'il eut appris que l'assassinat devait s'accomplir dans une église, il refusa, disant qu'il était prêt à un meurtre, mais non à un sacrilège, et que, pour rien au monde, il ne commettrait ce sacrilège si on ne lui montrait d'avance un bref d'absolution signé du pape. Malheureusement on avait négligé de se munir de cette pièce importante, que Sixte IV n'était certainement pas homme à refuser. On n'avait pas le temps de la faire venir, de sorte que, quelques instances que l'on fît à Montesecco, on ne put vaincre ses scrupules. Alors on remit le soin de frapper Laurent à Antoine de Volterra et à Etienne Bagnoni, qui, en leur qualité de prêtres, dit Antonio Galli, l'un des dix ou douze historiens de cet événement, avaient un respect moins grand pour les lieux sacrés. Le moment où ils devaient frapper était celui où l'officiant élèverait l'hostie.

Mais ce n'était pas le tout que de frapper les deux frères, il fallait encore s'emparer de la seigneurie, et forcer les magistrats d'approuver le meurtre aussitôt que le meurtre serait exécuté. Ce soin fut remis à l'archevêque Salviati : il se rendit au palais avec Jacques Braccioli et une trentaine de conjurés inférieurs, lesquels en laissa vingt à la première entrée, lesquels, mêlés au peuple qui allait et venait, devaient rester là inaperçus jusqu'au moment où, à un signal donné, ils s'empareraient de l'entrée ; puis, familier avec tous les corridors du palais, il en conduisit dix autres à la chancellerie, en leur recommandant de tirer la porte derrière eux, et de ne sortir que lorsqu'ils entendraient ou le bruit des armes ou un cri convenu, après quoi il revint trouver la première troupe, se réservant, le moment venu, d'arrêter lui-même le gonfalonnier César Petrucci.

Cependant l'office divin était déjà commencé, et cette fois comme les autres, la vengeance paraissait sur le point d'échapper encore aux conjurés, car Laurent seul était venu. Alors François de Pazzi et Bernard Bandini se décidèrent à aller chercher Julien, puisque Julien ne venait pas.

Ils se rendirent en conséquence chez lui, et le trouvèrent avec sa maîtresse. Il prétexta la souffrance que lui causait sa jambe ; mais les deux envoyés lui dirent qu'il était impossible qu'il n'assistât point à la messe, lui assurant que son refus serait tenu à offense par le cardinal. Julien, malgré les regards supplians de la femme qui se trouvait chez lui, se décida donc à suivre les deux jeunes gens ; mais pris au dépourvu, soit confiance, soit qu'il ne voulût point les faire attendre, il n'endossa point sa cuirasse, se contentant de ceindre une espèce de couteau de chasse qu'il avait l'habitude de porter ; encore, au bout de quelques pas, comme le bout du fourreau battait sur sa jambe malade, il le remit à un de ses domestiques, qui le reporta à la maison. François de Pazzi lui passa alors le bras autour du corps, en riant et comme on fait parfois entre amis, et il s'aperçut que Julien n'avait plus sa cuirasse. Ainsi le pauvre jeune homme se livrait à ses assassins sans armes offensives ni défensives.

Les trois jeunes gens entrèrent dans l'église par la porte qui s'ouvre sur la rue Dei Servi, au moment où le prêtre disait l'évangile. Julien alla s'agenouiller près de son frère. Antoine de Volterra et Etienne Bagnoni étaient déjà à leur poste ; François et Bernard se mirent au sien. Un seul coup d'œil échangé entre les assassins leur indiqua qu'ils étaient prêts.

La messe continua : la foule qui remplissait l'église donnait un prétexte aux meurtriers pour serrer de plus près Laurent et Julien. D'ailleurs ceux-ci étaient sans défiance, et se croyaient aussi en sûreté, au moins, au pied de l'autel, qu'ils l'étaient dans leur villa de Careggi.

Le prêtre leva l'hostie.

En même temps on entendit un cri terrible : Julien, frappé d'un coup de poignard à la poitrine par Bernard Bandini, se redressait sous la douleur et allait tomber tout sanglant à quelques pas, au milieu de la foule épouvantée, poursuivi par ses deux assassins, dont l'un, François Pazzi, se jeta sur lui avec tant de fureur et le frappa de coups si redoublés, qu'il se blessa lui-même, et s'enfonça son propre poignard dans la cuisse. Mais cet accident, qu'au premier abord sans doute il ne crut pas si grave qu'il était, ne fit que redoubler sa colère, et il frappait encore que déjà depuis longtemps Julien n'était plus qu'un cadavre.

Quant à Laurent, il avait été plus heureux que son frère : au moment de l'élévation, sentant qu'on lui appuyait une main sur l'épaule, il s'était retourné et avait vu briller la lame d'un poignard dans la main d'Antoine de Volterra. Par un mouvement instinctif, il s'était jeté de côté, de sorte que le fer qui devait lui traverser la gorge ne fit que lui effleurer le cou. Il se releva aussitôt, et d'un seul mouvement, tirant son épée de la main droite, et enveloppant son bras gauche de son manteau, il se mit en défense, en appelant à son secours ses deux écuyers. A la voix de leur maître, André et Laurent Cavalcanti s'élancèrent l'épée à la main, et les deux prêtres, voyant que l'affaire devenait plus sérieuse, et qu'il s'agissait maintenant non plus d'assassiner, mais de combattre, jetèrent leurs armes et se mirent à fuir.

Au bruit que faisait Laurent en se défendant, Bernard Bandini, qui était occupé à Julien, leva la tête et vit qu'une de ses victimes allait lui échapper : il quitta donc la mort pour le vivant, et s'élança vers l'autel. Mais il rencontra sur sa route François Nori, qui lui barrait le chemin. Une courte lutte s'engagea, et François Nori tomba blessé à mort. Mais si vite renversé qu'eût été l'obstacle, il avait suffi, comme nous l'avons vu, à Laurent, pour se débarrasser de ses deux ennemis. Bernard se trouva donc seul contre trois. Il appela François, François accourut ; mais aux premiers pas qu'il fit, il s'aperçut sa faiblesse qu'il était plus grièvement blessé qu'il ne le croyait, et en arrivant au chœur, se sentant prêt à tomber il s'appuya contre la balustrade. Politien, qui accompagnait Laurent, profita de ce moment pour le faire entrer avec quelques amis qui se tenaient ralliés autour de lui, dans la sacristie, et tandis que les deux Cavalcanti, secondés par les diacres qui frappaient avec leurs crosses d'argent comme avec des masses, tenaient écartés Bernard et trois ou quatre conjurés qui étaient accourus à sa voix, il repoussa les portes de bronze, et les ferma sur Laurent et sur lui. Aussitôt Antonio Ridolfi, l'un des jeunes gens les plus attachés à Laurent, suçait la blessure qu'il avait reçu au cou, de peur que le fer du prêtre n'eût été empoisonné, et y mettait le premier appareil. Un instant encore

Bernard Bandini essaya d'enfoncer les portes ; mais, voyant que ses efforts étaient inutiles il comprit que tout était perdu, prit François Pazzi par dessous le bras, et l'emmena aussi rapidement que celui-ci put marcher.

Il y avait eu dans l'église un moment de tumulte facile à comprendre ; l'officiant s'était enfui, en voilant de son étole le Dieu qu'on faisait témoin et presque complice de pareils crimes. Tous les assistants s'étaient écriés pour fuir de la place du Dôme, par les différentes portes de la cathédrale. Chacun fuyait donc, à l'exception de huit ou dix partisans de Laurent, qui s'étaient réunis dans un coin, et qui, l'épée à la main, accourant à la porte de la sacristie, appelaient à grands cris Laurent, lui disant qu'ils répondaient de tout, et que, s'il voulait sortir, ils s'engageaient sur leur tête à le reconduire sain et sauf à la maison.

Mais Laurent n'avait point hâte de se rendre à cette invitation, il craignait que ce ne fût une ruse de ses ennemis pour le faire retomber dans le piège auquel il était échappé. Alors Sismondi della Stuffa monta par l'escalier de l'orgue jusqu'à une fenêtre de laquelle, en plongeant, dans l'église, il vit le Dôme vide, à l'exception de la troupe d'amis qui attendait Laurent à la porte de la sacristie, et du corps de Julien, sur lequel était étendue une femme si pâle et si immobile que n'eussent été ses sanglots on eût pu la prendre pour un second cadavre.

Sismondi della Stuffa descendit et dit à Laurent ce qu'il avait vu ; alors celui-ci reprit courage et sortit. Ses amis l'entourèrent aussitôt, et, comme ils le lui avaient promis, le reconduisirent sain et sauf à son palais de Via Larga.

Cependant, au moment du lever Dieu, les cloches avaient sonné comme d'habitude : c'était le signal attendu par ceux qui s'étaient chargés du palais. En conséquence, au premier tintement du bronze, l'archevêque Salviati entra dans la salle où était le gonfalonnier, donnant pour prétexte qu'il avait quelque chose à communiquer de la part du pape.

Ce gonfalonnier, comme nous l'avons dit, était César Petrucci, c'est-à-dire le même qui, huit ans auparavant, étant podestat de Piato, avait été enveloppé dans une conspiration pareille, par André Nardi. Cette première catastrophe, dont il avait failli être victime, avait laissé dans sa mémoire des traces si profondes que, depuis ce temps, il était sans cesse sur ses gardes. Aussi, quoique aucun bruit de la conjuration n'eût transpiré encore, et quoique aucune nouvelle n'en fût parvenue jusqu'à lui, à peine eut-il aperçu Salviati qui venait à lui avec une émotion visible, qu'au lieu de l'attendre, il s'élança vers la porte où il trouva Jacques Bracciolini qui voulait lui barrer le passage ; mais César Petrucci était, malgré sa prudence, plein de courage et de force. Il saisit Bracciolini aux cheveux, le renversa, et, lui mettant le genou sur la poitrine, il appela ses sergens qui accoururent. Cinq ou six conjurés qui accompagnaient Bracciolini voulurent le secourir ; mais les sergens étaient en force, trois des conjurés furent tués, deux furent jetés par les fenêtres, un seul se sauva en appelant au secours.

Alors ceux qui étaient dans la chancellerie comprirent que le moment était arrivé, et voulurent courir à l'aide de leurs camarades ; mais la porte, qu'ils avaient tirée sur eux, avait un secret qui, une fois fermé, l'empêchait de se rouvrir. Ils se trouvèrent donc prisonniers, et, par conséquent, dans l'impossibilité de secourir l'archevêque. Pendant ce temps, César Petrucci avait couru à la salle où les prieurs tenaient leur audience, et là, sans savoir précisément encore de quoi il s'agissait, il avait donné l'alarme. Les prieurs aussitôt s'étaient réunis à lui : César les encouragea. On résolut de se défendre, chacun s'arma de ce qu'il put ; le vaillant gonfalonnier, en traversant la cuisine, prit une broche, et ayant fait entrer la seigneurie dans la tour, il se plaça devant la porte, qu'il défendit si bien que personne n'y pénétra.

Cependant l'archevêque, grâce à son costume ecclésiastique, avait traversé la salle où, près des cadavres de ses camarades, Bracciolini était prisonnier, et, d'un geste, il avait fait comprendre à son complice qu'il allait venir à son secours. En effet, à peine eut-il paru à la porte de la rue que le reste des conjurés se rallia à lui ; mais, au moment où ils allaient remonter, ils virent déboucher, par la rue qui conduit au Dôme, une troupe de partisans des Médicis qui s'approchait en poussant le cri ordinaire de cette maison, qui était *palle, palle*. Salviati comprit qu'il ne s'agissait plus d'aller secourir Bracciolini, mais de se défendre soi-même.

En effet, la fortune avait changé de face, et le danger s'était retourné contre ceux qui l'avaient éveillé. Les deux prêtres avaient été poursuivis et mis en pièces par les Médicis. Bernard Bandini, après avoir vu Politien fermer entre Laurent et lui les portes de bronze de la sacristie, avait, comme nous l'avons dit, emmené François Pazzi hors de l'église; mais arrivé devant son palais, celui-ci s'était senti si faible qu'il n'avait pu aller plus loin, et, tandis que Bernard gagnait au large, il s'était jeté sur son lit, et attendait les événemens avec autant de résignation qu'il avait montré de courage. Alors Jacob, malgré son grand âge, avait tenté de remplacer son neveu ; il était monté à cheval, et, à la tête d'une centaine d'hommes qu'il avait réunis dans sa maison, il parcourait les rues de la ville en criant : Liberté! liberté! Mais c'était un cri que déjà Florence ne comprenait plus. Une partie des citoyens, qui ignorait encore ce qui s'était passé, sortaient sur leurs portes, et le regardaient en silence et avec étonnement ; ceux qui connaissaient le crime grondaient sourdement en le menaçant du geste, et en cherchant une arme pour joindre l'effet à la menace. Jacob vit ce que les conjurés voient toujours trop tard ; c'est que les maîtres ne viennent que lorsque les peuples veulent être esclaves. Il comprit alors qu'il n'avait pas une minute à perdre pour pourvoir à sa sûreté, et fit volte-face avec sa troupe, gagna une des portes de la ville, et prit la route de la Romagne.

Laurent se retira chez lui, et, sous le prétexte qu'il pleurait son frère, il laissa faire ses amis.

Laurent avait raison; il était dépopularisé pour le reste de sa vie, s'il s'était vengé comme on le vengeait.

Le jeune cardinal Riavio, qui ignorait, non pas le complot, mais la manière dont il devait s'accomplir, s'était mis à l'instant même sous la garde des prêtres qui l'emmenèrent dans une sacristie voisine de celle où s'était réfugié Laurent. L'archevêque Salviati, son frère, son cousin, et Jacques Bracciolini, arrêtés par César Petrucci dans le palais même de la seigneurie, furent pendus, les uns à la Ringhiera, les autres aux balcons des fenêtres. François Pazzi, retrouvé sur son lit tout épuisé du sang qu'il avait perdu, fut traîné au Palais-Vieux au milieu des malédictions et des coups de la populace qu'il regardait en haussant les épaules, le sourire du mépris sur les lèvres, et pendu à la même fenêtre que Salviati, sans que les menaces, les coups ni le supplice aient pu lui arracher une seule plainte. Jean-Baptiste de Montesecco, qui avait refusé de frapper Laurent dans une église, et qui probablement lui avait sauvé la vie en l'abandonnant aux poignards des deux prêtres, eut la tête tranchée. René des Pazzi, qui s'était retiré à la campagne pour ne point être confondu avec les conjurés, ne put, par cette précaution, éviter son sort; il fut pris et pendu comme ses parens. Le vieux Jacob des Pazzi, qui s'était sauvé avec sa troupe, avait été arrêté par les montagnards des Apennins qui, malgré une somme assez forte qu'il leur offrit, non point pour le laisser libre, mais pour le tuer, l'amenèrent vivant à Florence, où il fut pendu à la même fenêtre que René. Enfin, lorsque deux ans s'étaient écoulés depuis cette catastrophe, on vit, un matin, un cadavre accroché aux fenêtres du bargello; c'était celui de Bernard Bandini qui s'était réfugié à Constantinople, et que le sultan Mahomet II avait envoyé prisonnier à Laurent en signe de son désir de conserver la paix avec la Magnifique république.

Le chœur qui enferme l'espace où fut joué ce grand drame fut exécuté depuis par ordre de Cosme Ier; il est orné de quatre-vingt-huit figures en bas relief, de Baccio Bandinelli et de son élève Jean dell'Opera. Le grand autel est du même maître, à l'exception du crucifix en bois sculpté, qui est de Benoît de Majano, et d'une pièce en marbre représentant Joseph d'Arimathie soutenant le Christ, et qui est le dernier

morceau de marbre qu'ait touché le ciseau de Michel-Ange. Michel-Ange le destinait au tombeau qu'il voulait se préparer à Sainte-Marie-Majeure ; mais les chanoines du Dôme eurent, si on peut le dire, la piété sacrilège de détourner ce bloc inachevé de sa destination tumulaire, et s'en emparèrent pour leur cathédrale.

Au-dessus du chœur s'élève, à une hauteur de 275 pieds, la fameuse coupole de Brunelleschi ; elle resta nue et sans ornement, belle de sa beauté, et grande de sa seule grandeur, jusqu'en 1572, époque où Vasari obtint de Cosme Ier l'autorisation de la couvrir de peinture. Le jour anniversaire de la naissance du grand-duc, il monta sur son échafaud, et donna le premier coup de pinceau à cet immense et médiocre ouvrage, qu'il laissa inachevé en mourant ; l'œuvre fut continué par Frédéric Zuccheri.

Deux gloires artistiques font en outre pendant aux deux gloires militaires de Jean Hawkwood et de Pierre Farnèse: ce sont les tombeaux de Brunelleschi et du Giotto. L'épitaphe du premier est de Mazzuppini, et celle du second de Politien. La meilleure des deux au reste, est fort médiocre en comparaison d'une statue de l'un ou d'un tableau de l'autre.

En sortant de Sainte-Marie-des-Fleurs par la grande porte du milieu, on se trouve juste en face d'une autre porte. C'est celle du baptistère de Saint-Jean ; c'est la fameuse porte de bronze de Ghiberti. Michel-Ange avait toujours peur que Dieu enlevât ce chef-d'œuvre à Florence, pour en faire la porte du ciel.

Le baptistère de Saint-Jean, église primitive de la ville, dont Dante parle si souvent et avec tant d'amour, est une bâtisse du sixième siècle, et qui ne remonte à rien moins qu'à cette belle reine Théodolinde, qui commandait alors à toute cette riche contrée qui s'étendait du pied des Alpes au duché de Rome. C'était le temps où les ruines éparses du monde qui venait de finir offraient de splendides matériaux au monde qui commençait. Les architectes lombards prirent à pleines mains colonnes, chapiteaux, bas-reliefs, et jusqu'à une pierre portant une inscription romaine en l'honneur d'Aurélius Vérus, puis ils en firent un temple qu'ils consacrèrent au baptême du Christ.

Le baptistère demeura ainsi rude et fruste, et dans toute sa nudité barbare, jusqu'au onzième siècle ; c'était la grande époque des mosaïstes. Partis de Constantinople, ils parcouraient le monde, appliquant leurs longues et maigres figures du Christ, de la Vierge et des saints sur des fonds d'or. Apollonius fut appelé à Florence, et on lui livra la voûte. Les peintures commencées par lui furent continuées par André Tafi, son élève, et achevées par Jacques da Turrita, Taddeo Gaddi, Alexis Baldovinotti et Dominique Guirlandajo. Bientôt, lorsqu'on vit l'intérieur si beau et si resplendissant, on pensa à l'extérieur, et on chargea Arnolfo di Lapo de le revêtir de marbre. Ces améliorations avaient porté leurs fruits : les offrandes devenaient dignes du temple. On pensa qu'il fallait des portes de bronze pour enfermer tant de richesses, et, en 1330, on chargea André de Pise d'exécuter celle du midi, qui regarde le *Bigallo*. L'œuvre fut achevée en 1339, et produisit une telle sensation, que la seigneurie de Florence sortit solennellement de son palais pour aller la visiter, accompagnée des ambassadeurs de Naples et de Sicile. L'artiste, qui était de Pise, ainsi que l'indique son nom, reçut en outre les honneurs de la *cittadinanza*.

Restaient deux autres portes à exécuter ; le travail merveilleux du premier ouvrier rendait difficile le choix du second ; on résolut de les mettre au concours. Chaque concurrent adopté par la commission devait recevoir de la Magnifique république une somme suffisante pour vivre un an, et, au bout de cette année, présenter son esquisse. Brunelleschi, Donatello, Lorenzo de Bartoluccio, Jacopo della Quercia de Sienne, Nicolas d'Arezzo, son élève, François de Valdambrine et Simon de Colle, appelé Simon des Bronzes, à cause de son habileté à mouler cette matière, se présentèrent et furent reçus sans difficulté.

Il y avait alors à Rimini un jeune homme qui faisait son tour d'Italie, comme on fait chez nous son tour de France ;

il allait de Venise à Rome, mais il avait été arrêté au passage par le seigneur Malatesta. C'était un de ces tyrans artistes du moyen âge qui prenaient tant à cœur l'intérêt de l'art : aussi, comme je l'ai dit, avait-il arrêté ce jeune homme, et lui faisait-il faire force belles fresques. Dans les intervalles de son travail, le jeune homme, qui était en outre orfèvre et sculpteur, s'amusait, pour se distraire, à mouler des petites figures en glaise et en cire, que le seigneur Malatesta donnait à ses beaux enfans, qui devaient être un jour des tyrans comme lui.

Un matin, il trouva son commensal tout préoccupé; Malatesta lui demanda ce qu'il avait. Le jeune homme lui répondit qu'il venait de recevoir une lettre de son beau-père qui lui annonçait que la porte principale du baptistère de Pise était mise au concours, et qui l'invitait à venir concourir, honneur si grand, qu'au fond du cœur il s'en trouvait fort indigne. Malatesta encouragea fort le jeune homme à partir pour Florence; puis, comme il comprit que le pauvre artiste était à sec d'argent, il lui donna une bourse pleine d'or pour l'aider à faire son voyage. C'était, comme on le voit, un excellent homme que cet exécrable tyran Malatesta.

Le jeune homme se mit en route pour Florence, à la fois plein d'espérances et de crainte. Le cœur lui battit fort, lorsque de loin il aperçut les tours et les clochers de sa ville natale; et, il fit un effort sur lui-même, et, comme même d'embrasser ni sa femme ni son père, il s'en alla frapper à la porte de ce fameux conseil dont toute sa vie allait dépendre.

Les juges lui demandèrent son nom et ce qu'il avait fait. Le jeune homme répondit qu'il se nommait Lorenzo Ghiberti; quant à la seconde question, il était moins facile d'y répondre, car il n'avait guère fait encore que les charmantes figures de cire et de glaise avec lesquelles jouaient les jolis enfans du tyran Malatesta.

Aussi le pauvre Ghiberti eut-il grande peine de désarmer la sévérité de ses juges, et déjà il était près de retourner à Rimini, lorsque, sur la demande de Brunelleschi, ami de son beau-père, et de Donatello, son ami à lui, il fut reçu, mais plutôt à titre d'encouragement qu'à titre de concurrence sérieuse. N'importe, il était reçu, c'était tout ce qu'il lui fallait; il empocha sa somme, prit son programme et se mit à la besogne.

L'année s'écoula, chacun travaillant de son mieux; puis, au jour dit, chacun présenta son esquisse. Il y avait trente-quatre juges, tous peintres, sculpteurs ou orfèvres du premier rang.

Le prix se partagea de prime-abord entre trois des concurrens. Ces trois lauréats étaient Brunelleschi, Lorenzo de Bartoluccio et Donatello. On avait bien trouvé l'esquisse de Ghiberti fort belle; mais il était si jeune que, soit crainte de blesser les maîtres qui avaient concouru avec lui, soit toute autre raison, on n'avait point osé lui donner le prix. Mais alors il arriva une chose merveilleuse : c'est que Brunelleschi, Bartoluccio et Donatello, s'étant retirés dans un coin pour délibérer, revinrent, après un instant de délibération, et dirent aux consuls qu'il leur semblait qu'on avait fait une chose contre la justice en refusant le prix, et qu'ils croyaient, en leur âme et conscience, que celui qui l'avait véritablement gagné était Lorenzo Ghiberti.

On conçoit qu'une pareille démarche rangea facilement les juges de son côté; et, une fois par hasard, le prix fut accordé à celui qui l'avait mérité. Il est vrai que le concours, fidèle à la mission originelle de tout concours, l'avait donné d'abord à celui qui ne le méritait pas.

L'ouvrage dura quarante ans, dit Vasari, c'est-à-dire un an de moins que n'avait vécu Masaccio, un an de plus que ne devait vivre Raphaël. Lorenzo, qui l'avait commencé plein de jeunesse et de force, l'acheva vieux et courbé. Son portrait est celui de ce vieillard chauve qui, lorsque la porte est fermée, se trouve dans l'ornement du milieu; toute une vie d'artiste s'était écoulée en sueurs, et était tombée goutte à goutte sur ce bronze !...

Quant à l'autre porte, qui fut donnée à Ghiberti en récompense de la première, ce ne fut plus qu'un jeu pour lui,

car il n'avait qu'à imiter André de Pise, qu'on avait regardé jusqu'alors comme inimitable.

C'est en sortant du Baptistère par cette porte du milieu, où sont attachées les chaînes du port de Pise, — malheureuses chaînes que se sont partagées tour à tour les Génois et les Florentins, — que l'on découvre, dans toute sa majestueuse hardiesse, le Campanile de Giotto. Ce merveilleux monument, solide comme une tour et découpé comme une dentelle, si léger, si beau, si brillant, que Politien l'a chanté en vers latins, que Charles V disait qu'on le devrait mettre sous verre pour ne le montrer que les jours de grande fête, et qu'on dit encore aujourd'hui à Florence : Beau comme le Campanile, pour indiquer toute chose si splendide qu'il lui manque un terme de comparaison.

Giotto avait ménagé des niches qui furent remplies par Donatello. Six statues sont de ce maître; l'une d'elles, celle qui représente le frère Barduccio Cherichini, plus connu sous le nom de dello Zuccone, à cause de sa calvitie, est un chef-d'œuvre de naturel et de modelé. Du point où on l'examine, c'est la perfection grecque réunie au sentiment chrétien; aussi l'on raconte que lorsque Donatello accompagna sa statue bien-aimée de son atelier au Campanile, confiant dans son génie, et croyant que le Dieu des chrétiens lui devait le même miracle que Jupiter avait fait pour Pygmalion, il ne cessa, tout le long de la route, de lui répéter à demi-voix : — *Favella! favella!* — Parle, mais parle donc!

La statue resta muette, mais l'admiration des peuples et la voix de la postérité ont parlé pour elle.

LE PALAIS RICCARDI.

Nous allions quitter cette magnifique place du Dôme pour nous faire conduire à celle du Grand-Duc, lorsqu'en jetant un regard dans la Via Martelli, nous aperçûmes, à l'extrémité de cette rue, l'angle d'un si beau palais, que nous nous écartâmes un moment de notre plan chronologique, pour nous acheminer droit à cet édifice. À mesure que nous avancions, nous le voyions se développer à la fois dans toute son élégance et dans toute sa majesté. C'était le magnifique palais Riccardi, qui fait le coin de la Via Larga et de la Via dei Calderai.

Le palais Riccardi fut bâti par Cosme l'Ancien, celui-là que la patrie commença par chasser deux fois, et finit enfin par appeler son père.

Cosme vint à une de ces époques heureuses où tout dans une nation tend à s'épanouir à la fois, et où l'homme de génie a toute facilité pour être grand. En effet, l'ère brillante de la république était venue avec lui; les arts apparaissaient de tout côtés. Brunelleschi bâtissait ses églises, Donatello taillait ses statues, Orcagna découpait ses portiques, Mazaccio couvrait les murs de ses fresques; enfin, la prospérité publique, marchant d'un pas égal avec le progrès des arts, faisait de la Toscane, placée entre la Lombardie, les États de l'Église, et la république vénitienne, le pays non-seulement le plus puissant, mais encore le plus heureux de l'Italie.

Cosme était né avec des richesses immenses qu'il avait presque doublées, et, sans être plus qu'un citoyen, il avait acquis une influence étrange. Placé en dehors du gouvernement, il ne l'attaquait point, mais aussi ne le flattait pas. Le gouvernement suivait-il une bonne voie, il était sûr de sa louange; s'écartait-il du droit chemin, il n'échappait point à son blâme; et cette louange ou ce blâme de Cosme l'Ancien étaient d'une importance suprême, car sa gravité, ses richesses et ses cliens donnaient à Cosme le rang d'un homme public. Ce n'était point encore le chef du gouvernement, mais c'était déjà plus que cela peut-être : c'était son censeur.

Aussi l'on comprend quel orage devait secrètement s'amasser contre un pareil homme. Cosme le voyait poindre et l'entendait gronder ; mais, tout entier aux grands travaux qui cachaient ses grands projets, il ne tournait pas même la tête du côté de cet orage naissant, et faisait achever la chapelle Saint-Laurent, bâtir l'église du couvent des dominicains de Saint-Marc, élever le monastère de San-Frediano, et jeter enfin les fondemens de ce beau palais de Via Larga, appelé aujourd'hui palais Riccardi. Seulement, lorsque ses ennemis le menaçaient trop ouvertement, comme le temps de la lutte n'était pas encore venu pour lui, il quittait Florence pour s'en aller dans le Bugello, berceau de sa race, bâtir les couvens del Bosco et de Saint-François, rentrait sous le prétexte de donner un coup d'œil à sa chapelle du noviciat des pères de Saint-Croix et du Couvent-des-Anges des Camaldules, puis il sortait de nouveau pour aller presser les travaux de ses villas de Carreggi, de Caffaggio, de Fiesole et de Tribbio, ou fondait à Jérusalem un hôpital pour les pauvres pèlerins. Cela fait, il revenait voir où en étaient les affaires de la république, et son palais de Via Larga.

Et toutes ces constructions immenses sortaient à la fois de terre, occupant tout un monde de manœuvres, d'ouvriers et d'architectes : et cinq cent mille écus y passaient, c'est-à-dire sept ou huit millions de notre monnaie actuelle, sans que le fastueux citoyen parût le moins du monde appauvri de cette éternelle et royale dépense.

C'est qu'en effet Cosme était plus riche que bien des rois de l'époque, son père Giovanni lui avait laissé à peu près quatre millions en argent et huit ou dix en papier, et lui, par le change, ayant plus que quintuplé cette somme. Il avait dans les différentes places de l'Europe, tant en son propre nom qu'au nom de ses agens, seize maisons de banque en activité. A Florence, tout le monde lui devait, car sa bourse était ouverte à tout le monde, et cette générosité était si bien, aux yeux de quelques-uns, l'effet d'un calcul, qu'on assurait qu'il avait l'habitude de conseiller la guerre, pour forcer les citoyens ruinés de recourir à lui. Aussi avait-il fait, pour amener la guerre de Lucques, de tels efforts, que Varchi dit de lui, qu'avec ses vertus visibles et ses vices secrets, il arriva à se faire chef et presque prince d'une république déjà plus esclave que libre.

Mais la lutte fut longue ; Cosme, chassé de Florence, en sortit en proscrit, et y rentra en triomphateur.

Cosme adopta dès lors cette politique que nous avons vu Laurent, son petit-fils, suivre plus tard ; il se remit à son commerce, à ses agios et à ses monumens, laissant à ses partisans, alors au pouvoir, le soin de sa vengeance. Les proscriptions furent si longues, les supplices furent si nombreux, qu'un de ses plus intimes et de ses plus fidèles crut devoir aller le trouver pour lui dire qu'il dépeuplait la ville. Cosme leva les yeux d'un calcul de change qu'il faisait, posa la main sur l'épaule du messager de clémence, le regarda fixement, et avec un imperceptible sourire : — J'aime mieux la dépeupler que de la perdre, lui dit-il. Et l'inflexible arithméticien se remit à ses chiffres.

Ce fut ainsi qu'il vieillit, riche, puissant, honoré, mais frappé dans l'intérieur de sa famille par la main de Dieu. Il avait eu de sa femme plusieurs enfans, dont un seul lui survécut. Aussi, cassé et impotent, se faisant porter dans les immenses salles de son immense palais, afin d'inspecter sculptures, dorures et fresques, il secouait tristement la tête et disait : — Hélas ! hélas ! voilà une bien grande maison pour une si petite famille !

En effet, il laissa pour tout héritier de son nom, de ses biens et de sa puissance, Pierre de Médicis, qui, placé entre Cosme le Père de la patrie et Laurent le Magnifique, obtint pour tout surnom celui de Pierre le Goutteux.

Refuge des savans grecs chassés de Constantinople, berceau de la renaissance des arts pendant le XIVᵉ et XVᵉ siècle, siège aujourd'hui des séances de l'académie de la Crusca, le palais Riccardi fut successivement habité par Pierre le Goutteux et par Laurent le Magnifique, qui s'y retira après

la conspiration des Pazzi, comme son aïeul s'y était retiré après son exil. Laurent légua le palais, avec son immense collection de pierres précieuses, de camées antiques, d'armes splendides et de manuscrits originaux, à son fils Pierre, qui mérita, non pas le titre de Pierre le Goutteux, mais le titre de Pierre l'Insensé.

Ce fut celui-là qui ouvrit les portes de Florence à Charles VIII, qui lui livra les clefs de Sarzane, de Pietra-Santa, de Pise, de Libra-Fatta et de Livourne, et qui s'engagea à lui faire payer par la république, à titre de subside, la somme de deux cent mille florins.

Il lui offrit en outre, en son palais de Via Larga, une hospitalité que le roi de France était tout disposé à prendre, quand bien même on ne la lui aurait pas offerte.

En effet, comme chacun sait, Charles VIII entra à Florence en vainqueur et non en allié, monté sur son cheval de bataille, la lance au poing et la visière baissée : il traversa ainsi toute la ville, depuis la porte San-Friano jusqu'au palais de Pierre, que la seigneurie avait dès la veille chassé de Florence, lui et les siens.

Ce fut au palais Riccardi qu'eut lieu la discussion du traité passé entre Charles VIII et Pierre, au nom de la république, traité que la république ne voulait pas reconnaître. Les choses allèrent loin, et l'on fut sur le point de recourir aux armes, car les députés ayant été introduits dans la grande salle en présence de Charles VIII, qui les reçut assis et couvert, le secrétaire royal, qui était debout auprès du trône, commença de lire article par article les conditions de ce traité, et comme chaque article nouveau amenait une discussion nouvelle, Charles VIII impatienté s'écria : — Il en sera cependant ainsi, ou je ferai sonner mes trompettes. — Eh bien ! répondit Pierre Capponi, secrétaire de la république, en arrachant le papier des mains du lecteur, et en le mettant en pièces ; eh bien ! sire, faites sonner vos trompettes, nous ferons sonner nos cloches.

Cette réponse sauva Florence. Le roi de France crut que la république était aussi forte qu'elle était fière ; Pierre Capponi s'était déjà élancé hors de l'appartement, Charles le fit appeler, et présenta des conditions nouvelles qui furent acceptées.

Onze jours après, le roi quitta Florence pour marcher sur Naples, laissant dévaster par ses soldats trésor, galeries, collections et bibliothèques.

Le palais Riccardi resta vide pendant dix-huit ans que dura l'exil des Médicis ; enfin, au bout de ce temps, ils rentrèrent ramenés par les Espagnols, et, malgré ce puissant secours, ils rentrèrent, dit la capitulation, non pas comme princes, mais comme simples citoyens.

Mais enfin le tronc gigantesque avait poussé de si puissans rameaux que sa sève commençait à tarir, et que l'arbre dépérissait de plus en plus. En effet, Laurent II, mort et enseveli dans son tombeau sculpté par Michel-Ange, il ne restait plus du sang de Cosme l'Ancien que trois bâtards ; Hippolyte, bâtard de Jules II, qui fut cardinal ; Jules, bâtard de Julien l'Ancien, assassiné dans la conspiration des Pazzi, et qui fut pape sous le nom de Clément VII ; enfin Alexandre, bâtard de Julien II ou de Clément VII, on ne sait pas bien, et qui fut duc de Toscane. Comme ils demeurèrent tous trois un instant à Florence, logeant sur la même place, on appela par raillerie cette place des Trois-Mulets.

Autant, au reste, la race des Médicis de la branche aînée avait d'abord été en honneur à Florence à son commencement, autant elle était venue en exécration et tombée en mépris vers cette époque. Aussi les Florentins n'attendaient-ils qu'une occasion pour chasser Alexandre et Hippolyte de Florence ; mais leur oncle Clément VII, placé sur le trône pontifical, leur offrait un appui trop puissant pour que les derniers débris du parti républicain osassent rien entreprendre contre eux.

Le sac de Rome par les soldats du connétable de Bourbon, et l'emprisonnement du pape au château Saint-Ange, vinrent offrir aux Florentins l'occasion qu'ils attendaient. Ils la saisirent à l'instant même, et pour la troisième fois les Médicis reprirent la route de l'exil. Clément VII, qui était homme de ressources, se tira d'affaire en vendant sept chapeaux de cardinaux, avec lesquels il paya une partie de sa rançon, et en en mettant cinq autres en gage pour répondre du reste. Alors comme, moyennant ces garanties, on lui laissait un peu plus de liberté, il en profita pour se sauver de Rome, sous l'habit d'un valet, et gagna Orvielle. Les Florentins se croyaient donc bien tranquilles sur l'avenir en voyant Charles-Quint vainqueur et le pape fugitif.

Malheureusement, Charles-Quint avait été élu empereur en 1519, et il avait besoin d'être couronné. Or, l'intérêt rapprocha ceux que l'intérêt avait séparés. Clément VII s'engagea à couronner Charles-Quint, et Charles-Quint s'engagea à prendre Florence et à en faire la dot de sa fille naturelle, Marguerite d'Autriche, que l'on fiança à Alexandre.

Les deux promesses furent religieusement tenues : Charles-Quint fut couronné à Bologne, car, dans la tendresse toute nouvelle qu'il portait au pape, il ne voulait pas voir les ravages que ses troupes avaient faits dans la cité sainte ; et après un siége terrible, où Florence fut défendue par Michel-Ange et livrée par Malatesta, le 31 juillet 1531, Alexandre fit son entrée solennelle dans la future capitale de son duché.

Alexandre avait à peu près tous les vices de son époque, et très-peu des vertus de sa race. Fils d'une Mauresque, il en avait hérité les passions ardentes. Constant dans sa haine, inconstant dans son amour, il essaya de faire assassiner Pierre Strozzi, et fit empoisonner le cardinal Hippolyte son cousin, « qui, au dire de Varchi, était un beau et agréable jeune homme, doué d'un esprit heureux, affable du cœur, généreux de la main, libéral et grand comme Léon X, et qui donna d'une seule fois quatre mille ducats de rente à François-Marie Molza, noble Modénois, versé dans l'étude de la grande et bonne littérature, et dans celle des trois belles langues, qui étaient, à cette époque, le grec, le latin et le toscan. »

Aussi y eut-il, pendant ses six ans de règne, force conspirations contre lui.

Philippe Strozzi déposa une somme immense entre les mains d'un frère dominicain de Naples, qui avait, disait-on, une grande influence sur Charles-Quint, pour qu'il obtînt de Charles-Quint qu'il rendît la liberté à sa patrie. Jean-Baptiste Cibo, archevêque de Marseille, essaya de profiter de ses amours avec la sœur de son frère, qui, séparée de son mari, habitait le palais des Pazzi, pour le faire tuer un jour qu'il viendrait la voir dans ce palais ; et comme il savait qu'Alexandre portait ordinairement sous son habit un justaucorps de mailles, si merveilleusement fait qu'il était à l'épreuve de l'épée et du poignard, il avait fait remplir de poudre un coffre sur lequel le duc avait l'habitude de s'asseoir lorsqu'il venait voir la marquise, et il devait y faire mettre le feu. Mais cette conspiration et toutes les autres qui la suivirent furent découvertes, à l'exception d'une seule. C'est qu'aussi dans celle-là il n'y avait qu'un conjuré, qui, à lui seul, devait tout accomplir. Ce conjuré était Laurent de Médicis, l'aîné de cette branche cadette, qui s'écarta du tronc paternel avec Laurent, frère puîné de Cosme le Père de la patrie, et qui, dans sa marche ascendante, s'était, tout en côtoyant la branche aînée, séparée elle-même en trois rameaux.

Laurent était né à Florence, l'an 1514, le 23 mars, de Pierre-François de Médicis, deux fois neveu de Laurent, frère de Cosme et de Marie Soderini, femme d'une sagesse exemplaire, et d'une prudence reconnue.

Laurent perdit son père de bonne heure, et comme il avait neuf ans à peine, sa première éducation se fit alors sous l'inspection de sa mère. Mais l'enfant ayant une grande facilité à apprendre, cette éducation fut faite très-rapidement, et il sortit de cette tutelle féminine pour entrer dans celle de de Philippe Strozzi : là son caractère étrange se développa. C'était un mélange de raillerie, d'inquiétude, de désir, de doute, d'impiété, d'humilité et de hauteur, qui faisait que tant qu'il n'eut pas de motifs de dissimuler, ses véritables amis ne le virent jamais deux fois do suite sous la même face. Caressant tout le monde, n'estimant personne,

aimant tout ce qui était beau, sans distinction de sexe, c'était une de ces créatures hermaphrodites, comme la nature capricieuse en produit dans ses époques de dissolution. De temps en temps, de ce composé d'élémens hétérogènes jaillissait un vœu ardent de gloire et d'immortalité, d'autant plus inattendu qu'il partait d'un corps si frêle et si féminin qu'on ne l'appelait que Lorenzino. Ses meilleurs amis ne l'avaient jamais vu ni rire ni pleurer, mais toujours railler et maudire. Alors son visage, plutôt gracieux que beau, car il était naturellement brun et mélancolique, prenait une expression si infernale, que, quelque rapide qu'elle fût, car elle ne passait jamais sur sa face que comme un éclair, les plus braves en étaient épouvantés. A quinze ans, il avait été étrangement aimé du pape Clément, qui l'avait fait venir à Rome, et qu'il avait eu plusieurs fois l'intention d'assassiner. Puis, à son retour à Florence, il s'était mis à courtiser le duc Alexandre avec tant d'adresse et d'humilité, qu'il était devenu non pas un de ses amis, mais peut-être son seul ami.

Il est vrai qu'avec Lorenzino pour familier, Alexandre pouvait se passer des autres. Lorenzo lui était bon à tout : c'était son bouffon, c'était son complaisant, c'était son valet, c'était son espion, c'était son amant, c'était sa maîtresse. Il n'y avait que quand le duc Alexandre avait envie de s'exercer aux armes, que son compagnon-éternel lui faisait faute, et se couchait sur quelque lit moëlleux ou sur quelques coussins bien doux, en disant que toutes ces cuirasses étaient trop dures pour sa poitrine, et toutes ces dagues et ces épées trop lourdes pour sa main. — Alors, tandis qu'Alexandre s'escrimait avec les plus habiles spadassins de l'époque, lui, Lorenzino, jouait avec un petit couteau de femme, aigu et effilé, et dont il essayait la pointe en perçant des florins d'or, et en disant que c'était là son épée à lui, et qu'il n'en voulait jamais porter d'autre. — Si bien qu'en le voyant si mou, si humble et si lâche, on ne l'appelait plus même Lorenzino, mais Lorenzaccio.

Aussi, de son côté, le duc Alexandre avait-il une grande confiance en lui ; et la preuve la plus certaine qu'il lui en donnait, c'est qu'il l'avait fait l'entremetteur de toutes ses intrigues amoureuses. Quel que fût le désir du duc Alexandre, soit que ce désir montât au plus haut, soit qu'il descendît au plus bas, soit qu'il poursuivît une beauté profane, soit qu'il pénétrât dans quelque saint monastère, soit qu'il eût pour but l'amour de quelque épouse adultère ou de quelque chaste jeune fille, Lorenzo entreprenait tout. — Lorenzo menait tout à bien. — Aussi Lorenzo était-il le plus puissant et le plus détesté à Florence, après le duc.

De son côté, Lorenzo avait un homme qui lui était aussi dévoué que lui-même paraissait l'être au duc Alexandre. Cet homme était tout bonnement un certain Michel del Tovallaccino, un sbire, un assassin qu'il avait fait gracier pour un meurtre, que ses camarades de prison avaient baptisé du nom de Scoronconcolo, nom qui lui était resté, à cause de sa bizarrerie même. Dès lors cet homme était entré à son service et faisait partie de sa maison, lui témoignant une reconnaissance extrême, et cela à tel point qu'une fois Lorenzo s'étant plaint devant lui de l'ennui que lui donnait un certain intrigant, Scoronconcolo avait répondu : — Maître, dites-moi seulement quel est cet homme, et je vous promets que demain il ne vous gênera plus. — Et comme Lorenzo s'en plaignait encore un autre jour : — Mais dites-moi donc qui il est? demanda le sbire. Fût-ce quelque favori du duc, je le tuerai. — Enfin, comme une troisième fois Lorenzo revenait encore à se plaindre du même homme : — Son nom! son nom! s'était écrié Scoronconcolo ; car je le poignarderai, fût-ce le Christ ! — Cependant, pour cette fois, Lorenzo ne lui dit rien encore. — Le temps n'était pas venu.

Un matin le duc fit dire à Lorenzo de le venir voir plus tôt que de coutume. Lorenzo accourut : il trouva le duc encore couché. La veille, il avait vu une très jolie femme, celle de Léonard Ginori, et la voulait avoir. C'était pour cela qu'il faisait appeler Lorenzo ; et il avait d'autant plus compté sur lui, que celle dont il avait envie était la tante même de

Lorenzo. Lorenzo écouta la proposition avec la même tranquillité que s'il se fût agi d'une étrangère, et répondit à Alexandre, comme il avait coutume de lui répondre, qu'avec de l'argent toutes choses étaient faciles. Alexandre répliqua qu'il savait bien où était son trésor, et qu'il n'avait qu'à prendre ce dont il avait besoin ; puis Alexandre passa dans une autre chambre. Lorenzo sortit, mais en sortant il mit sous son manteau, sans être vu du duc, ce fameux jaque de mailles qui faisait la sûreté d'Alexandre, et le jeta en sortant dans le puits de Seggio Capovano.

Le lendemain, le duc demanda à Lorenzo où il en était de sa mission ; mais Lorenzo lui répondit qu'ayant affaire cette fois à une femme honnête, la chose pourrait bien traîner en quelque longueur ; puis il ajouta en riant qu'il n'avait qu'à prendre patience avec ses nonnes. En effet, le duc Alexandre avait un couvent, dont il avait séduit d'abord l'abbesse et ensuite les religieuses, et dont il s'était fait un sérail. Alexandre se plaignit aussi ce jour-là d'avoir perdu sa cuirasse, non pas tant qu'il crût en avoir besoin, mais parce qu'elle s'était assouplie à ses mouvements qu'il en était arrivé, tant il avait l'habitude, à ne la plus sentir. Lorenzo lui donna le conseil d'en commander une autre ; mais le duc répondit que l'ouvrier qui l'avait faite n'était plus à Florence, et qu'aucun autre n'était assez habile pour le remplacer.

Quelques semaines se passèrent ainsi, le duc demandant toujours à Lorenzo où il en était près de la signora Ginori, et Lorenzo le payant toujours de belles paroles, mais qu'il était arrivé à l'amener, par ce retard même, à un désir immodéré de posséder celle qui résistait ainsi.

Enfin, un matin, c'était le 6 janvier 1536 (vieux style), Lorenzo fit dire au sbire de venir déjeuner avec lui, ainsi que, dans ses jours de bonne humeur, il avait déjà fait plusieurs fois. Puis, lorsqu'ils furent attablés et qu'ils eurent amicalement vidé deux ou trois bouteilles :

— Or çà, dit Lorenzo, revenons à cet ennemi dont je t'ai parlé ; car maintenant que je te connais, je suis certain que tu ne me manqueras pas davantage dans le danger que je ne te manquerais moi-même. Tu m'as offert de le frapper, eh bien ! le moment est venu, et je te conduirai ce soir en un endroit où nous pourrons faire la chose à coup sûr. Es-tu toujours dans la même résolution ?

Le sbire renouvela ses promesses en les accompagnant de ces sermens impies dont se servent en l'occasion ces sortes de gens.

Le soir, en soupant avec le duc et plusieurs autres personnes, Lorenzo, ayant comme d'habitude pris sa place près d'Alexandre, se pencha à son oreille et lui dit qu'il avait enfin, à force de belles promesses, disposé sa tante à le recevoir, mais à la condition expresse qu'il viendrait seul et dans la chambre de Lorenzo, voulant bien avoir cette faiblesse pour lui, mais voulant néanmoins garder toutes les apparences de la vertu. Lorenzo ajouta qu'il était important que personne ne le vît ni entrer ni sortir, cette condescendance de la part de sa tante étant à la condition du plus grand secret. Alexandre était si joyeux qu'il promit ce qu'on voulut. Alors Lorenzo se leva pour aller, disait-il, tout préparer ; puis sur la porte il se retourna une dernière fois, et Alexandre lui fit signe de la tête qu'il pouvait compter sur lui.

En effet, aussitôt le souper fini, le duc se leva et passa dans sa chambre ; là, il mit bas l'habit qu'il portait et s'enveloppa d'une longue robe de satin fourrée de zibeline. Alors, demandant ses gants à son valet de chambre :

— Mettrai-je, dit-il, mes gants de guerre ou mes gants d'amour ? Car il avait en effet sur la même table des gants de mailles et des gants parfumés ; et comme avant de lui présenter les uns ou les autres, le valet attendait sa réponse :

— Donne-moi, lui dit-il, mes gants d'amour. Et le valet lui présenta ses gants parfumés.

Alors, il sortit du palais Médicis avec quatre personnes seulement, le capitaine Giustiniano de Sesena, un de ses confidens qui portait comme lui le nom d'Alexandre, et deux autres de ses gardes, dont l'un se nommait Giomo, et l'autre le Hongrois ; et lorsqu'il fut sur la place Saint-Marc, où il était allé pour détourner tout soupçon du véritable but de sa sortie, il congédia Giustiniano et Giomo, disant qu'il voulait être seul, et ne gardant avec lui que le Hongrois, il prit le chemin de la maison de Lorenzo. Arrivé au palais Sostigni, qui était presque en face de celui de Lorenzo, il ordonna au Hongrois de demeurer là et de l'y attendre jusqu'au jour ; et quelque chose qu'il vît ou qu'il entendît, quelles que fussent les personnes qui entrassent ou qui sortissent, de ne parler ni bouger sous peine de sa colère. Au jour, si le duc n'était point sorti, le Hongrois pouvait retourner au palais. Mais lui, qui était familier avec ces sortes d'aventures, se garda bien d'attendre le jour, et dès qu'il vit le duc entrer dans la maison de Lorenzo, qu'il savait être son ami, il s'en revint au palais, se jeta selon son habitude sur un matelas qu'on lui étendait chaque soir dans la chambre du duc, et s'y endormit.

Pendant ce temps le duc était monté dans la chambre de Lorenzo, où brûlait un bon feu et où l'attendait le maître de la maison. Alors il détacha son épée et alla s'asseoir sur le lit. Aussitôt Lorenzo prit l'épée, et roulant autour d'elle le ceinturon qu'il passa deux fois dans la garde, afin que le duc ne la pût tirer du fourreau, il la posa au chevet du lit, en disant au duc de prendre patience et qu'il allait lui amener celle qu'il attendait. A ces mots, il sortit, tira la porte après lui, et comme la porte était de celles qui se ferment avec un ressort, le duc sans s'en douter se trouva prisonnier.

Lorenzo avait donné rendez-vous à Scoronconcolo à l'angle de la rue, et Scoronconcolo, fidèle à la consigne, était à son poste. Alors Lorenzo, tout joyeux, alla à lui, et lui frappant sur l'épaule :

— Frère, lui dit-il, l'heure est venue. Je tiens enfermé dans ma chambre cet ennemi dont je t'ai parlé ; es-tu toujours dans l'intention de m'en défaire ?

— Marchons ! fut la seule réponse du sbire ; et tous deux rentrèrent dans la maison. Arrivé à moitié de l'escalier, Lorenzo s'arrêta :

— Ne fais pas attention, dit-il en se retournant vers Scoronconcolo, si cet homme est l'ami du duc, et ne m'abandonne pas.

— Soyez tranquille, dit le sbire.

Sur le palier, Lorenzo s'arrêta de nouveau :

— Quel qu'il soit, entends-tu bien ? ajouta-t-il en s'adressant une dernière fois à son acolyte.

— Quel qu'il soit, répondit avec impatience Scoronconcolo, fût-ce le duc lui-même.

— Bien, bien, murmura Lorenzo en tirant son épée et en la mettant nue sous son manteau ; et il ouvrit la porte doucement, et entra suivi du sbire. Alexandre était couché sur le lit, le visage tourné vers le mur, et probablement à moitié assoupi, car il ne se retourna point au bruit ; si bien que Lorenzo s'avança tout proche de lui, et, tout en lui disant :

— Seigneur, dormez-vous ? lui donna un si terrible coup d'épée, que la pointe, qui lui entra d'un côté au-dessous de l'épaule, lui sortit de l'autre au-dessous du sein, lui traversant le diaphragme, et, par conséquent, lui faisant une blessure mortelle.

Mais, quoique frappé mortellement, le duc Alexandre, qui était puissamment fort, s'élança, d'un seul bond, au milieu de la chambre, et allait gagner la porte restée ouverte, lorsque Scoronconcolo, d'un coup du taillant de son épée, lui ouvrit la tempe, et lui abattit presque entièrement la joue gauche. Le duc s'arrêta chancelant, et Lorenzo, profitant de ce moment, le saisit à bras le corps, le repoussa sur le lit, et le renversa en arrière, en pesant sur lui de tout le poids de son corps. En ce moment, Alexandre, qui, comme une bête fauve prise au piège, n'avait encore rien dit, poussa un cri en appelant à l'aide. Aussitôt Lorenzo lui mit la main gauche sur la bouche si violemment, que le pouce et une partie de l'index y entrèrent. Alors, par un mouvement instinctif, Alexandre serra les dents avec tant de force, que les os qu'il broyait craquèrent, et que ce fut Lorenzo, à son tour, qui, vaincu par la douleur, se renversa en arrière en jetant un cri terrible. Aussitôt, quoique perdant son sang par deux blessures, quoique le vomissant par la bouche, Alexandre se rua sur son adversaire, et, le pliant sous lui comme un roseau, il essaya de l'étouffer avec ses deux mains. Alors il y eut un instant terrible; car le sbire voulait en vain venir au secours de son maître : les deux lutteurs se tenaient tellement enlacés, qu'il ne pouvait frapper l'un sans risquer de frapper l'autre. Il donna bien quelques coups de pointe à travers les jambes de Lorenzo, mais il n'avait rien fait autre chose que percer la robe et la fourrure du duc, sans autrement atteindre son corps. Tout à coup il souvint qu'il avait sur lui un couteau. Alors il jeta sa grande épée, qui lui devenait inutile, et, saisissant le duc dans ses bras, il se mêla à ce groupe informe qui luttait au milieu de la demi-lumière que jetait dans la chambre le feu de la cheminée, cherchant un endroit où frapper. Enfin, il trouva la gorge d'Alexandre, y enfonça la lame de son couteau de toute sa longueur; et, comme il vit que le duc ne tombait pas encore, il la tourna et retourna tellement, qu'à force de *chicoter*, dit l'historien Varchi, il lui coupa l'artère et lui sépara presque la tête des épaules. Le duc tomba en poussant un dernier râlement. Scoronconcolo et Lorenzo, qui étaient tombés avec lui, se relevèrent et firent chacun un pas en arrière ; puis, s'étant regardés l'un l'autre, effrayés eux-mêmes du sang qui couvrait leurs habits, et de la pâleur qui couvrait leur visage :

— Je crois qu'il est enfin mort, dit le sbire.

Et, comme Lorenzo secouait la tête en signe de doute, il alla ramasser son épée, et revint en piquer lentement le duc, qui ne fit aucun mouvement ; ce n'était plus qu'un cadavre.

Ils le prirent, l'un par les pieds, l'autre par les épaules, et, tout souillé de sang, ils le mirent sur le lit, et jetèrent sur lui la couverture ; puis, comme il était tout haletant de la lutte, et prêt à se trouver mal de douleur, Lorenzo s'en alla ouvrir une fenêtre qui donnait sur Via Larga, afin de respirer et de se remettre, et pour voir aussi, en même temps, si le bruit qu'ils avaient fait n'avait attiré personne. Ce bruit avait bien été entendu de quelques voisins, et surtout de madame Marie Salviati, veuve de Jean des bandes noires, et mère de Cosme, qui s'était étonnée de ce long et obstiné trépignement. Mais, comme, dans la prévision de ce qui venait d'arriver, Lorenzo, vingt fois, pour s'accoutumer les voisins, avait fait un bruit pareil, en l'accompagnant de cris et de malédictions, chacun crut reconnaître dans cette rumeur le train habituel que menait celui que les uns regardaient comme un insensé, et les autres comme un lâche; de sorte que personne, à tout prendre, n'y avait fait attention, et que, dans la rue et dans les maisons attenantes, tout paraissait parfaitement tranquille.

Alors Lorenzo et Scoronconcolo, un peu remis, sortirent de la chambre qu'ils fermèrent, non-seulement au ressort, mais encore à la clef, et Lorenzo étant descendu chez son intendant Francesco Zeffi, prit tout l'argent comptant qu'il avait pour le moment à la maison, ordonna à un de ses domestiques nommé Freccia de le suivre, et sans autre suite que le sbire et lui, il s'en alla, grâce à une licence qu'il avait demandée d'avance dans la journée à l'évêque de Marzi, prendre des chevaux à la poste, et, sans s'arrêter et tout d'une haleine, il s'en alla jusqu'à Bologne, où seulement il s'arrêta pour panser sa main, dont les deux doigts étaient presque détachés; et qui cependant reprirent, mais en laissant une cicatrice éternelle. Puis, remontant à cheval, il gagna Venise, où il arriva dans la nuit du lundi. Aussitôt arrivé, il fit appeler Philippe Strozzi qui, exilé depuis quatre ou cinq ans, était à cette heure à Venise. Alors, lui montrant la clef de sa chambre : — Tenez, lui dit-il, vous voyez cette clef ? eh bien, elle ferme la porte d'une chambre où est le cadavre du duc Alexandre, assassiné par moi. Philippe Strozzi ne voulait pas croire une pareille nouvelle; mais le meurtrier, tirant de sa valise ses vêtemens tout ensanglantés, et lui montrant sa main mutilée : — Tenez, lui dit-il, en voilà la preuve.

Alors Philippe Strozzi se jeta à son cou en l'appelant le Brutus de Florence, et en lui demandant la main de ses deux sœurs pour ses deux fils.

C'est dans une maison attenante au palais Riccardi, que Laurent poignarda ainsi, à l'aide du spadassin Scoronconcolo, le duc Alexandre, frère naturel de Catherine de Médicis, premier duc de Florence et dernier descendant de Cosme, le Père de la patrie, car le pape Clément VII était mort en 1534, et le cardinal Hippolyte en 1535 ; et à l'occasion de cet assassinat on remarqua une chose étrange, qui était la sextuple combinaison du nombre *six* : Alexandre ayant été assassiné en l'année 1536, à l'âge de 26 ans, le 6 du mois de janvier, à 6 heures de la nuit, de 6 blessures, et après avoir régné 6 ans.

La maison dans laquelle il fut assassiné était située à l'endroit même où se trouve aujourd'hui les écuries.

Au reste, le proverbe évangélique : « Qui frappe de l'épée périra par l'épée, » fut appliqué à Lorenzo dans sa rigoureuse exactitude. Lorenzo, qui avait tué par le poignard, mourut par le poignard, à Venise, vers l'an 1557, sans que l'on fût bien certain de quelle main partait le coup ; seulement on se rappela que Cosme Ier, en montant sur le trône, avait juré de ne pas laisser le meurtre du duc Alexandre impuni.

Le meurtre d'Alexandre fut le dernier événement important qui se passa dans ce beau palais. Abandonné en 1540, par Cosme Ier, lorsqu'il résolut d'habiter le Palais-Vieux, il fut vendu à la famille Riccardi, dont il a conservé le nom, quoiqu'il soit rentré, sous le règne de Ferdinand II, je crois, en la possession des Médicis.

Aujourd'hui la fameuse académie de la Crusca y tient ses séances : on y blute des adverbes et on y écosse des participes, comme dit notre bon et spirituel Charles Nodier.

C'est moins poétique, mais c'est plus moral !

LE PALAIS-VIEUX.

Quoique la journée fût déjà assez avancée et que nos deux séances au Dôme et au palais Riccardi eussent été rudes, nous ne voulûmes pas rentrer sans avoir visité la place du Grand-Duc. J'en avais fort entendu parler, j'en avais vu des dessins, et je savais qu'elle offrait, plus qu'aucune autre au monde peut-être, la réunion des souvenirs de l'histoire et de l'art aux plus grandes époques de la république et du principat. En outre, on m'avait recommandé, pour ne rien perdre de son aspect grandiose, d'y arriver par une des rues qui débouchent en face du Palais-Vieux. Nous nous rappelâmes la recommandation. Nous reprîmes la rue Martelli et la place du Dôme, où, dans notre premier éblouissement, nous étions passés sans remarquer le Bigallo, ancien hospice des enfans trouvés, et les deux statues colossales de Pampaloni, représentant Arnolfo di Lapo, et Brunelleschi, les yeux fixés l'un sur son église, l'autre sur sa coupole. A la gauche du premier, entre lui et la maison de la confrérie de la Miséricorde, est la rue de la Morte, ainsi nommée de cette fameuse tradition qui a inspiré à Scribe son poème de *Guido et Ginevra*.

En quittant la place du Dôme, nous prîmes la rue des Calzajoli ; c'est à la fois une des rues les plus étroites et les plus historiques de Florence. Comme de tout temps elle a été peuplée d'artisans, comme elle conduit du Dôme au Palais-Vieux, comme enfin elle a à peine dix pieds de large, elle fut vingt fois le théâtre de ces luttes armées, si fréquentes sous la république. Aussi est-elle à Florence ce que la rue Vivienne est à Paris, c'est-à-dire le passage obligé de toute personne qui fait hors de son hôtel ou de son magasin cinq cents pas pour ses affaires ou son plaisir. Une chose miraculeuse, au reste, est de voir passer au trot les voitures, au milieu de cette foule qui se range sans pousser un seul murmure; tant à Florence, comme nous l'avons dit, le peuple a l'habitude de céder le pas à tout ce qui lui paraît au dessus de lui. Mettez le même nombre de voitures et le même nombre de gens dans une rue pareille, aboutissant au Palais-Royal, aux Tuileries et à la Bourse, et il y aura par jour trois ou quatre personnes écrasées, et trente ou quarante cochers roués de coups.

J'ai habité Florence près de quinze mois, à différentes époques, et je n'y ai jamais vu ni un accident, ni une rixe.

Au bout de la rue des Calzajoli est la charmante petite église d'Or'-San-Michele, ainsi nommée du jardin sur lequel elle est construite, *Orto*, et du saint auquel elle est consacrée. C'était autrefois un grenier à blé bâti par Arnolfo di Lapo, ce grand remueur de pierres; mais ayant été endommagée par un incendie, et la république, voulant seconder l'inclination du peuple, qui avait une grande vénération pour une madone des plus miraculeuses, peinte sur bois, et clouée à l'un des piliers du portique, décréta que le grenier serait changé en église. Giotto fut chargé de la transformation; il fit en conséquence le dessin de l'église actuelle, qui fut exécutée sous la direction de Taddeo Gaddi. Quant à l'image de la Vierge, André Orcagna, le peintre du Campo-Santo, l'architecte de la loge des Lanzi, fut chargé de lui construire un tabernacle digne d'elle.

L'homme était bien choisi comme poëte, comme sculpteur et comme chrétien. Aussi tout ce qu'on peut faire avec une cire molle, avec une glaise obéissante, André Orcagna le fit avec du marbre. Il faut véritablement toucher ce chef-d'œuvre pour s'assurer que ce n'est point quelque pâte imitatrice, mais bien un bloc de marbre évidé, fouillé, découpé avec une hardiesse, un caprice, une richesse dont on ne peut se faire une idée sans l'avoir vu. Aussi sort-on de là tellement ébloui, qu'à peine fait-on attention à deux groupes de marbre : l'un de Simon de Fiesole et l'autre de François de San-Gallo. Il y avait eu autrefois de magnifiques fresques, dont deux étaient d'Andrea del Sarto ; mais il serait inutile de les y chercher aujourd'hui. En 1770, elles ont été recouvertes de chaux.

L'extérieur de l'église, si on peut le dire, est tout hérissé de statues. Il y a un saint Éloi d'Antonio di Banco ; un saint Étienne, un saint Mathieu, un saint Jean-Baptiste de Lorenzo Ghiberti ; un saint Luc de Mino da Fiesole; un autre saint Luc par Jean de Bologne; un saint Jean évangéliste, par Bacio de Monte Lupo ; enfin un saint Pierre, un saint Marc et surtout un saint Georges de Donatello, à qui il aurait certes pu dire comme au Zuccone : Parle, parle, s'il n'eût été facile de voir, à la mine hautaine de ce vainqueur de dragons, qu'il était trop fier pour obéir à un ordre, cet ordre lui fût-il donné par son créateur.

Si grande que fût l'idée que je m'étais faite d'avance de la place du Palais-Vieux, la réalité fut, si je dois l'avouer, encore plus grande qu'elle : en voyant cette masse de pierres si puissamment enracinée au sol, surmontée de cette tour qui menace le ciel comme le bras d'un Titan, la vieille Florence tout entière, avec ses Guelfes, ses Gibelins, sa balie, ses prieurs, sa seigneurie, ses corps de métiers, ses condottieri, son peuple turbulent et son aristocratie hautaine, m'apparut comme si j'allais assister à l'exil de Cosme l'Ancien, ou au supplice de Salviati. En effet, quatre siècles d'histoire et d'art sont là à droite, à gauche, devant, derrière, vous enveloppant de tous côtés, et parlant à la fois avec les pierres, le marbre et le bronze, des Nicolas d'Uzzano, des Orcagna, des Renaud des Albizzi, des Donatello, des Pazzi, des Raphaël, des Laurent de Médicis, des Flaminius Vacca, des Savonarole, des Jean de Bologne, des Cosme Ier et des Michel-Ange.

Qu'on cherche dans le monde entier une place qui réunisse de pareils noms, sans compter ceux que j'oublie ! et j'en oublie comme Baccio Bandinelli, comme l'Ammanato, comme Benvenuto Cellini.

Je voudrais bien mettre un peu d'ordre dans ce magnifique chaos, et classer chronologiquement les grands hommes, les grandes œuvres et les grands souvenirs, mais c'est impossible. Il faut, quand on arrive sur cette place merveilleuse, aller où l'œil vous mène, où l'instinct vous conduit.

Ce qui s'empare tout d'abord de l'artiste, du poëte ou de l'archéologue, c'est le sombre *Palazzo-Vecchio*, encore tout blasonné des vieilles armoiries de la république, parmi lesquelles brillent sur l'azur, comme des étoiles au ciel, ces fleurs de lis sans nombre semées sur la route de Naples par Charles d'Anjou.

A peine Florence fut-elle libre, qu'elle voulut avoir son hôtel de ville pour loger un magistrat, et son beffroi pour appeler le peuple. Qu'une commune se constitue dans le Nord, ou qu'une république s'établisse dans le Midi, le désir d'un hôtel de ville et d'un beffroi est toujours le premier acte de sa volonté, et la satisfaction de ce désir la première preuve de son existence.

Aussi, dès 1298, c'est-à-dire 16 ans à peine après que les Florentins avaient conquis leur constitution, Arnolfo de Lapo reçut de la seigneurie l'ordre de lui bâtir un palais.

Arnolfo di Lapo avait visité le terrain qu'on lui réservait et avait fait son plan en conséquence. Mais au moment de jeter les fondemens de son édifice, le peuple lui défendit à grands cris de poser une seule pierre sur la place où avait été située la maison de Farinata des Uberti. Arnolfo di Lapo fut forcé d'obéir à cette clameur populaire; il repoussa son palais dans un coin, et laissa libre la place maudite. Aujourd'hui encore, ni pierres ni arbres n'y ont jeté leurs racines, et rien n'a poussé depuis plus de six siècles, là où la vengeance guelfe a passé la charrue et a semé le sel.

Ce palais était la résidence d'un gonfalonier et de huit prieurs, deux pour chaque quartier de la ville : leur charge durait soixante jours, et pendant ces soixante jours, ils vivaient ensemble, mangeant à la même table et ne pouvant sortir de cette résidence, c'est-à-dire qu'ils restaient à peu près prisonniers; ils avaient chacun deux domestiques pour les servir, et tenaient à leurs ordres un notaire toujours prêt à écrire leurs délibérations, lequel mangeait avec eux et était prisonnier comme eux. En échange du sacrifice que chaque prieur faisait à la république de son temps et de sa liberté, il recevait dix livres par jour, à peu près sept francs de notre monnaie. La parcimonie privée se réglait alors sur l'économie publique, et le gouvernement se trouvait ainsi en état d'exécuter de grandes choses dans l'art et dans la guerre. De là lui était venu le surnom de la Magnifique République.

On entre dans le Palais-Vieux par une porte placée au tiers à peu près de sa façade, et l'on se trouve dans une petite cour carrée, entourée d'un portique soutenu par neuf colonnes d'architecture lombarde enjolivées d'applications. Au milieu de cette cour est une fontaine surmontée d'un Amour rococo, tenant un poisson et reposant sur un bassin de porphyre. A l'époque du mariage de Ferdinand, on orna ce portique de peintures à fresques représentant des villes d'Allemagne vues à vol d'oiseau.

Au premier étage, est la grande salle du Conseil, exécutée par les ordres de la république et sur les instances de Savonarole. Mille citoyens y pouvaient délibérer à l'aise. Cronaca en fit l'architecture, et il en pressa tellement la construction, que Savonarole avait l'habitude de dire que les anges lui avaient servi de maçons.

Cronaca avait raison de se hâter, car trois ans après Savonarole devait mourir, et trente ans plus tard la république devait tomber.

Aussi, cette immense salle n'a-t-elle rien gardé de cette époque que sa forme première; tous ses ornemens appartiennent au principat, ses fresques et son plafond sont de Vasari ; ses tableaux sont de Cigoli, de Ligozzi, et de Passegnano, les statues sont de Michel-Ange, de Baccio Bandinelli, et de Jean de Bologne.

Le tout à la plus grande gloire de Cosme Ier.

C'est qu'en effet, Cosme Ier, est une de ces statues gigantesques que la main de l'histoire dresse comme une pyramide pour marquer la limite où une ère finit et où une autre ère commence. Cosme Ier, c'est à la fois l'Auguste et le Tibère de la Toscane, et cela est d'autant plus exact, qu'à l'époque où Alexandre tomba sous le poignard de Lorenzo, Florence se trouva dans la même situation que Rome après la mort de César : « Il n'y avait plus de tyran, mais il n'y avait plus de liberté. »

Quittons un instant pierres, marbres et toiles, pour examiner tous les vices et toutes les vertus de l'humanité réunis dans un seul homme : l'étude est curieuse et vaut bien la peine qu'on s'y arrête un instant.

Cosme Ier naquit dans l'ancien palais Salviati, devenu depuis palais Apparello, et au milieu de la cour duquel est encore aujourd'hui une statue de marbre, représentant le grand-duc en habit royal et la couronne sur la tête. Il descendait de Laurent l'Ancien, frère de Cosme le Père de la patrie, dont le rameau, séparé à la deuxième génération, se divisa lui-même en branche aînée et en branche cadette ; c'était cette branche aînée dont était Lorenzino, c'était cette branche cadette dont fut Cosme.

Son père était ce fameux Giovanni, le plus célèbre peut-être de tous ces vaillans capitaines qui sillonnaient l'Italie au XVe et au XVIe siècle. Le jour anniversaire de sa naissance, il rêva qu'il lui voyait, tout endormi qu'il était dans son berceau, une couronne royale sur la tête. Ce rêve le frappa tellement, qu'en se réveillant il résolut de tenter Dieu pour savoir quels étaient ses desseins sur son fils. En conséquence, il ordonna à sa femme Maria Salviati, née de Lucrezia de Médicis, et par conséquent nièce de Léon X, de prendre l'enfant et de monter au second étage. Marie obéit, sans savoir de quoi il s'agissait : alors lui descendit dans la rue, appela sa femme, qui parut sur le balcon, et de là lui tendant les bras, il lui ordonna de lui jeter l'enfant. La pauvre mère frémit jusqu'au fond des entrailles, mais Giovanni renouvela l'ordre déjà donné, d'une voix si impérative qu'elle obéit en détournant la tête. L'enfant tomba du second étage et fut retenu dans les bras de son père.

— C'est bien, dit alors l'impassible condottiere, mon rêve ne m'a point trompé, et tu seras roi.

Alors il remonta et remit le petit Cosme à sa mère, qui le reçut plus morte que vive. Quant à l'enfant, on remarqua qu'il n'avait pas même jeté un cri.

Six ans après cet événement, Giovanni de Médicis fut blessé au-dessus du genou, devant Borgoforte, par un coup de fauconneau, à l'endroit même où il avait déjà reçu une autre blessure à Pavie. La plaie nouvelle était si grave, surtout compliquée de l'ancienne plaie, qu'il fut décidé qu'on lui couperait la cuisse. On voulut alors l'attacher sur son lit pour procéder à l'opération ; mais il déclara que, comme la chose le touchait avant aucun autre, il voulait la regarder faire. En conséquence, il prit la torche, et la tint jusqu'à la fin de l'amputation, sans qu'une seule fois sa main tremblât assez fort pour faire vaciller la flamme. Soit que la blessure fût mortelle, soit que l'opération eût été mal faite, le surlendemain Giovanni de Médicis expira, à l'âge de vingt-neuf ans.

Cette mort fut une grande joie pour les Allemands et les Espagnols, dont il était la terreur. Jusqu'à lui, dit Guicciardini, l'infanterie italienne était nulle et ignorée : ce fut lui qui, mettant à profit les leçons qu'il avait reçues du marquis de Pescaire, l'organisa et la fit célèbre ; aussi aimait-il tant cette troupe qui était sa fille, qu'il lui abandonnait la part du butin, ne se réservant pour lui que sa part de gloire. De leur côté, ses soldats l'aimaient si tendrement qu'ils ne l'appelaient jamais que leur maître et leur père ; à sa mort ils prirent tous le deuil, et déclarèrent qu'ils ne quitteraient plus cette couleur, serment qu'ils tinrent avec une telle fidélité que Jean de Médicis fut, à partir de cette époque appelé *Jean des bandes noires*, surnom sous lequel il est plus connu que sous son nom paternel.

Ce Jean des bandes noires était l'aïeul de Marie de Médicis, qui épousa Henri IV.

Maria Salviati, restée veuve, se consacra alors tout entière à son enfant. Le jeune Cosme grandit donc entouré de maîtres et constamment surveillé par l'œil maternel. Élevé sérieusement, il fut grave de bonne heure, étudiant toutes les choses d'art, de guerre et de gouvernement, avec une égale ap-

titude, et passionné surtout pour les sciences chimiques et naturelles.

A quinze ans, son caractère s'était déjà dessiné, et pouvait donner à ceux qui l'approchaient une idée de ce qu'il serait plus tard. Comme nous l'avons dit, son aspect était grave et même sévère ; il était lent à former des relations familières, et laissait aussi difficilement prendre aucune familiarité ; mais lorsqu'il en arrivait à cette double concession, c'était une preuve de son amitié, et son amitié était sûre ; cependant, même pour ses amis, il était discret sur toutes ses actions, et désirait qu'on ne sût ce qu'il avait le dessein de faire que lorsque la chose était faite. Il en résulte qu'il paraissait, en toute occasion, chercher un but contraire à celui auquel il tendait, ce qui rendait ses réponses toujours brèves et souvent obscures.

Voilà quel était Cosme, lorsqu'il apprit la nouvelle de l'assassinat d'Alexandre, et la fuite de Lorenzino : cette fuite ne lui laissait aucun concurrent au principat ; aussi eut-il rapidement pris son parti. Il rassembla les quelques amis sur lesquels il pouvait compter, monta à cheval, et partit de la campagne qu'il habitait pour se rendre à Florence.

Cosme fut récompensé de sa confiance par l'accueil qu'on lui fit : il entra dans la ville au milieu des acclamations de joie de tous les habitans. Les souvenirs de son père marchaient autour de lui, et le peuple, parmi lequel était mêlé une foule de soldats qui avaient servi sous Jean des bandes noires, l'accompagna jusqu'au palais Salviati, joyeux et pleurant, criant à la fois : Vive Jean et vive Cosme, vive le père et le fils.

Le surlendemain, Cosme fut nommé chef et gouverneur de la république, à quatre conditions :

De rendre indifféremment la justice aux riches comme aux pauvres.

De ne jamais consentir à relever de l'autorité de Charles-Quint.

De venger la mort du duc Alexandre.

De bien traiter le seigneur Jules et la signora Julia, ses enfans naturels.

Cosme accepta cette espèce de charte avec humilité, et le peuple accepta Cosme avec enthousiasme.

Mais il arriva pour le nouveau grand-duc ce qui arrive pour tous les hommes de génie qu'une révolution porte au pouvoir. Sur le premier degré du trône ils reçoivent des lois, sur le dernier ils en imposent.

La position était difficile, surtout pour un jeune homme de dix-huit ans ; il fallait lutter à la fois contre les ennemis du dedans et contre les ennemis du dehors. Il fallait substituer un gouvernement ferme, un pouvoir unitaire et une volonté durable, à tous ces gouvernemens flasques ou tyranniques, à tous ces pouvoirs opposés l'un à l'autre, et par conséquent destructifs l'un de l'autre, à toutes ces volontés qui, tantôt parties d'en haut, tantôt parties d'en bas, faisaient un flux et un reflux éternel d'aristocratie et de démocratie, sur lequel il était impossible de rien fonder de solide et de durable. Et cependant avec tout cela il fallait encore ménager les libertés de ce peuple, afin que ni nobles, ni citoyens, ni artisans ne sentissent le maître. Il fallait enfin gouverner ce cheval, encore indocile à la tyrannie, avec une main de fer dans un gant de soie.

Cosme était au reste, de tous points, l'homme qu'il fallait pour mener à bout une telle œuvre. Dissimulé comme Louis XI, passionné comme Henri VIII, brave comme François Ier, persévérant comme Charles-Quint, magnifique comme Léon X, il avait tous les vices qui font la vie privée sombre, et toutes les vertus qui font la vie publique éclatante. Aussi sa famille fut-elle malheureuse, et son peuple heureux.

Il avait eu d'Éléonore de Tolède sa femme, sans compter un jeune prince mort à un an, cinq fils et quatre filles.

Ces fils étaient :

François, qui régna après lui (1).

_____

(1) Le même qui épousa Bianca Capello, et dont nous avons déjà raconté l'histoire.

Ferdinand qui régna après François.

Don Pierre, Jean, et Garcias.

Les quatre filles étaient : Marie, Lucrèce, Isabelle et Virginie.

Disons rapidement comment la mort se mit dans cette magnifique lignée, où elle entra, comme dans la famille primitive, par un fratricide.

Jean et Garcias chassaient dans les Maremmes : Jean, qui n'avait que dix-neuf ans, était déjà cardinal ; Garcias n'était encore rien que le favori de sa mère. Le reste de la cour était à Pise, où Cosme qui avait institué, un mois auparavant, l'ordre de Saint-Étienne, était venu pour se faire reconnaître grand-maître.

Les deux frères, qui depuis longtemps gardaient l'un pour l'autre une certaine inimitié, Garcias contre Jean, parce que Jean était le bien-aimé de son père, Jean contre Garcias, parce que Garcias était le bien-aimé de sa mère, se prirent de dispute à propos d'un chevreuil que chacun des deux prétendit avoir tué. Au milieu de la discussion, Garcias tira son couteau de chasse et en porta un coup à son frère. Jean, blessé à la cuisse, tomba en appelant au secours. Les gens de la suite des deux princes accoururent, ils trouvèrent Jean tout seul et baigné dans son sang, le transportèrent à Livourne, et firent prévenir le grand-duc de l'accident qui venait d'arriver. Le grand-duc accourut à Livourne, pansa lui-même son fils ; car le grand-duc, un des hommes les plus savans de son époque, avait toutes les connaissances médicales que l'on pouvait avoir au XVIe siècle. Mais, malgré ces soins empressés, Jean expira dans les bras de son père, le 26 novembre 1562, cinq jours après celui où il avait été blessé.

Cosme revint à Pise. A voir ce masque de bronze dont il avait l'habitude de couvrir son visage, on eût dit que rien ne s'était passé. Garcias avait précédé Cosme à Pise et s'était réfugié dans l'appartement de sa mère, où elle le tenait caché. Cependant, au bout de quelques jours, voyant que Cosme ne parlait pas plus de son fils mort que s'il n'eût jamais existé, elle encouragea le meurtrier à aller se jeter aux genoux de son père et à lui demander pardon. Mais, comme le jeune homme tremblait de tous ses membres à la seule idée de se trouver en face de son juge, pour le rassurer sa mère l'accompagna.

Le grand-duc était assis, tout pensif, dans un des appartemens les plus reculés de son palais.

Le fils et la mère parurent sur le seuil, Cosme se leva à leur vue. Aussitôt Garcias courut à son père, se jeta à ses pieds, embrassant ses genoux et lui demandant pardon. La mère resta sur la porte, tendant les bras à son mari. Cosme avait la main enfoncée dans son pourpoint ; il en tira un poignard qu'il avait l'habitude de porter sur sa poitrine, et en frappa don Garcias, en disant : — Je ne veux pas de Caïn dans ma famille. La pauvre mère avait vu briller la lame, et elle s'était élancée vers Cosme. Mais, à moitié du chemin, elle reçut dans ses bras son fils qui, blessé à mort, s'était relevé en chancelant et en criant : — Ma mère ! ma mère !...

Le même jour, 6 décembre 1562, don Garcias expira.

Et à compter de ce moment où il fut trépassé, Éléonore de Tolède se coucha près de son fils, ferma les yeux et ne voulut plus les rouvrir. Huit jours après, elle expira elle-même, les uns disent de douleur, les autres de faim.

Les trois cadavres rentrèrent nuitamment et sans pompe dans la ville de Florence, et l'on dit que les deux fils et la mère avaient été emportés tous trois par le mauvais air des Maremmes.

Ce nom d'Eléonore de Tolède était un nom qui portait malheur. La fille de don Garcias, parrain du jeune fratricide et frère de cette autre Eléonore de Tolède dont nous venons de raconter la mort, était venue toute jeune à la cour de sa tante ; et là, elle avait fleuri sous le doux soleil de la Toscane, comme une de ces fleurs qui ont donné leur nom à Florence. On disait même tout bas à la cour que le grand-duc Cosme s'était épris d'un violent amour pour elle. Et comme on connaissait les amours du grand-duc, on ajoutait qu'il avait séduit par l'or ou effrayé par les menaces les do-

mestiques de la jeune princesse ; qu'il avait pénétré une nuit dans sa chambre et n'en était sorti que le lendemain matin ; puis, les nuits suivantes, il était revenu, et le commerce adultère avait fini par faire un tel bruit, qu'il avait marié sa jeune et bel e maîtresse à son fils Pierre. Ce qu'il y avait de sûr au moins dans tout cela, c'est qu'au moment où l'on s'y attendait le moins, et sans que don Pierre eût même été consulté, l'union avait été décidée et le mariage avait eu lieu.

Mais soit l'effet des bruits étranges qui avaient couru sur le compte d'Eléonore, soit que le plaisir goûté par don Pierre dans la compagnie des beaux jeunes gens l'emportât sur les sentimens d'amour que pouvait lui inspirer une belle femme, les nouveaux époux semblaient tristes et vivaient à peu près séparés. Eléonore de Tolède était jeune, elle était belle, elle était de ce sang espagnol qui brûle jusqu'au pied des autels les veines dans lesquels il coule, si bien que, délaissée par son mari, elle se prit d'amour pour un jeune homme nommé Alexandre, lequel était fils du capitaine florentin François Gaci. Mais ce premier amour n'eut pas d'autre suite. Le jeune homme, prévenu que sa passion était connue du mari de celle qu'il aimait, et pouvait causer à la belle Eléonore de grandes douleurs, se retira dans un couvent, et étouffa, ou du moins enferma son amour sous un cilice. Tandis qu'il priait pour Eléonore, Eléonore l'oublia.

Celui qui le lui fit oublier en lui succédant, était un jeune chevalier de Saint-Étienne qui, plus indiscret que le pauvre Alexandre, ne laissa bientôt plus ignorer à toute la ville qu'il était aimé. Aussi, peut-être plus à cause de cet amour qu'à cause de la mort de François Ginori qui venait de tuer en duel entre le palais Strozzi et la porte Rouge, avait-il été exilé à l'île d'Elbe. Mais l'exil n'avait point tué l amour, et ne pouvant plus se voir, les deux jeunes gens s'écrivaient. Une lettre tomba entre les mains du jeune grand-duc François, que de son vivant Cosme avait associé à sa puissance. L'amant fut ramené secrètement de l'île d'Elbe à la prison du bargello. La nuit même de son arrivée, on fit entrer dans sa prison un confesseur et un bourreau ; puis, lorsque le confesseur eut fini, le bourreau étrangla le jeune homme. Le lendemain, Eléonore apprit de la bouche même de son beau-frère l'exécution de son amant.

Elle le pleurait depuis onze jours, tremblante pour elle-même, lorsqu'elle reçut, le 10 juillet, l'ordre de se rendre au palais de Caffaggiolo, que depuis plusieurs mois son mari habitait. Dès lors, elle se douta que tout était fini pour elle, mais elle ne se résolut pas moins d'obéir, car elle ne savait ni où, ni de qui obtenir un refuge. Elle demanda un délai jusqu'au lendemain, voilà tout ; puis elle alla s'asseoir près du berceau de son fils Cosme, et passa la nuit à pleurer et à soupirer, couchée sur son enfant.

Les préparatifs du départ occupèrent une partie de la journée, de sorte qu'Eléonore ne sortit de Florence que vers les trois heures de l'après-midi ; et encore comme hésitant instinctivement à chaque minute elle retenait les chevaux, n'arriva-t-elle qu'à la nuit tombante à Caffaggiolo. A son grand étonnement, la maison semblait déserte.

Le cocher détela les chevaux, et tandis que les valets et les femmes qui l'avaient accompagnée enlevaient les paquets de la voiture, Eléonore de Tolède entra seule dans la belle villa, qui, privée de toute lumière, lui semblait, à cette heure, triste et sombre comme un tombeau. Alors elle monta l'escalier, légère et silencieuse comme une ombre, et frissonnante de terreur elle s'avança, toutes portes étant ouvertes devant elle, vers sa chambre à coucher ; mais au moment où elle posait le pied sur le seuil, elle vit de derrière la portière sortir un bras et un poignard, en même temps se sentit frappée, poussa un cri et tomba. Elle était morte ! Don Pierre, ne s'en rapportant à personne du soin de sa vengeance, l'avait assassinée lui-même.

Alors, la voyant étendue dans son sang et immobile, il vint regarder attentivement celle qu'il avait frappée. Eléonore était déjà expirée, tant le coup avait été donné d'une main sûre et habile. Don Pierre se mit à genoux près du cadavre, leva ses mains sanglantes au ciel, demanda pardon à Dieu du crime qu'il venait de commettre, et jura, en expia-

50

tion de ce crime, de ne jamais se remarier. Étrange serment, que, si l'on en croit les bruits scandaleux de l'époque, sa répugnance pour les femmes lui permettait de tenir plus facilement que tout autre!

Puis le bourreau devint ensevelisseur. Il mit dans un cercueil tout préparé le corps dont il venait de chasser l'âme, ferma la bière et l'expédia à Florence, où elle fut ensevelie la même nuit et en secret dans l'église de San-Lorenzo.

Au reste, don Pierre ne tint pas même son serment; il épousa, en 1593, Béatrix de Ménessès; il est vrai que c'était dix-sept ans après l'assassinat d'Éléonore, et que Pierre de Médicis, avec son caractère, devait avoir oublié non seulement le serment fait, mais la cause qui le lui avait dicté.

Passons maintenant aux filles de Cosme.

Marie était l'aînée: c'était à dix-sept ans, comme le dit Shakespeare de Juliette, une des plus belles fleurs du printemps de Florence. Le jeune Malatesti, page du grand-duc Cosme, en devint amoureux; la pauvre enfant de son côté, l'aima de ce premier amour qui ne sait rien refuser. Un vieil Espagnol surprit les deux amans dans un tête-à-tête qui ne laissait aucun doute sur l'intimité de leur liaison, et rapporta au grand-duc Côme ce qu'il avait vu.

Marie mourut empoisonnée à dix-sept ans; car sa vie, prolongée de six mois, eût été un déshonneur pour sa famille. Malatesti fut jeté en prison, et, étant parvenu à s'échapper au bout de dix ou douze ans, gagna l'île de Candie, où son père commandait pour les Vénitiens. Deux mois après on le trouva un matin assassiné au coin d'une rue.

Lucrèce était la seconde fille de Cosme. A l'âge de dix-neuf ans, elle épousa le duc de Ferrare. Un jour, arriva à la cour de Toscane un courrier qui annonça que la jeune princesse était morte subitement. On dit à la cour qu'elle avait été enlevée par une fièvre putride; on dit dans le peuple que son mari l'avait assassinée dans un moment de jalousie.

Isabelle était la troisième: c'était la favorite de son père. L'amour de Cosme pour sa fille dépassait même, comme on va le voir, les bornes de l'amour paternel.

Un jour que Vasari, caché par son échafaudage, peignait le plafond d'une des salles du Palais-Vieux, il vit entrer dans cette salle Isabelle. C'était vers midi, l'air était ardent. Ignorant que quelqu'un était dans la même chambre qu'elle, la jeune fille tira les rideaux, se coucha sur un divan et s'endormit.

Bientôt Cosme entra à son tour et aperçut sa fille. Cosme regarda un instant Isabelle endormie avec des yeux ardens de désir, puis il alla fermer toutes les portes en dedans; bientôt Isabelle jeta un cri, mais à ce cri, Vasari ne vit plus rien, car à son tour il ferma les yeux et fit semblant de dormir. En rouvrant les rideaux, Cosme se rappela que cette chambre devait être celle où peignait Georges Vasari. Il leva les yeux au plafond, et vit l'échafaudage. A l'instant même l'idée lui vint qu'il avait eu un témoin de son crime, et cette idée, dans un cœur comme celui de Cosme, fut suivie immédiatement du désir de s'en débarrasser.

Cosme monta doucement à l'échelle; arrivé à la plate-forme, il trouva Vasari, qui, le nez tourné au mur, dormait dans un coin de son échafaudage. Il s'approcha de lui, tira son poignard, le lui approcha lentement de la poitrine pour s'assurer s'il dormait réellement, ou s'il feignait de dormir. Vasari ne fit pas un mouvement, sa respiration resta calme et égale, et Cosme, convaincu que son peintre favori n'avait rien vu ni entendu, remit son poignard au fourreau et descendit de l'échafaudage.

A l'heure où il avait l'habitude de sortir, Vasari sortit, et il revint le lendemain à l'heure à laquelle il avait l'habitude de venir. Ce sang-froid le sauva; s'il s'était enfui il était perdu: car, partout où il eût fui, le poignard ou le poison des Médicis eût été le chercher.

Cela se passait vers l'année 1557.

L'année d'ensuite, comme Isabelle avait seize ans, il fallut songer à la marier. Parmi les prétendans à sa main, Cosme fit choix de Paul Giordano Orsini, duc de Bracciano; mais une des conditions du mariage fut, dit-on, qu'Isabelle

continuerait à demeurer en Toscane au moins six mois de l'année.

Ce mariage, contre toute attente, fut visiblement froid et contraint; on disait, pour expliquer cette étrange indifférence d'un jeune mari envers une femme jeune et belle, que les bruits de l'amour de Cosme pour sa fille étaient venus jusqu'à lui et causaient sa répugnance; mais enfin quelle qu'en fût la cause, cette répugnance existait. Giordano Orsini se tenait la plus grande partie de l'année à Rome, laissant, quelles que fussent ses plaintes, sa femme rester de son côté à la cour de Toscane. Un tel abandon devait porter des fruits adultères. Jeune, belle, passionnée, au milieu d'une des cours les plus galantes du monde, Isabelle ne tarda point à faire oublier, sous des accusations nouvelles, la vieille accusation qui l'avait tachée. Cependant Giordano Orsini se taisait, car Cosme vivait toujours, et tant que Cosme était vivant, il n'eût point osé se venger de sa fille. Mais Cosme mourut en 1574.

Giordano Orsini avait laissé en quelque sorte sa femme sous la garde d'un de ses proches parens nommé Troïlo Orsini, et depuis quelque temps, ce gardien de son honneur lui écrivait, qu'Isabelle menait une conduite régulière et telle qu'il la pouvait désirer, de sorte qu'il avait presque renoncé à ses projets de vengeance, — lorsque, dans une querelle particulière et sans témoins, Troïlo Orsini tua d'un coup de poignard Lelio Torello, page du grand-duc François, ce qui le força de fuir. Alors on sut pourquoi Orsini avait tué Torello. — Ils étaient tous deux amans d'Isabelle, et Orsini voulait être seul.

Giordano Orsini apprit à la fois la double trahison de son parent et de sa femme. Il partit aussitôt pour Florence et y arriva comme Isabelle, qui, craignant le sort de sa belle-sœur, Éléonore de Tolède, assassinée il y avait cinq jours, se préparait à quitter la Toscane et à s'enfuir près de Catherine de Médicis, reine de France. Mais l'apparition inattendue de son mari l'arrêta court au milieu de ses dispositions.

Cependant, à la première vue, Isabelle se rassura; Giordano Orsini paraissait revenir à elle plutôt comme un coupable que comme un juge. Il lui dit qu'il avait compris que toutes les fautes étaient de son côté, et que, désireux de vivre désormais d'une vie plus heureuse et plus régulière, il venait lui demander d'oublier les torts qu'il avait eus, comme de son côté il oublierait ceux qu'elle avait pu avoir. Le marché, dans la situation où était Isabelle, était trop avantageux pour qu'elle ne l'acceptât point; cependant il n'y eut, le lendemain, aucun rapprochement entre les deux époux.

Le lendemain, 16 juillet 1576, Giordano Orsini invita sa femme à une grande chasse qu'il devait faire à sa villa de Cerreto. Isabelle accepta, et y arriva le soir avec ses femmes. A peine entrée, elle vit venir à elle son mari conduisant en laisse deux magnifiques levriers qu'il la pria d'accepter, et dont il l'invita à faire usage le lendemain; puis on se mit à table. Au souper, Orsini fut plus gai que personne ne l'avait jamais vu, accablant sa femme de prévenances et de petits soins, comme aurait pu faire un amant pour sa maîtresse; si bien que, quelque habituée qu'elle fût d'avoir autour d'elle des cœurs dissimulés, Isabelle y fut presque trompée. Cependant, lorsque après le souper son mari l'ayant invitée à passer dans sa chambre, et lui donnant l'exemple l'y eût précédée, elle se sentit instinctivement frissonner et pâlir, et se retournant vers la Frescobaldi, sa première dame d'honneur:

— Madame Lucrèce, lui dit-elle, irai-je ou n'irai-je pas? Cependant, à la voix de son mari qui revenait sur le seuil, lui demandant en riant si elle ne voulait pas venir, elle reprit courage et le suivit. Entrée dans la chambre, elle n'y trouva aucun changement, son mari avait toujours le même visage, et le tête à tête parut même augmenter sa tendresse. Isabelle, trompée, s'y abandonna, et, lorsqu'elle fut dans une position à ne pouvoir plus se défendre, Orsini tira de dessous l'oreiller une corde toute préparée, la passa autour du cou d'Isabelle, et changeant tout à coup ses embrassemens en une étreinte mortelle, il l'étrangla, malgré ses efforts pour se défendre, sans qu'elle eût même le temps de jeter un cri.

Ce fut ainsi que mourut Isabelle.

Reste Virginie ; celle-là fut mariée à César d'Este, duc de Modène. Voilà tout ce qu'on sait d'elle ; sans doute elle eut un meilleur sort que ses trois sœurs. L'histoire n'oublie que les heureux.

Voilà le côté sombre de la vie de Cosme ; maintenant voici le côté brillant.

Cosme était un des hommes les plus savans de l'époque. Entre autres choses, dit Baccio Baldini, il connaissait une grande quantité de plantes, savait les lieux où elles naissaient, où elles vivaient le plus longtemps, où elles avaient l'odeur la plus vive, où elles ouvraient les plus belles fleurs, où elles portaient les plus beaux fruits, et quelle était la vertu de ces fleurs ou de ces fruits pour guérir les maladies ou les blessures des hommes et des animaux ; puis, comme il était excellent chimiste, il composait, avec les plantes, des eaux, des essences, des huiles, des médicamens, des baumes, et donnait ses remèdes à ceux qui lui en faisaient la demande, qu'ils fussent riches ou pauvres, qu'ils fussent sujets toscans ou étrangers, qu'ils habitassent Florence ou toute autre partie de l'Europe.

Cosme aimait et protégeait les lettres. En 1541, il fonda l'académie florentine qu'il nommait son académie très chère et très heureuse : on devait y lire et commenter Plutarque et Dante. Ses séances se tenaient d'abord au palais de Via Larga ; puis, pour qu'elle fût plus libre et plus à l'aise, il lui donna la grande salle du conseil au Palais-Vieux. Depuis la chute de la république, cette grande salle était devenue inutile.

L'université de Pise, déjà protégée par Laurent de Médicis, avait brillé autrefois d'un certain éclat ; mais, abandonnée par les successeurs du Magnifique, elle était fermée. Cosme la fit rouvrir, et lui accorda de grands priviléges pour assurer son existence ; enfin, il attacha à cet établissement un collége dans lequel il voulut que quarante jeunes gens, annonçant des dispositions et choisis dans les familles pauvres, fussent élevés à ses propres frais.

Cosme fit mettre en ordre et livrer aux savans tous les manuscrits et tous les livres de la bibliothèque Lorenziana que le pape Clément XII avait commencé de réunir.

Il assura, par un fonds destiné à son entretien, l'existence des universités de Florence et de Sienne.

Il ouvrit une imprimerie, fit venir d'Allemagne le Torrentino, et fit exécuter toutes les éditions qui portent le nom de ce célèbre typographe.

Il accueillit Paul Jove, qui était errant, et Scipion Ammirato, qui était proscrit ; et, le premier étant mort à sa cour, il lui fit faire une tombe avec sa statue.

Le grand-duc voulait que chacun écrivît librement, selon son goût, son opinion et ses capacités ; et il encouragea si bien à suivre cette voie Benedetto Varchi, Philippo de Nerli, Vincenzio Borghini, et tant d'autres, que, des seuls volumes qui lui furent dédiés par la reconnaissance des historiens, des poëtes ou des savans contemporains, on pourrait faire une bibliothèque.

Enfin, il obtint que Boccace, défendu par le concile de Trente, fût revisé par Pie V, qui mourut en le revisant, et par Grégoire XIII, qui lui succéda. La belle édition de 1575 est le résultat de la censure pontificale, et il poursuivait la même restitution pour les œuvres de Machiavel, lorsqu'il mourut avant de l'avoir obtenue.

Cosme était artiste, ce ne fut pas sa faute s'il arriva au moment où les grands hommes s'en allaient. De toute cette brillante pléiade qui avait éclairé les règnes de Jules II et de Léon X, il ne restait plus que Michel-Ange. Il fit tout ce qu'il put pour l'avoir ; il lui envoya un cardinal et une ambassade, lui offrit une somme d'argent qu'il fixerait lui-même, le titre de sénateur et une charge à son choix ; mais Paul III le tenait, et ne le voulait point céder. Alors, à défaut du géant florentin, il rassembla tout ce qu'il put trouver de mieux. L'Ammanato, son ingénieur, lui bâtit, sur les dessins de Michel-Ange, le beau pont de la Trinité, et lui tailla le Neptune de marbre de la place du Palais-Vieux. Il fit faire à Baccio Bandinelli l'Hercule et le Bacchus, la statue du pape Léon X, la statue du pape Clément VII, la statue du duc Alexandre, la statue de Jean de Médicis, son père, et sa pro-

pre statue à lui-même, la loge du Marché-Neuf et le chœur du Dôme. Benvenuto Cellini fut rappelé de France pour lui fondre son Persée en bronze, pour lui tailler des coupes d'agathe et pour lui graver des médailles d'or. Puis, comme on avait retrouvé dans les environs d'Arezzo, dit Benvenuto dans ses Mémoires, une foule de petites figures de bronze auxquelles il manquait à celles-ci la tête, à celles-là les mains, et aux autres les pieds, Cosme les nettoyait lui-même et en faisait tomber la rouille avec précaution pour qu'elles ne fussent pas endommagées. Un jour que Benvenuto Cellini entrait pour faire visite au grand-duc, il le trouva entouré de marteaux et de ciseaux. Alors, donnant un marteau à Cellini et gardant un ciseau, Cosme lui ordonna de frapper avec le premier de ces outils, tandis qu'il conduisait l'autre, et ainsi ils n'avaient plus l'air d'un souverain et d'un artiste, mais tout simplement de deux ouvriers orfévres travaillant au même établi.

A force de recherches chimiques, Cosme retrouva, avec François Ferruci de Fiesole, l'art de tailler le porphyre, perdu depuis les Romains, et il en profita à l'instant pour faire sculpter la belle vasque du palais Pitti, et la statue de la Justice, qu'il dressa sur la place de la Trinité, au haut de la colonne de granit qui lui avait été donnée par le pape Pie IV.

Il accueillit et employa Jean de Bologne, qui fit pour lui le Mercure et l'enlèvement des Sabines, puis devint l'architecte de son fils François.

Il éleva Bernard Buontalenti, qu'il donna ensuite pour maître de dessin au jeune grand-duc.

Il plaça sous la direction de l'architecte Tribolo les constructions et les jardins de Castello.

C'est lui encore qui acheta le palais Pitti, auquel il laissa son nom, et dont il fit faire la belle cour.

Il avait appelé près de lui Georges Vasari, architecte, peintre et historien. Il demanda à l'historien une histoire de l'art, et donna au peintre le Palais-Vieux à peindre. L'architecte eut à construire un corridor qui joignit le palais Pitti au Palais-Vieux, à l'instar de celui qui, dit Homère, joignait le palais de Priam au palais d'Hector. Vasari reçut aussi l'ordre de bâtir cette magnifique galerie des Offices, devenue aujourd'hui le tabernacle de l'art, et dont Florence publie à cette heure une magnifique illustration. Ce monument plut tant à Pignatelli, qui le vit lorsqu'il n'était encore que moine à Florence, que, devenu pape en 1691, il fit faire sur le même modèle la Curia Innocenziana à Rome.

Enfin, il réunit dans le palais de Via Larga, dans le Palais-Vieux et au palais Pitti, tous les tableaux, toutes les statues, toutes les médailles, soit antiques, soit modernes, qui avaient été peints, sculptés, gravés ou retrouvés dans des fouilles par Cosme l'Ancien, par Laurent et par le duc Alexandre, et qui deux fois avaient été dispersés et pillés : la première fois lors du passage de Charles VIII, et la seconde fois lors de l'assassinat du duc Alexandre par Lorenzino.

Aussi, la louange contemporaine l'emporta sur le blâme de la postérité ; la partie sombre de cette vie se perdit dans la partie éclatante, et l'on oublia que ce protecteur des arts, des lumières et des lettres, avait tué un de ses fils, empoisonné une de ses filles, et violé l'autre.

Il est vrai que les contemporains de Cosme 1er étaient Henri VIII, Philippe II, Charles IX, Christiern II, et cet infâme Paul III, dont le fils violait les évêques (1).

Cosme mourut le 21 avril 1574, laissant le trône ducal à son fils François 1er, qu'il avait associé au pouvoir depuis plusieurs années, et dont nous avons dit à peu près tout ce qu'il y a à en dire, devant la statue de Ferdinand 1er, à Livourne, et à propos de Bianca Capello, sa maîtresse et sa femme.

Cosme était sobre, mangeait peu, buvait peu, et dans les dernières années de sa vie, il avait même renoncé à souper, et se contentait de manger quelques amandes. Presque toujours pendant ses repas, il avait à sa table un savant, avec

_____

(1) Benedetto Varchi. *Histoire de l'évêque de Fano.*

lequel il parlait chimie, botanique ou géométrie ; — un artiste avec lequel il raisonnait d'art, ou un poëte avec lequel il discutait sur Dante ou sur Boccace. A défaut de ceux-ci, il causait avec les officiers de bouche qui faisaient son service, des choses que chacun d'eux, à sa connaissance, avait étudiées, « car il en savait, dit son historien, autant à lui seul que tous les hommes ensemble. » Ses deux plaisirs les plus vifs étaient la musique et la chasse. Il aimait à chanter en chœur, et souvent en se baignant dans l'Arno avec les gentilshommes qu'il avait admis dans sa familiarité, à l'aide de petites tablettes de bois, sur lesquelles chacun, tout en nageant, suivait sa partie. — Cosme donnait alors des concerts en pleine eau à ses sujets, car il était avant tout ennemi du repos, et qu'il travaillât ou s'amusât, il avait toujours besoin de s'occuper à quelque chose. — C'était à la fois le plus grand chasseur le meilleur fauconnier et le pêcheur le plus habile de son royaume. Mais il fut forcé de renoncer de bonne heure à ces exercices, ayant été attaqué de la goutte à l'âge de 45 ans.

On voit qu'il y avait à la fois dans Cosme 1er de l'Auguste et du Tibère.

Maintenant revenons à la salle du Palais-Vieux, dont cette longue biographie nous a écarté, et qui est la même, s'il faut en croire les traditions, dans laquelle s'accomplit l'étrange scène du viol d'Isabelle.

Le tableau, non pas le plus remarquable au point de vue de l'art, mais le plus extraordinaire certainement comme fait enregistré, est le tableau de Ligozzi, représentant la réception faite par Boniface VIII à douze ambassadeurs de douze puissances, qui se trouvèrent tous être Florentins, tant le génie politique de la Magnifique république était au XIIIe et au XIVe siècle incontesté dans le monde.

Ces douze ambassadeurs étaient :

Muciato Franzezi, pour le roi de France.
Ugolino de Vicchio, pour le roi d'Angleterre.
Ranieri Langru, pour le roi de Bohême.
Vermiglio Alfani, pour le roi des Germains.
Simone Rossi, pour la Rascia.
Bernardo Ervai, pour le seigneur de Vérone.
Guiscardo Bastaï, pour le Kan de Tartarie.
Manno Fronte, pour le roi de Naples.
Guido Tabanca, pour le roi de Sicile.
Lapo Farinata des Uberti, pour Pise.
Gino de Diétaselvi, pour le seigneur de Camerino.
Et enfin Bencivenni Folchi, pour le grand-maître de l'hôpital de Jérusalem.

Ce fut cette réunion étrange qui fit dire à Boniface VIII qu'un cinquième élément venait de se mêler au monde, et que les Florentins étaient ce cinquième élément.

Les fresques gigantesques qui couvrent les murs, ainsi que tous les tableaux du plafond, sont de Vasari. Les fresques représentent les guerres des Florentins contre Sienne et contre Pise. C'est pour l'exécution de ces dernières que Michel-Ange avait préparé ces beaux cartons qui s'égarèrent sans que l'on sût jamais ce qu'ils étaient devenus.

Dans les autres chambres du palais, qui sont les chambres d'habitation, on trouve aussi en nombre considérable des peintures de la même époque à peu près. Il faut excepter une charmante petite chapelle de Rodolfo Guirlandajo, qui fait, par son exécution serrée et religieuse, une opposition étrange avec cette peinture facile et païenne, du commencement de la décadence.

Tout bouleversé qu'il a été par les arrangemens de Cosme 1er, le Palais-Vieux conserve encore matériellement un souvenir de la république : c'est la tour de la Barberia, où fut enfermé Cosme l'Ancien, et à la porte de laquelle, un demi siècle plus tard, lors de la conspiration des Pazzi, le brave gonfalonier César Petrucci monta la garde avec une broche.

Ce fut dans cette tour, aujourd'hui séparée en bûcher et changée en garde-robe, que Cosme l'Ancien passa, certes, les quatre plus mauvais jours de sa longue vie. Pendant ces quatre jours, la crainte d'être empoisonné par ses ennemis l'empêcha de prendre aucune nourriture.

Car, dit Machiavel, beaucoup voulaient qu'il fût envoyé en exil ; mais beaucoup voulaient aussi qu'on le fît mourir, tandis que le reste se taisait ou par compassion ou par peur. Ces derniers, en ne prenant aucun parti, empêchaient que rien ne se conclût. Pendant ce temps, Cosme avait été enfermé dans une tour du palais et donné en garde à un geôlier ; et, comme au lieu où il était enfermé, ce grand citoyen entendait le bruit des armes qui se faisait sur la place, et le tintement éternel du beffroi qui appelait le peuple à la balie, il craignait à la fois, ou qu'on le fît mourir publiquement, ou bien plutôt encore qu'on le frappât dans l'ombre. C'est pourquoi, s'arrêtant surtout à ce dernier soupçon, il fut quatre jours sans prendre aucune nourriture, si ce n'est un peu de pain qu'il avait apporté avec lui. Alors, s'apercevant des craintes de son prisonnier, le geôlier, qui venait de lui servir son dîner que depuis quatre jours il remportait intact, s'approcha de lui, et le regarda en secouant tristement la tête : — Tu doutes de moi, Cosme, lui dit-il, tu crains d'être empoisonné, et dans cette crainte, tu te laisses mourir de faim. C'est me faire peu d'honneur que de croire que je veuille prêter les mains à une pareille infamie. Je ne pense pas que ta vie soit sérieusement menacée, car, crois-moi, tu as force amis dans ce palais et au dehors ; mais, quand tu aurais à le perdre, demeure tranquille à mon égard, car, je te le jure, il le faudra, pour te l'ôter, un autre ministère que le mien. Je ne rougirai jamais mes mains du sang de personne, et encore moins du tien : jamais tu ne m'as fait aucune offense. Rassure-toi donc ; mange, et garde-toi vivant pour tes amis et pour la patrie. Au reste, pour te rassurer mieux encore, fais-moi chaque jour l'honneur de m'admettre à ta table, et je mangerai le premier de tout ce que tu mangeras.

A ces paroles, Cosme se sentit tout reconforté, et se jetant au cou de son geôlier, il l'embrassa en pleurant, en lui jurant une reconnaissance éternelle, et en lui promettant de se souvenir de lui si jamais la fortune lui en fournissait l'occasion en redevenant son amie.

Machiavel oublie de dire si, dans les temps heureux, Cosme se souvint de cette promesse faite aux jours de l'infortune.

Le nom de ce geôlier, qui, comme on le voit, laisse bien loin derrière lui tous les geôliers sensibles et honnêtes de messieurs Caigniez, Guilbert de Pixérécourt et Victor Ducange, était Federigo Malavolti.

Avis à la postérité, qui, n'étant pas chargée de geôliers, peut donner une bonne place à celui-ci !

LA PLACE DU GRAND-DUC.

En sortant du Palais-Vieux, on a devant soi, et tournant le dos, le Cacus de Baccio Bandinelli, et le David de Michel-Ange, gigantesques sentinelles de ce gigantesque palais ; à gauche, au second plan, la loge des Lanzi ; en face de soi, au troisième plan, le toit des Pisans ; enfin, à droite, le fameux Marsocco, qui partagea avec Jésus-Christ l'honneur d'être gonfalonier de Florence, enfin la fontaine de l'Ammanato, et la statue équestre de Cosme 1er, par Jean de Bologne.

Baccio Bandinelli est l'exagérateur de Michel-Ange, dont le talent lui-même ne se sauve de l'exagération que par le sublime. Ce fut celui qui fit du Laocoon antique une copie qu'il trouvait si belle, qu'il la préférait à l'original. On raconta cette prétention à Michel-Ange, qui se contenta de répondre : — Il est difficile de dépasser un homme, lorsqu'on le suit par derrière.

Les artistes admirent fort l'attache du cou de Cacus.

Baccio Bandinelli croyait sans doute aussi que c'était ce qu'il y avait de mieux dans son groupe, car à peine cette partie fut-elle exécutée qu'il la fit mouler et l'envoya à Rome. Michel-Ange vit cette copie, et se contenta de dire : — C'est beau, mais il faut attendre le reste. En effet, le reste, c'est-à-dire le torse du Cacus, fut comparé très exactement à un sac bourré de pommes de pins.

Michel-Ange n'était point le seul avec lequel Baccio Bandinelli fût en opposition d'art et en querelle de mots. Benvenuto Cellini, qui avait le poignard aussi léger que le ciseau, lui avait voué une haine égale à l'admiration qu'il portait à Michel-Ange. Un jour, les deux artistes se trouvaient ensemble devant Cosme 1er; leurs disputes éternelles recommencèrent malgré la présence du grand-duc, et s'échauffèrent à un tel point, que Benvenuto, montrant son poignard à son adversaire : — Baccio, lui dit-il, je te conseille de te pourvoir d'un autre monde, car, aussi vrai qu'il n'y a qu'un Dieu, je compte t'expédier de celui-ci. — Alors, répondit Bandinelli, préviens-moi un jour d'avance, pour que je me confesse, afin que je ne meure pas comme un chien, et que, quand je me présenterai à la porte du ciel, on ne me prenne pas pour toi !...

Le grand-duc calma Benvenuto en lui commandant la statue de Persée, et Baccio Bandinelli en lui faisant exécuter son groupe d'Adam et Ève.

Quant au David, il a aussi son histoire, car à Florence, tout le peuple de statues et de tableaux a sa tradition individuelle ; il dormait depuis cent ans dans un bloc de marbre ébauché, auquel Simon de Fiesole, sculpteur du commencement du XVe siècle, avait voulu donner la forme d'un géant. Mais la statuaire inexpérimentée, ayant mal pris ses mesures, avait repoussé le bloc du piédestal, et le bloc gisait inachevé, lorsque Michel-Ange le vit, se prit de pitié pour ce marbre informe, le redressa, et le prenant corps à corps, s'escrima si bien du ciseau et du maillet, qu'il en tira cette statue de David. Michel-Ange avait alors vingt-neuf ans.

Ce fut pendant que ce grand artiste exécutait cet ouvrage, qu'il reçut la visite du gonfalonier Soderini, le seul gonfalonier perpétuel qu'ait eu la république. Soderini avec sa sottise, que Machiavel, son secrétaire, a rendue proverbiale par un quatrain, ne manqua pas de lui faire critiques sur critiques. Michel-Ange, impatienté, fit semblant de se rendre à l'une d'elles, et prenant, en même temps que son ciseau, une poignée de poussière de marbre, il invita Soderini à s'approcher pour voir si son conseil était bien suivi. Soderini s'approcha, ouvrant ses grands yeux hébétés, et Michel-Ange y fit voler la poignée de poussière de marbre qu'il tenait cachée dans sa main, ce qui pensa l'aveugler.

Vasari et Benvenuto ont eu tort de dire que ce David était un chef-d'œuvre ; ceux qui ont écrit depuis sur Florence ont eu tort de dire que c'était une œuvre au-dessous de la critique. C'est tout bonnement un ouvrage de la jeunesse de Michel-Ange, à la fois plein de beautés et de défauts, mais qui, placé où il est, concourt admirablement à l'ensemble de cette belle place.

La Loggia dei Lanzi, un des chefs-d'œuvre de cet André Orcagna qui signait ses tableaux : *Orcagna, sculptor*, et ses sculptures : *Orcagna, pictor*, fut élevée primitivement, en 1374, pour offrir aux magistrats, dans les balies qui se tenaient sur la place publique, un refuge contre la pluie qui, lorsqu'elle tombe à Florence, tombe par torrens. Ce sont les rostres de cet autre forum ; c'est de là, et de la Ringhiera, espèce de tribune disparue au milieu d'une tempête populaire, et qui était dressée à la porte du Palais-Vieux, que les orateurs parlaient au peuple. Sous les Médicis, les lansquenets ayant eu leur corps de garde dans le voisinage de la Loggia, et se trouvant naturellement inoccupés, comme sont toujours des soldats étrangers, ils passaient leur temps à se promener sous ce beau portique ; de là le nom de *Loggia dei Lanzighinetti*, et, par abréviation, *dei Lanzi*.

La Loggia dei Lanzi est richement ornée de statues antiques et modernes ; ces statues antiques, qui sont au nombre de six, et qui représentent des prêtresses ou des vestales, viennent de la villa Médicis de Rome, et ont perdu le nom de leurs auteurs. Les statues modernes, qui sont au nombre de trois, et qui représentent une Judith, un Persée, et un Romain enlevant une Sabine, sont de Donatello, de Benvenuto Cellini et de Jean de Bologne.

La Judith de Donatello doit son illustration, bien plutôt à la circonstance qui a présidé à son installation actuelle, qu'à son mérite même comme art. En effet, c'est une des plus faibles, des plus raides et des plus gauches statues de l'auteur. Elle était au palais Riccardi, et appartenait aux Médicis ; mais, lorsque Pierre, après avoir livré la Toscane à Charles VIII, eut été chassé de Florence, et que son palais eut été pillé, on résolut de perpétuer la mémoire de cette vengeance populaire, en dressant la Judith sous la loge des lansquenets. En conséquence, elle y fut transportée en grande pompe, et l'on grava sur son piédestal cette menace que Laurent II laissa, à son retour, subsister sans doute par insouciance, et Alexandre, à son avénement au trône, par mépris.

« Exemplum salut. publ. Cives posuere xccccxcv. »

Quant au grand-duc actuel, il n'y a probablement pas même fait attention : il est trop aimé pour que cela le regarde.

A côté de la Judith est le Persée ; le Persée que Benvenuto a tant appelé un chef-d'œuvre, qu'il est devenu de mode de lui contester ce titre, et qui, au reste, vaut à peu près tout ce qui se faisait dans la même époque. D'ailleurs, quand nous autres artistes, qui connaissons pour les avoir éprouvées, les sueurs, les transes et les fatigues de l'enfantement, nous lisons, dans Benvenuto lui-même, tout ce que sa statue lui a coûté d'insomnie, de labeur et de fièvre ; lorsque nous assistons à cette lutte de l'homme, à la fois contre les hommes et la matière ; lorsque nous voyons la force manquer au statuaire, le bois manquer à la fournaise, le métal manquer au moule : lorsque nous voyons le bronze déjà fondu se figer, refusant de couler dans la forme, et l'artiste, désespéré, jeter dans la chaudière tarie par le feu plats d'étain, couverts d'argent, aiguières dorées, prêt à s'y jeter lui-même enfin de désespoir, comme un autre Empédocle dans un autre Etna, nous devenons indulgens, en face d'une œuvre qui, si elle n'est pas de premier ordre, marche au moins derrière Michel-Ange, de pair avec les Jean de Bologne, et en avant des Ammanato, des Tasca et des Baccio Bandinelli.

Mais ce qui est vraiment délicieux, ce dont personne ne contestera le ravissant caractère, ce sont les figurines du piédestal, dont Benvenuto connaissait si bien la valeur, qu'il se brouilla avec la duchesse plutôt que d'en déshériter sa statue. Ces figurines étaient tellement du goût de la pauvre Éléonore de Tolède, qu'elle les voulait absolument garder dans son appartement, et qu'il fallut tout l'entêtement artistique de Cellini pour les lui arracher des mains.

Le troisième groupe est l'enlèvement des Sabines, de Jean de Bologne, qui, à son apparition, eut un tel succès, que l'on venait de tous les points de l'Italie pour l'admirer. Ces trois figures qui, au reste, sont d'une grande beauté, tant par l'expression des physionomies que par le modelé des chairs, n'eurent pas le bonheur de plaire à tout le monde. Un seigneur, entre autres, qui était parti de la rue du Corso, à cheval, pour le venir voir, et qui était resté cinq jours en route, s'en approcha, toujours à cheval, s'arrêta un instant, et, sans descendre de sa monture : — Voilà donc, dit-il, la chose dont on fait tant de bruit. Puis, haussant les épaules, il remit son cheval au galop et reprit le chemin de Rome.

Nous conseillons à ceux qui voudraient suivre l'exemple du curieux Romain de descendre de cheval, et de regarder de près le petit bas-relief du piédestal représentant l'enlèvement des Sabines.

En face du Palais-Vieux, attenant à la poste aux lettres, est une avance en bois, qu'on appelle le toit des Pisans, et qui n'a rien de remarquable que la circonstance qui lui a fait donner son nom.

On sait les longues guerres et la haine éternelle des deux républiques. Pise fut en petit à Florence ce que Rome fut à Carthage, et Florence, comme Rome, n'eut pas de repos que Pise ne fût, sinon détruite, du moins soumise. Une des victoires qui concoururent à cette soumission fut celle de Cascina, qui fut remportée par Galiotto, à six milles de Pise, et probablement à l'endroit même où est aujourd'hui la métairie du grand-duc. Les Pisans perdirent dans cette journée, qui fut celle du 28 juillet 1564, mille hommes tués et deux mille prisonniers. Ces deux mille prisonniers furent amenés à Florence par quarante-deux charrettes, et ils entrèrent par la porte San-Friano, où on les arrêta pour leur faire payer la gabelle, et où ils furent taxés à dix-huit sous par personne, prix qu'on avait l'habitude de payer par chaque tête de bétail; puis on les conduisit, trompettes sonnantes, place de la Seigneurie, où on les fit descendre de voiture, et où on les força de défiler, un à un, derrière Marsocco, et de lui baiser le derrière en passant. Deux de ces malheureux virent un déshonneur si grand dans ces nouvelles fourches caudines, qu'ils s'étranglèrent avec leurs chaînes. Enfin, les Florentins, pensant qu'ils pouvaient les utiliser à mieux que cela, les employèrent à bâtir ce toit, qui, encore aujourd'hui, du nom de ses constructeurs, est appelé le toit des Pisans.

Le Marsocco actuel est innocent du suicide des deux Pisans; car, vers l'an 1420, le vieux Marsocco, qui datait du Xe siècle, étant tombé en poussière, la seigneurie en commanda un autre à Donatello. C'est celui qu'on voit aujourd'hui, tenant sous sa patte l'écusson à la fleur de lis rouge de Florence, et il a l'air trop bonne bête pour avoir rien de pareil à se reprocher.

La fontaine de l'Ammanato, malgré la réputation qu'on lui a faite, est à mon avis un assez médiocre ouvrage. Les chevaux marins et le Neptune ne semblent pas faits l'un pour l'autre et n'ont aucune proportion entre eux; on dirait un géant traîné par des poneys. Une chose non moins ridicule est le maigre filet d'eau qui suinte de ce colosse. En revanche, les figures de bronze de grandeur naturelle, accroupies sur les rebords du bassin, sont charmantes. L'année dernière, on s'aperçut un beau matin qu'il en manquait une. Pendant deux mois on fit les recherches les plus actives pour savoir ce qu'elle était devenue. Au bout de ce temps, on apprit qu'un amateur anglais l'avait enlevée; seulement on ignore encore quel est le procédé dont il s'est servi pour cet enlèvement, chaque figure pesant plus de deux milliers.

Une chose particulière à cette fontaine, c'est qu'elle est située juste à l'endroit où fut brûlé Savonarole.

Un mot sur cet homme étrange, sur son caractère, sur son supplice et sur la mémoire qu'il a laissée.

Frère Jérôme Savonarole naquit à Ferrare, le 21 septembre 1452, de Nicolas Savonarole et d'Elena Buonaconi. Dès son enfance, on remarqua en lui un caractère grave et des dehors austères, et aussitôt qu'il fut en âge d'avoir une volonté, il manifesta le désir de se faire religieux. Dans ce but, il étudia avec une application soutenue la philosophie et la théologie, lisant et relisant sans cesse les œuvres de Saint-Thomas-d'Aquin, ne suspendant ces graves lectures que pour faire des vers toscans. Cette occupation était si agréable à Savonarole, qu'il se l'interdit bientôt, se reprochant de prendre un si grand plaisir à une distraction qu'il regardait comme mondaine.

Parvenu à l'âge de vingt-deux ans, il rêva une nuit qu'il était exposé nu dans la campagne, et qu'il lui tombait sur le corps une pluie d'eau glacée. L'impression fut telle qu'il se réveilla, et qu'en se réveillant il résolut de se donner à Dieu, cette pluie bienfaisante ayant, à ce qu'il assurait, éteint à tout jamais les passions dans son cœur.

Ce fut la première de ces visions qui lui devinrent depuis si fréquentes et si familières.

Le lendemain, qui était le 24 avril 1475, sans avertir ni parens ni amis, il s'enfuit à Bologne, et revêtit l'habit de Saint-Dominique.

Le jeune dominicain était déjà depuis quelque temps à Bologne, lorsque la guerre s'étant allumée entre Ferrare et Venise, on résolut de dégrever le couvent de ses bouches inutiles. Frère Jérôme Savonarole, dont rien n'avait pu faire encore apprécier le génie, fut du nombre des exilés. Il s'en vint alors à Florence, où il trouva l'occasion de prêcher tout un Carême dans l'église de San-Lorenzo; mais, inexpérimenté qu'il était encore, il ne réussit ni pour la voix, ni pour le geste, ni pour l'éloquence; alors il douta lui-même de la mission qu'il s'était cru appelé à remplir, et résolut de se borner à l'explication des saintes Écritures. Il se retira donc dans un couvent de Lombardie, où il comptait rester éternellement, lorsqu'il fut redemandé à Florence, par Laurent de Médicis. Le jeune Pic de la Mirandole avait suivi les prédications de frère Jérôme, et à travers l'embarras de l'élocution, la gaucherie du geste, il avait reconnu l'accent de l'inspiré et le regard sombre et profond de l'homme de génie.

Mais déjà il s'était fait un progrès immense dans Savonarole; le temps qu'il avait passé en Lombardie avait été employé par lui à des études d'éloquence, et lorsqu'il revint à Florence, il commençait à croire de nouveau que Dieu l'avait choisi pour parler aux peuples par sa voix. Ses premiers essais le confirmèrent dans cette croyance.

D'ailleurs le temps était bon pour s'ériger en prophète, l'Italie était pleine de factions, et l'Église de scandales. Innocent VIII régnait alors, et ses seize enfans lui avaient valu le surnom de Père de son peuple; aussi Savonarole prit-il pour texte de ses discours trois propositions.

La première, que l'Église devait être renouvelée;

La seconde, que l'Italie serait battue de verges;

Et la troisième, que ces événemens s'accompliraient avant la mort de celui qui les annonçait. Cette mort devait arriver avant la fin du siècle; or, comme on était à l'année 1490, toutes ces prophéties devaient faire d'autant plus d'effet qu'elles annonçaient des choses prochaines, et que Savonarole, comme cet homme qui faisait le tour des murs de Jérusalem, après avoir commencé par crier malheur aux autres, finissait par crier malheur sur lui-même.

Luther accomplit la première des prédictions de Savonarole.

Alexandre de Médicis la seconde.

Et Roderic Borgia la troisième.

Les prédications de Savonarole produisirent un tel effet et attirèrent un tel concours d'auditeurs, que quoiqu'on lui eût accordé le Dôme comme la plus grande des églises de Florence, le Dôme se trouva bientôt trop étroit pour la foule qui venait se nourrir de sa parole. On fut donc obligé de séparer des hommes, les femmes et les enfans, et de leur réserver des jours particuliers. En outre, chaque fois que Savonarole se rendait de son couvent au Dôme et retournait du Dôme à son couvent, on était obligé de lui donner une garde. Les rues dans lesquelles il devait passer étaient pleines d'hommes du peuple qui, le regardant comme un saint, voulaient baiser le bas de sa robe.

Cette popularité lui valut d'être nommé, en 1490, prieur du couvent de Saint-Marc, et à l'occasion de cette nomination, il donna une nouvelle preuve de son caractère inflexible. Il était d'habitude, et les prédécesseurs de Savonarole avaient presque fait de cette concession une règle, que ceux qui étaient promus au rang de prieurs dans les ordres réguliers allassent présenter leurs hommages à Laurent de Médicis, comme au chef suprême de la République, et le priassent de leur accorder sa protection. Savonarole, qui ne reconnaissait d'autre chef à la République que ceux qu'elle s'était donnés par élection, refusa constamment d'accomplir cet acte d'inféodation à un pouvoir qu'il regardait comme usurpé. Vainement ses amis l'en pressèrent-ils, vainement Laurent lui fit-il savoir qu'il le recevrait avec plaisir. Savoranole répondit constamment qu'il était prieur de Dieu et non de Laurent; celui-ci n'avait donc rien de plus à attendre de lui que les derniers citoyens.

Cette réponse, comme on le comprend, blessa fort l'orgueilleux Médicis; c'était la seule opposition qu'il eût rencontrée à Florence depuis la conspiration des Pazzi. Aussi les prédications exaltées de Savonarole ayant produit quelques troubles, Laurent profita-t-il de cette occasion pour faire dire au moine rebelle, par cinq des premiers de la ville, qu'il eût à interrompre son prêche, ou tout au moins à modérer sa fougue. Savonarole répondit à ceci par un discours qu'il termina en annonçant au peuple la mort prochaine de Laurent de Médicis.

Cette prédiction se réalisa dix-huit mois après, c'est-à-dire le 9 avril 1492.

Alors, il arriva que, sur son lit de mort, Laurent le Magnifique se souvint du pauvre prieur de Saint-Marc, et le reconnaissant pour un inspiré, puisqu'il avait si bien prophétisé les choses qui arrivaient, ne voulut recevoir l'absolution que de lui. Il l'envoya donc chercher, et cette fois Savonarole, fidèle à sa promesse, accourut à son lit de mort, agissant en cela comme il l'aurait fait pour le dernier des citoyens.

Laurent le Magnifique se confessa. Il avait sur la conscience force crimes inconnus et cachés; de ces crimes comme en commettent les puissans, qui veulent à tout prix garder leur puissance. Mais, si grands que fussent ses crimes, Savonarole lui promit le pardon de Dieu à trois conditions. Le moribond, qui ne croyait pas en arriver à si bon marché, lui demanda quelles étaient ces trois conditions.

— La première, dit le moine, c'est que vous ayez une foi vive et inaltérable en Dieu.

— Je l'ai, répondit vivement Laurent.

— La seconde, c'est que vous restituerez, autant que possible, le bien que vous avez mal acquis.

Laurent réfléchit un instant; puis, après une effort sur lui-même.

— C'est bien, je le restituerai, dit-il.

— Enfin, la troisième, c'est que vous rendrez la liberté à Florence.

— Oh! pour cela non, dit le mourant; j'aime mieux être damné.

Tournant alors le dos à Savonarole, Laurent ne prononça plus une seule parole; il expira le même jour.

Et comme sa mort, dit Machiavel, devait être le signal de grandes calamités, Dieu permit qu'elle fût accompagnée de terribles présages. La foudre tomba sur le Dôme, et Roderic Borgia fut nommé pape.

L'orage prédit par Savonarole s'avançait: Charles VIII apparaissait à l'horizon, marchant vers son royaume de Naples, et menaçant de passer sur Florence, lui sa colère. Savonarole fut député au devant de l'armée ultramontaine.

Le moine demeura fidèle à sa mission, et parla au roi, non en ambassadeur, mais en prophète. Il lui prédit la victoire et les grâces de Dieu s'il rendait la liberté à Florence; il lui promit les revers et l'inimitié du Seigneur, s'il la laissait sous le joug. Charles VIII ne vit dans Savonarole qu'un bon religieux qui se mêlait de parler politique, c'est-à-dire d'une chose qu'il ne comprenait pas. Il passa à travers Florence sans faire attention à ses paroles, et ne quitta la ville révoltée qu'après avoir exigé la levée du séquestre placé sur les biens des Médicis, et l'annulation du décret qui mettait leur tête à prix.

Moins d'un an après, la nouvelle prédiction de Savonarole était encore accomplie. Les succès s'étaient changés en revers, et Charles VIII, l'épée à la main, était forcé de se rouvrir, par la bataille du Taro, un chemin sanglant vers la France.

Tout jusque là secondait Savonarole, et les événemens semblaient aux ordres de son génie. Aussi son influence dans la république était-elle, après la chute de Pierre de Médicis, devenue plus grande que jamais. Il reçut alors de la seigneurie commission de présenter une nouvelle forme de gouvernement. Savonarole, libre dès lors de donner carrière à ses idées démocratiques, établit son système sur la base la plus large et la plus populaire qui eût encore été offerte à la république florentine.

Le droit de distribuer les places et les honneurs devait être accordé à un grand conseil composé de tout le peuple; et comme le peuple ne pouvait être convoqué en masse à chaque instant, et pour chaque chose qui réclamait son examen et son approbation, il devait déléguer son autorité à un certain nombre de citoyens choisis par lui-même, et auquel il

transmettrait ses droits. Ce fut pour réunir cette assemblée d'élus que Savonarole fit construire dans le Palais-Vieux, par Cronaca son ami, cette fameuse salle du conseil, dans laquelle pouvaient tenir à l'aise mille citoyens.

Ce n'était pas tout: après la partie matérielle de la liberté, si on peut parler ainsi, il fallait s'occuper de sa partie morale, c'est-à-dire des mœurs et des vertus, sans lesquelles elle ne peut se maintenir. Or, les Médicis avaient répandu l'or à pleines mains: l'or avait enfanté le luxe, le luxe les plaisirs. Florence n'était plus cette république sévère où la parcimonie publique et l'économie privée permettaient au gouvernement de commander à la fois à Arnolfo di Lapo une nouvelle enceinte de remparts, un dôme magnifique, un palais imprenable, et un grenier public où pût être enfermé le blé de toute une année. Florence s'était faite molle et voluptueuse; Florence avait des savans grecs, des poëtes érotiques, des tableaux obscènes, et des statues effrontées. Il fallait porter le fer et le feu dans tout cela; il fallait ramener les Florentins à la simplicité antique; il fallait détruire Athènes, et avec ses débris rebâtir Sparte.

Savonarole choisit l'époque du Carême pour tonner contre cette tendance mondaine, et pour lancer l'anathème sur toutes ces corruptrices superfluités. Sa parole eut sa puissance ordinaire. A sa voix, chacun se hâta de venir amonceler sur les places publiques tableaux, statues, livres, bijoux, vêtemens de brocard et habits brodés. Alors le moine, suivi d'une foule de femmes et d'enfans qui chantaient les louanges de Dieu, sortit du Dôme, une torche à la main, et s'en alla par les rues, allumant tous ces bûchers renouvelés chaque jour et chaque jour dévorés.

Ce fut dans un de ces brasiers que Fra Bartolomeo vint jeter ses pinceaux érotiques et ses toiles mondaines qui jusqu'alors avaient détourné son génie de la voie divine. Converti au Seigneur, Fra Bartolomeo jura de ne traiter désormais que des sujets religieux, et il tint son serment.

Cependant, après avoir triomphé jusqu'à ce jour, Savonarole allait enfin s'attaquer au colosse contre lequel il devait se briser.

Alexandre VI était monté sur le trône pontifical, et y avait porté les désordres de sa vie privée. Plus l'exemple de l'impiété et de la débauche descendait de haut, plus il était abominable. Savonarole n'hésita pas un instant, et il attaqua la cour de Rome avec la même véhémence qu'il eût attaqué la cour de France ou la cour d'Angleterre.

Alexandre VI crut répondre efficacement à ces attaques, en fulminant une bulle dans laquelle il déclarait Savonarole hérétique, et lui interdisait la prédication. Savonarole éluda cette défense, en faisant prêcher à sa place Dominique Bonvicini de Pescia, son disciple. Mais bientôt, se lassant du silence, il déclara, sur l'autorité du pape Pélage, qu'une excommunication injuste était sans efficacité, et que celui qui en avait été atteint n'avait pas même besoin de s'en faire absoudre. En conséquence, le jour de Noël de l'année 1497, il déclara en chaire que le Seigneur lui inspirait la volonté de secouer l'obéissance, attendu la corruption du maître, et il continua ses prédications ou plutôt ses attaques, avec plus de force, de liberté et d'enthousiasme que jamais.

Alors il arriva un moment où, pour le peuple florentin, Savonarole ne fut plus un homme, mais un messie, un second Christ, un demi-Dieu.

Mais au milieu de tout ce peuple qui le regardait passer à genoux, lui marchait triste et la tête baissée, car il sentait que sa chute était prochaine, et rien ne lui avait révélé encore que Luther était né.

Alexandre VI répondit à cette rébellion par un bref qui déclarait à la seigneurie que, si elle n'interdisait point la parole au prieur des dominicains, tous les biens des marchands florentins situés sur le territoire pontifical seraient confisqués, et la république mise en interdit et déclarée ennemie spirituelle et temporelle de l'Église. La seigneurie, qui voyait croître la puissance pontificale dans la Romagne, et qui sentait César Borgia aux portes, n'osa point résister, et cette fois intima elle-même à Savonarole l'ordre de suspendre ses prédications. Savonarole ne pouvait résister;

d'ailleurs la résistance eût été une infraction aux lois que lui-même avait consenties : il prit donc congé de son auditoire, dans un prêche qu'il annonça être le dernier. En même temps, on annonça qu'un autre prédicateur très renommé était arrivé au nom d'Alexandre VI, pour remplacer frère Savonarole, et combattre la parole impie par la parole sainte.

On comprend que le nouveau venu essaya vainement de se faire entendre ; car la retraite de Savonarole, au lieu de calmer la fermentation, l'avait augmentée. On parlait de ses visions divines, de ses prophéties réalisées, on annonça des miracles. Le prieur des Dominicains avait offert, disait-on, de descendre avec le champion de la papauté dans les caveaux de la cathédrale, et de ressusciter un mort. Ces bruits auxquels Savonarole était étranger, répandus par des sectaires trop zélés, revinrent à frère François de Pouille ; c'était le nom du prédicateur venu de Rome. Frère François était d'une trempe pareille à Savonarole, et n'avait contre lui que le désavantage de défendre une mauvaise cause. Au reste, ardent fanatique, prêt à mourir pour cette cause si sa mort pouvait la faire triompher, il répondit à ces bruits vagues par un défi formel : il proposait d'entrer avec le prieur des Dominicains dans un bûcher ardent, et là, disait il, à la face du peuple, Dieu reconnaîtrait ses élus. — Cette proposition était d'autant plus étrange de sa part qu'il ne croyait pas à un miracle ; mais il espérait par cette offre décider Savonarole à tenter l'épreuve, et en mourant, entraîner du moins avec lui le tentateur qui précipitait tant d'âmes avec la sienne dans la damnation éternelle.

Si exalté que fût Savonarole il n'espérait point que Dieu fît un miracle en sa faveur. D'ailleurs, n'ayant jamais proposé le premier défi, il ne se croyait nullement dans l'obligation d'accepter le second. — Mais alors il arriva une chose qui prouve jusqu'à quel point il avait excité le fanatisme de ses disciples. Frère Dominique Bonvicini, plus confiant que lui dans l'intervention de Dieu, fit répondre qu'il était prêt à tenir tête à François de Pouille et à accepter l'épreuve du feu. — Malheureusement ce dévouement ne faisait pas le compte de frère François, c'était le maître et non le disciple qu'il voulait frapper ; et s'il mourait, il voulait du moins que sa mort eût tout l'éclat que pouvait lui donner celle de l'antagoniste illustre avec lequel seul il consentait à lutter.

Mais Florence semblait atteinte d'une folie générale. A défaut de frère François, deux moines Franciscains, nommés l'un frère Nicolas de Pilly et l'autre frère André Rondinelli, déclarèrent qu'ils étaient prêts à tenir tête à François de Pouille et à accepter l'épreuve du feu avec frère Dominique : le même jour, le bruit que le défi mortel était accepté se répandit par toute la ville.

Les magistrats voulurent empêcher le scandale ; il était trop tard. Le peuple comptait sur un spectacle inattendu, inouï, terrible ; et il n'y avait pas moyen de le lui enlever sans exposer la ville à quelque émeute. Les magistrats furent donc obligés de céder ; ils décidèrent alors que ce duel étrange aurait lieu entre frère Dominique Bonvicini et frère André Rondinelli, qui, ayant prouvé qu'il était le premier en date, obtint la préférence sur frère Nicolas de Pilly. Dix citoyens élus à la majorité des voix furent chargés de régler les détails de la lutte, d'en fixer le jour et le lieu. Le jour fut fixé au 7 avril 1498, et la place du Palais, ou plutôt de la Seigneurie, comme on l'appelait alors, fut choisie pour le champ-clos.

Dès que cette décision fut connue, la foule s'amassa si nombreuse sur la place, quoiqu'il y eût encore cinq jours à attendre avant le jour fixé, que les juges comprirent qu'il n'y aurait aucun moyen de faire les préparatifs nécessaires, si l'on ne remplissait point d'hommes armés les rues adjacentes. Moyennant cette précaution, place pendant la nuit, la place, un matin, se trouva vide, et l'on put commencer les travaux.

On sépara d'abord, à l'aide d'une cloison, la loge *dei Lanzi* en deux compartimens, dont l'un était réservé à frère Rondinelli et à ses Franciscains, et l'autre à frère Dominique et aux disciples de Savonarole ; puis on établit un échafaud en charpente, de cinq pieds de haut, de dix de large et de qua-

tre-vingts de long. Cet échafaud fut tout garni de bruyère, de fagots et d'épines du bois le plus sec que l'on pût trouver. Au milieu du bûcher, on ménagea deux espèces de corridors de la longueur de l'échafaud, séparés l'un de l'autre par une cloison de branches de pin. Ces corridors s'ouvraient d'un côté sur la loge dei Lanzi, et de l'autre, sur l'extrémité opposée : le tout devait se passer au grand jour, afin que chacun pût voir les champions entrer et sortir ; il n'y avait donc moyen ni de reculer ni d'organiser un faux miracle.

Le jour arrivé, les Franciscains se rendirent à leur loge sans aucune démonstration apparente. Savonarole, au contraire, annonça une grande messe à laquelle il pria tous ses prosélytes d'assister ; puis, la messe finie, au lieu de renfermer l'hostie dans le tabernacle, il s'avança vers la porte, le saint Sacrement à la main, sortit de l'église, et se rendit à la place du Palais. Frère Dominique de Pescia le suivit avec toutes les apparences d'une foi ardente, tenant à la main un crucifix, dont de temps en temps il baisait les pieds en souriant. Tous les moines Dominicains du couvent de Saint-Marc venaient derrière lui, partageant visiblement sa confiance, et chantaient des hymnes au Seigneur. Enfin, après les Dominicains, marchaient les citoyens les plus considérables de leur parti, tenant des torches à la main ; car, sûrs qu'ils étaient de la réussite de leur sainte entreprise, ils voulaient eux-mêmes mettre le feu au bûcher.

Il est inutile de dire que la place était tellement pleine de monde que la foule dégorgeait dans toutes les rues. Les portes et les fenêtres semblaient murées avec des têtes, des terrasses des maisons environnantes étaient couvertes de spectateurs, et il y avait des curieux jusque sur la tour du Bargello, jusque sur le toit du Dôme, sur la plate-forme du Campanile.

Sans doute l'assurance de frère Dominique commença d'inspirer quelques craintes aux Franciscains ; car, lorsqu'on leur fit dire que frère Dominique était prêt, ils déclarèrent qu'ils avaient appris que frère Dominique s'occupait de magie, et, grâce à cet art, composait des charmes et des talismans. En conséquence, ils demandaient que leur adversaire fût dépouillé de ses habits, visité par des gens de l'art, et revêtu d'habits nouveaux qui lui seraient donnés par les juges ! Frère Dominique ne fit aucune objection, dépouilla lui-même sa robe, et se livra à l'investigation des médecins, après quoi il revêtit le nouveau froc qui lui fut apporté, et fit demander une seconde fois aux Franciscains s'ils étaient prêts. Frère André Rondinelli fut alors obligé de sortir de sa loge. Mais comme il vit en sortant que son adversaire se préparait à traverser les flammes, en tenant en main le saint-Sacrement que Savonarole venait de lui remettre, il s'écria que c'était une profanation que d'exposer le corps de Notre-Seigneur à être brûlé ; d'ailleurs, que, s'il y avait miracle, le miracle n'aurait rien d'étonnant, puisque ce n'était pas frère Bonvicini, mais son fils bien-aimé que Dieu sauverait des flammes. En conséquence, il déclara que, si le Dominicain ne renonçait pas à cette aide surnaturelle, lui renoncerait à l'épreuve. De son côté, Savonarole, à qui, pour la première fois peut-être le doute vint à l'esprit, et cela parce qu'il s'agissait d'un autre que de lui, déclara que l'épreuve ne se ferait qu'à cette condition. Les Franciscains ne voulurent pas démordre de la prétention, Savonarole se retrancha dans son droit, et tint ferme, et comme ni les uns ni les autres ne voulurent céder, quatre heures s'écoulèrent en discussions, pendant lesquelles le peuple, exposé à un soleil ardent, commença de murmurer si haut et si bien, que Dominique Bonvicini déclara, pour en finir, qu'il était prêt à tenter l'épreuve avec un simple crucifix. Il n'y avait plus moyen de reculer, le crucifix n'étant pas l'image et non la présence réelle. Frère Rondinelli fut donc forcé de se soumettre ! et l'on annonça au peuple que l'épreuve allait commencer. Au même instant il oublia toutes ses fatigues et battit des mains, comme on fait chez nous au théâtre, lorsqu'après une longue attente les trois coups du régisseur annoncent que la toile va se lever.

Mais en ce moment même, par un hasard étrange, un violent orage éclata sur Florence. Depuis longtemps cet orage s'amassait sur la ville, sans que personne eût remarqué ce qui se passait au ciel, tant chacun avait les yeux fixés sur la terre. Il tomba de tels torrens de pluie, que le feu qu'on venait d'allumer fut éteint à l'instant même, sans qu'il fût possible de le ranimer, quoiqu'on y jetât toutes les torches qu'on pût se procurer, et quoiqu'on apportât du feu et des tisons enflammés de toutes les maisons qui donnaient sur la place.

Dès lors la foule se crut jouée ; et comme les uns criaient que l'empêchement était venu des Franciscains, tandis que les autres affirmaient qu'il avait été suscité par les disciples de Savonarole, le peuple fit indistinctement retomber la responsabilité de son désappointement sur les deux champions, et les prit tous deux en mépris. Aux cris qu'elle entendit pousser, aux démonstrations hostiles qu'elle vit faire, la seigneurie donna ordre à la foule de se retirer ; mais, malgré la pluie qui continuait de tomber par torrens, personne n'obéit. Force fut donc à la fin aux deux adversaires de traverser la foule. C'était là qu'on les attendait. Frère Rondinelli fut reconduit à grands coups de pierre, au milieu des huées, et rentra à son couvent tout meurtri et avec sa robe en lambeaux. Quant à Savonarole, il sortit comme il était entré, le Saint-Sacrement à la main ; et grâce à cette sainte sauve-garde, il parvint, sans accident, lui et les siens, jusqu'à la place Saint-Marc, où était situé son couvent.

Mais de ce jour le prestige fut détruit ; Savonarole ne fut plus, même pour le peuple, un moine fanatique, il fut un faux prophète. Frère François de Pouille, cet envoyé d'Alexandre, duquel était partie la première proposition, et qui était resté en arrière dès qu'il avait vu les Franciscains et les Dominicains s'engager, profita habilement de cette déception pour animer contre Savonarole tout ce qu'il avait d'ennemis dans Florence. Ces ennemis étaient d'abord tous ceux qui maintenaient une excommunication comme valable, quelle que fût la moralité du pape qui l'aurait lancée. C'étaient ensuite tous les partisans des Médicis, qui croyaient que l'influence seule de Savonarole s'opposait à leur retour, et qui portaient tant d'ardeur dans leur opinion politique, qu'on les appelait les *arrabiati* ou les enragés.

Aussi, le lendemain, dimanche des Rameaux, lorsque Savonarole monta en chaire pour expliquer sa conduite de la veille, les cris de : *A bas le faux prophète ! à bas l'hérétique ! à bas l'excommunié !* se firent entendre de tous côtés, renouvelés avec tant d'acharnement que Savonarole, dont la voix était faible, ne put dominer ce tumulte. Alors Savonarole, voyant qu'il avait perdu toute son influence sur le peuple, qui, la veille encore, écoutait ses moindres paroles à genoux, se couvrit la tête de son capuchon, et se retira dans la sacristie ; puis, de la sacristie, gagna, sans être vu, son couvent. Mais cette retraite n'avait point désarmé les ennemis de Savonarole, et ils résolurent de le poursuivre à son couvent, où ils présumèrent avec raison qu'il s'était retiré. Les cris : *A Saint-Marc ! a Saint-Marc !* se firent entendre. Ces cris, poussés par les rues, ameutèrent tous ceux chez lesquels ils s'éveillaient un intérêt ou la vengeance. Le noyau d'insurrection se recruta à chaque pas, et bientôt la foule alla battre les murs de Saint-Marc comme une marée qui monte. A l'instant même les portes furent enfoncées, et le flot populaire se répandit dans le couvent.

Se doutant que c'était à lui que l'on en voulait, Savonarole

ouvrit sa cellule et parut sur le seuil. Il y eut alors un instant d'hésitation parmi ces hommes habitués à trembler devant lui ; mais deux *arrabiati* s'étant jetés sur lui et ayant crié : *Au bûcher, l'hérétique ! au gibet, le faux prophète !* On fit sortir Savonarole pour le conduire directement au supplice ; et ce ne fut qu'avec grand'peine que deux magistrats, accompagnés d'un corps de troupes réuni à la hâte au bruit de cette émeute, parvinrent à l'arracher des mains de cette populace, en lui promettant que justice serait faite, et qu'elle ne perdrait rien à attendre.

En effet, le 23 mai, c'est-à-dire quarante-deux jours après l'épreuve qui avait échoué, un second bûcher s'élevait sur la place du palais. Au poteau se dressait au milieu de ce bûcher, et à ce poteau étaient liés trois hommes ; ces trois hommes étaient frère Jérôme Savonarole, Dominique Bonvicini, et Silvestre Maruffi, qui se trouvait là on ne sait trop comment, et auquel on avait fait son procès par-dessus le marché. Aussi le peuple, auquel on avait tenu plus que parole, semblait-il parfaitement satisfait.

Savonarole expira comme il avait vécu, les yeux au ciel, et si fort détaché de la terre que la douleur ne lui fit pas pousser un cri. Déjà le moine et ses disciples étaient enveloppés de flammes, qu'on entendait encore l'hymne saint qu'ils chantaient en chœur, et qui, d'avance, allait frapper pour eux à la porte du ciel.

Ce fut ainsi que s'accomplit la dernière prédiction de Savonarole.

Mais à peine fut-il mort, que le souvenir de toute sa vie et le spectacle de ses derniers momens, si bien en harmonie avec ce souvenir, firent ouvrir les yeux aux plus aveugles ; ceux qui avaient réellement intérêt à poursuivre sa mémoire comme ils avaient calomnié sa vie, continuèrent seuls à blasphémer son nom. Mais ce peuple, qui avait toujours trouvé en lui un consolateur et un ami, sentit bientôt que ce consolateur et cet ami lui manquait. Il chercha autour de lui sur la terre, et, ne le trouvant plus là, il espéra le retrouver au ciel.

Un an après, au jour anniversaire de sa mort, la place où avait été dressé son bûcher était couverte de fleurs. On ne put découvrir quelle main avait déposé ces fleurs sur la tombe de Savonarole ; chacun dit que c'étaient les anges qui étaient descendus pour célébrer la fête du martyr. Chaque année, ce tribut alla en augmentant ; mais, comme à chaque anniversaire cet hommage religieux amenait quelques rixes nouvelles, Cosme Ier résolut d'y mettre fin. Si puissant qu'il fût, il n'osa point heurter de face ces sympathies populaires : il ordonna seulement à l'Ammanato de bâtir une fontaine à cette place. L'Ammanato obéit, et la statue de Neptune s'éleva bientôt à la place où avait été dressé le bûcher.

Près de Neptune est la statue équestre de Cosme Ier, la meilleure des quatre statues du même genre qu'ait faites Jean de Bologne ; les trois autres sont, je crois, celles de Henri IV, de Philippe II et de Ferdinand Ier.

Voilà tout ce qu'on trouve sur cette magnifique place, sans compter la galerie des Offices qui y aboutit. Mais comme la galerie des Offices ne peut être parcourue en une heure, nous remîmes à un autre moment la visite que nous comptions lui faire.

FIN D'UNE ANNÉE A FLORENCE ET DU TOME HUITIÈME.

TABLE DES CHAPITRES D'UNE ANNÉE A FLORENCE.

FIN DE LA TABLE D'UNE ANNÉE A FLORENCE.

Paris. — Imprimerie Lange Lévy, rue du Croissant, 16.

www.ingramcontent.com/pod-product-compliance
Lightning Source LLC
Chambersburg PA
CBHW060145050426
42448CB00010B/2311